Instalaciones solares fotovoltaicas

Tomás Díaz Corcobado
Guadalupe Carmona Rubio

Revisión técnica
Vicente Benlloch Ramos

Mc Graw Hill Education

MADRID · BOGOTÁ · BUENOS AIRES · CARACAS · GUATEMALA · MÉXICO
NUEVA YORK · PANAMÁ · SAN JUAN · SANTIAGO · SÃO PAULO · AUCKLAND
HAMBURGO · LONDRES · MILÁN · MONTREAL · NUEVA DELHI · PARÍS
SAN FRANCISCO · SÍDNEY · SINGAPUR · ST. LOUIS · TOKIO · TORONTO

Instalaciones solares fotovoltaicas • Ciclo Formativo Grado Medio

Todas las actividades propuestas en este libro de texto deben realizarse en un cuaderno aparte. Los espacios incluidos en las actividades son meramente indicativos y su finalidad, didáctica.

McGraw-Hill/Interamericana de España, S.L.

Edificio Valrealty, 1.ª planta

Basauri, 17

28023 Aravaca (Madrid)

ISBN: 978-84-486-1448-5

Depósito legal: M-13835-2018

Equipo editorial: María Isabel Bermejo y Olga Ferran

Diseño de cubierta: Javier Aguilera

Diseño interior: Marta Girabal

Fotografías: Getty images, Age Fotostock, 123RF, Autores y Archivo fotográfico McGraw Hill.

Agradecimientos por el uso de imágenes: AEMET, Aldimak SL, Ameresco Solar LLC, Aros Solar Technology, Astrel Group, AutoSolar, Enersoluz SL, Energy Solutions SLU, BASOR ELECTRIC SA, Bio Energéticos, BYD Company Limited, Cambio Energético SL, Coelma-Componentes Electrónicos Madrid SL, Conergy España SLU, Confederación Hidrológica del Segura, DPS Solar SL, Electrónica Embajadores SL, Electrosol Energía SL, Endesa SA, Exide Technologies SA, Exiom Solution SA, Fernangas SL, Fischer Ibérica SAU, Gave Electro SL, Google Earth, Grupo General Cable Sistemas SL, HYMACH SRL, Hitec RCD, Hytera Communications CL, HOPPECKE Baterías SAU, Inarquia, Ingeteam Power Technology SA, INTPLUS SL, KOSTAL Solar Electric Ibérica SL, Mastervolt Ibérica SA, NASA, Phoenix Contact SA, Pretensados Durán SL, Retroamplis, SA Velleman, SBS, Storage Battery Systems, LLC, Schletter España SL, Solar Xintec SL, Soleme Soluciones Energéticas SL, Soliclima, Soluciones Energéticas SA, Sopsolar SL, Stanley Black & Decker, Steca Elektronik GmbH, SunPower Corporation, TAB Spain SL, Tecatel SL, TES Electrical Electronic Corp., Top Cable SA, Victron Energy BV, Vidur Solar, Zar Solares SL.

Ilustraciones: Pilar Bermejo, María Maeso y Jorge de Juan.

Composición: Javier Aguilera

Impreso en: Centro Gráfico Ganboa

1234567890 - 9765432018

IMPRESO EN ESPAÑA- PRINTED IN SPAIN

Cómo se usa el libro

Presentación de la unidad

Aquí encontrarás los CRITERIOS DE EVALUACIÓN de la unidad.

Te avanzamos los CONTENIDOS que se van a desarrollar.

Te indicamos de lo que serás CAPAZ una vez finalizada la unidad.

Desarrollo de los contenidos

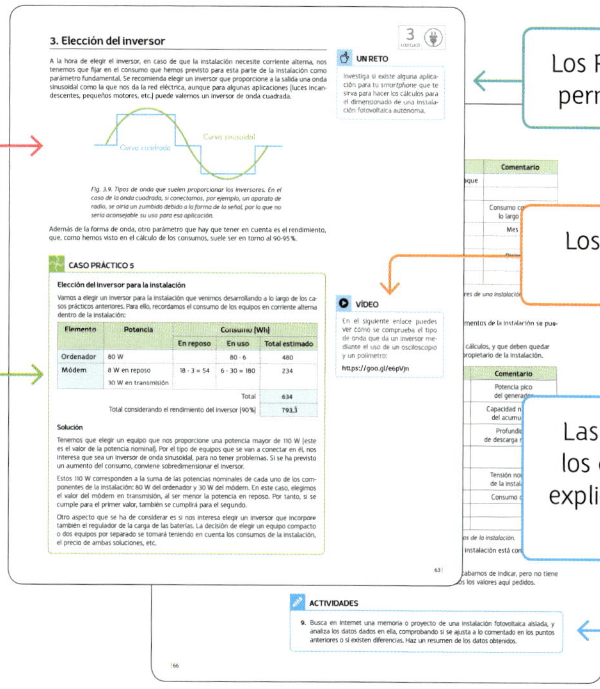

Exposición clara y concisa de la TEORÍA, actualizada según las últimas normativas.

Los CASOS PRÁCTICOS y EJEMPLOS exponen problemas y situaciones reales del entorno profesional.

Los RETOS son propuestas cortas que permiten investigar y averiguar algo.

Los cuadros WEB incluyen vídeos y simulaciones.

Las ACTIVIDADES permiten trabajar los contenidos a medida que se van explicando y aseguran un aprendizaje progresivo.

Cierre de la unidad

Con la PRÁCTICA FINAL podrás ejercitarte de forma integrada con las competencias adquiridas.

Además, cada unidad cuenta con una página de *Síntesis* y una doble página de actividades: el *Comprueba tu aprendizaje* y el *Test de repaso*.

La SÍNTESIS es un esquema de los contenidos estudiados en la unidad.

El COMPRUEBA TU APRENDIZAJE proporciona actividades agrupadas por criterios de evaluación.

El TEST DE REPASO ayuda a detectar cualquier laguna de conocimiento.

Índice

1 UNIDAD

Componentes de una instalación solar fotovoltaica

En esta unidad

APRENDERÁS A

- Clasificar los tipos de instalaciones de energía solar.
- Identificar los principales parámetros de los paneles solares.
- Describir el funcionamiento de las baterías.
- Describir el funcionamiento del inversor y del regulador.

ESTUDIARÁS

- La célula solar y su funcionamiento.
- Condiciones de funcionamiento de los tipos de baterías.
- Características y modos de empleo del inversor y el regulador, y sus tipos.

Y SERÁS CAPAZ DE

- Identificar los elementos que configuran las instalaciones de energía solar fotovoltaica y analizar su funcionamiento y características.

1. Introducción a la energía solar

La electricidad es una de las formas de energía que más fácilmente puede transformarse en otros tipos de energía. Este hecho, unido a la sencillez de su transporte en comparación con otros tipos de energía, hace que hoy en día sea el tipo de energía más utilizado.

Hoy día existen miles de aparatos que, ya sea en forma de corriente continua o de corriente alterna, utilizan la electricidad como fuente de energía, y su uso ha provocado un gran aumento de la demanda de consumo eléctrico. Este hecho ha propiciado la búsqueda de nuevas fuentes de energía y nuevos sistemas de producción eléctrica, basados, fundamentalmente, en el uso de energías renovables.

Los sistemas tradicionales de producción de electricidad plantean una problemática asociada que hace necesario intentar desarrollar otro tipo de fuentes energéticas, como las que se muestran en la siguiente ilustración:

ABC VOCABULARIO

Combustible fósil: mezcla de compuestos orgánicos que se extrae del subsuelo y que se emplea como combustible. Los más importantes son el carbón, el petróleo y el gas natural.

Alternador: máquina que transforma energía mecánica en energía eléctrica produciendo corriente alterna por campos magnéticos variables en el tiempo.

Centrales hidráulicas: la gran demanda de energía eléctrica, unida al efecto invernadero y el cambio climático, responsables de que las sequías sean cada vez más prolongadas, hacen que no se pueda asegurar la electricidad a través de estas centrales.

Centrales eólicas: el viento es una importante fuente de energía renovable, de aplicación en la producción de electricidad, sobre todo en determinadas zonas.

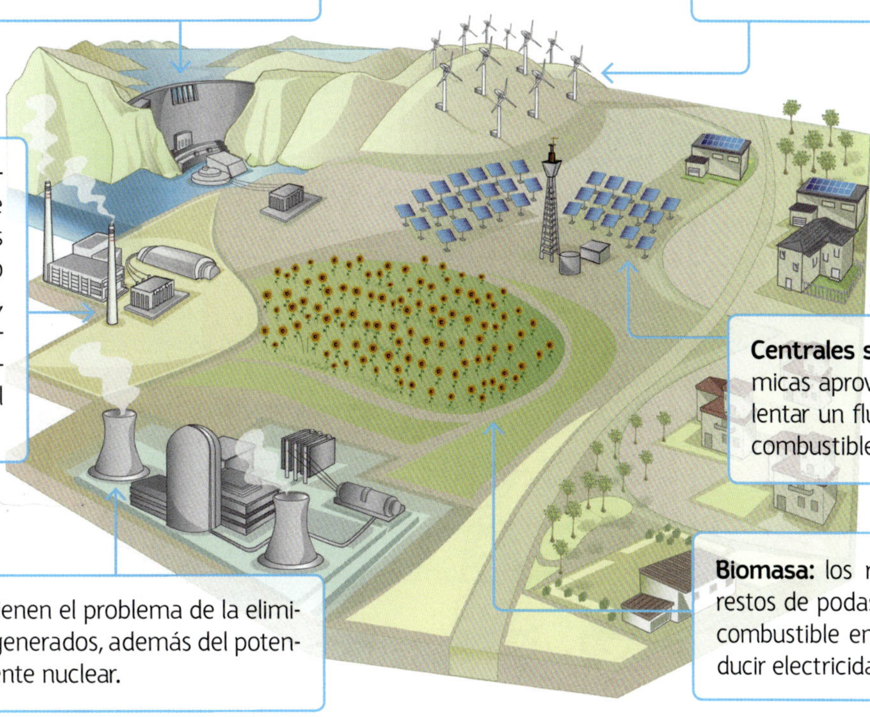

Centrales térmicas: tienen el problema de que los combustibles fósiles son un recurso limitado en el tiempo. Además, producen una gran emisión de gases contaminantesque favorecen el efecto invernadero.

Centrales solares: las centrales solares térmicas aprovechan la energía del sol para calentar un fluido. Esto sustituye el empleo de combustible fósiles.

Centrales nucleares: tienen el problema de la eliminación de los residuos generados, además del potencial riesgo de un accidente nuclear.

Biomasa: los residuos orgánicos, como los restos de podas, pueden ser utilizados como combustible en centrales térmicas para producir electricidad.

Fig. 1.1. Principales fuentes de energía renovables y no renovables.

Como ya hemos comentado, la tendencia actual es la utilización de energías renovables.

Es aquí donde cobra importancia la energía solar. Varias son las formas de aprovechar el sol para la producción de electricidad; se distingue entre:

- **Métodos indirectos:** el sol se aprovecha para calentar un fluido (que puede ser agua, sodio, sales fundidas...) y convertirlo en vapor, con el fin de producir electricidad a partir del movimiento de un alternador. La producción de la electricidad se lleva a cabo mediante un ciclo termodinámico convencional, del mismo modo que se haría en una central térmica de combustible fósil (Fig. 1.2).
- **Métodos directos:** en ellos la luz del sol es convertida directamente en electricidad mediante el uso de las células solares. Se distingue entre sistemas conectados a red y sistemas aislados (Fig. 1.3).

En este libro, nos dedicaremos exclusivamente al estudio de la energía solar fotovoltaica.

@ WEB

Para conocer los distintos tipos de centrales que producen electricidad, consulta este interactivo:

https://goo.gl/1BYnro

1. La torre principal está rodeada por un campo de espejos, que reciben el nombre de *heliostatos*. Son los encargados de concentrar la energía solar en un determinado punto de la torre, donde se encuentra la caldera de la instalación.

2. Los heliostatos están formados por un conjunto de espejos que se mueven sobre dos ejes, con el fin de mantener en una pequeña superficie el reflejo de los rayos solares que inciden sobre ellos, eliminando de esa forma el efecto del movimiento de la Tierra durante las horas de sol.

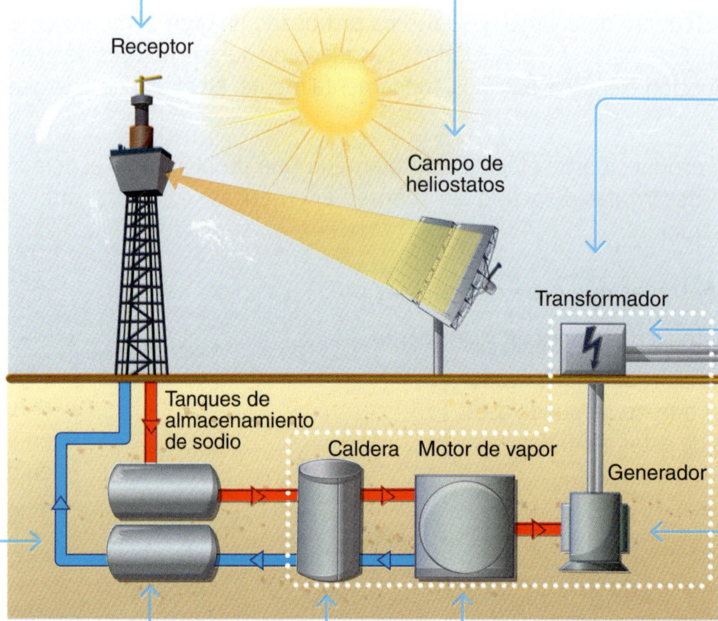

3. La zona con línea de puntos es equivalente a la de una central térmica de combustible fósil.

4. Se encarga de adaptar el nivel de la tensión producida, para que pueda conectarse a la red.

5. Es el encargado de producir la electricidad que pasará a la red eléctrica.

6. Es el encargado de producir el vapor de agua que moverá el generador.

7. En la caldera se calienta el fluido con el que trabaja la central.

8. Sirven para almacenar el calor, a fin de que la central pueda funcionar también de noche.

9. El fluido frío asciende hasta el receptor, donde es calentado por los rayos solares.

Fig. 1.2. Esquema de la constitución de una central térmica solar de torre central. Una vez que el fluido pasa por el motor de vapor, se enfría y es elevado (línea azul) hasta el receptor, donde es calentado y enviado hacia abajo (línea roja), para volver a completar el ciclo.

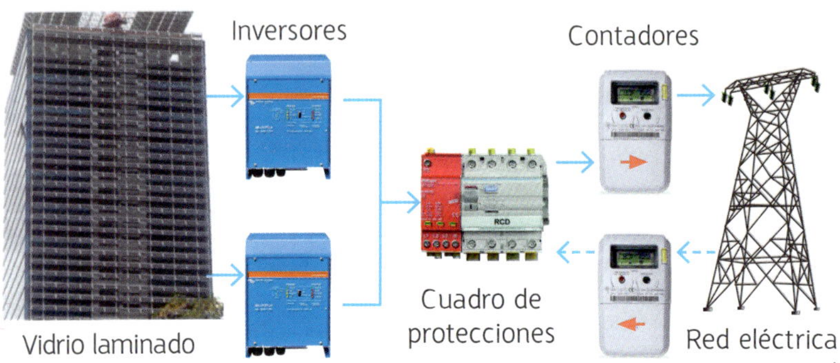

Instalación conectada a la red eléctrica. En los edificios con instalaciones conectadas a red, la energía producida puede ser consumida, según la nueva normativa sobre autoconsumo, lo que reduce el coste de la factura por electricidad de estos.

Instalación solar autosuficiente: la vivienda no tiene que estar conectada a la red, ya que produce por sí sola la electricidad necesaria para su consumo.

Fig. 1.3. Instalación solar fotovoltaica conectada a red (izquierda) e Instalación fotovoltaica autónoma (derecha).

ACTIVIDADES

1. ¿Que son las energías renovables?
2. Varias son las formas de aprovechar el sol para la producción de electricidad; se distinguen dos tipos de métodos, ¿cuáles son?

2. Clasificación de las instalaciones solares fotovoltaicas

La clasificación de las instalaciones solares fotovoltaicas podemos realizarla en función de la aplicación a la que están destinadas. Así, distinguiremos entre aplicaciones autónomas y aplicaciones conectadas a la red.

2.1. Aplicaciones autónomas

Producen electricidad sin ningún tipo de conexión con la red eléctrica, a fin de dotar de este tipo de energía al lugar donde se encuentran ubicadas. Pueden distinguirse dos bloques:

- **Aplicaciones espaciales:** sirven para proporcionar energía eléctrica a elementos colocados por el ser humano en el espacio, tales como satélites de comunicaciones, la Estación Espacial Internacional, etc. La investigación en esta área propició el desarrollo de los equipos fotovoltaicos tal y como los conocemos en la actualidad.
- **Aplicaciones terrestres,** entre las que cabe destacar las profesionales:
  - **Telecomunicaciones:** telefonía rural, por radio; repetidores (de telefonía, televisión, etcétera).
  - **Electrificación de zonas rurales y aisladas:** estas instalaciones, que se pueden realizar en cualquier lugar, están pensadas para países y regiones en desarrollo y todas aquellas zonas en que no existe acceso a la red eléctrica comercial (en Europa hay cerca de un millón de personas sin acceso a esta red): viviendas aisladas, de ocupación permanente o periódica, refugios de montaña, etc. En ciertos países, como Cuba o Brasil, se emplean en locales comunitarios (consultorios médicos, escuelas) o para abastecer de electricidad a un determinado grupo de personas (un pueblo, una aldea, etc.).
  - **Señalización:** se aplica, por ejemplo, a señales de tráfico luminosas, formadas por diodos LED alimentados por un panel solar y una batería.
  - **Alumbrado público:** se utiliza en zonas a las que resulta complicado llevar una línea eléctrica convencional.
  - **Bombeo de agua:** estas instalaciones están pensadas para lugares tales como granjas, ranchos, etc. Se pueden realizar en cualquier espacio. Su uso puede ser tanto para agua potable como para riego.
  - **Redes VSAT:** redes privadas de comunicación (para una empresa, un organismo oficial, etcétera) que actúan a través de satélite. La energía solar se utiliza para alimentar las estaciones de la red.
  - **Telemetría:** permite realizar medidas sobre variables físicas y transmitir la información a una central (p. ej.: control de la pluviometría de la cuenca de un río).
- **Otras aplicaciones:** juguetes, alumbrado en jardines, divertimentos, depuración de piscinas.

Fig. 1.5. Algunos ejemplos de aplicaciones terrestres: estación meteorológica, alumbrado público, vivienda aislada en una aldea de la selva tropical.

? ¿SABÍAS QUE...?

Los equipos espaciales despliegan los paneles solares una vez que se encuentran en la posición de la órbita. En algunos casos, la superficie de estos paneles puede ser bastante grande, llegando a ocupar, como en el caso de la Estación Espacial Internacional, una superficie de 2 500 m^2. Estos paneles pueden proporcionar una potencia de 110 kW, junto con el sistema de almacenamiento de energía.

Fig. 1.4. La Estación Espacial Internacional.

UN RETO

¿Cuál es la planta fotovoltaica más grande del mundo? Una pista:

https://goo.gl/GK2mcM

2.2. Aplicaciones conectadas a la red

Fig. 1.6. Huerto solar.

En ellas, el productor puede utilizar la energía directamente (autoconsumo), o venderla al organismo encargado de la gestión de la energía en el país. Tienen la ventaja de que la producción de electricidad se realiza precisamente en el periodo de tiempo en el que la curva de demanda de electricidad aumenta, es decir, durante el día, por lo que el precio de los kilovatios hora generados de esta forma es mayor que los generados en horario nocturno. Cabe distinguir:

- **Centrales fotovoltaicas y huertos solares:** recintos en los que se concentra un número determinado de instalaciones fotovoltaicas de diferentes propietarios con el fin de vender la electricidad producida a la compañía eléctrica con la cual se haya establecido el contrato (Fig. 1.6). La energía vendida puede estar a nombre de una persona, una sociedad, etcétera (la potencia instalada depende de las dimensiones del generador fotovoltaico). Cada instalación tiene su propietario y todas ellas se ubican en el mismo lugar. Esto posibilita mejoras en el mantenimiento de la instalación, vigilancia, pólizas de seguros, etc.
- **Edificios fotovoltaicos:** es una de las últimas aplicaciones desarrolladas para el uso de la energía fotovoltaica. La rápida evolución en los productos de este tipo ha permitido el uso de los módulos como material constructivo en cerramientos, cubiertas y fachadas de gran valor visual. Además, la energía fotovoltaica es el sistema de energías renovables más adecuado para la generación de electricidad en zonas urbanas sin causar efectos ambientales adversos. La integración arquitectónica consiste en combinar la doble función, como elemento constructivo y como productor de electricidad, de los módulos fotovoltaicos (Fig. 1.7).

Fig. 1.7. Edificio fotovoltaico. Paneles solares sobre las ventanas y en la pérgola superior.

La mayoría de estos sistemas han sido instalados en tejados, porque es allí donde alcanzan la máxima captación de energía solar, pero últimamente se está comenzado a integrarlos en muros y fachadas, en las que, por ejemplo, el vidrio es reemplazado por módulos de láminas delgadas semitransparentes, cumpliendo la doble función de elemento arquitectónico y de fuente de producción de energía eléctrica. Esto ha sido posible gracias a las nuevas técnicas de fabricación de los paneles solares.

En el ejemplo de la Figura 1.7, se muestra la integración de los paneles solares en la fachada del edificio de una manera distinta a la comentada anteriormente. En este caso se han utilizado a modo de toldos en la parte superior de las ventanas. Además, aprovecha la estructura que se encuentra sobre la azotea para configurar otra parte del generador fotovoltaico de la instalación.

La regulación de este tipo de instalaciones viene dada en el código técnico de la edificación, revisado en el año 2013, en su sección HE 5, como veremos en la Unidad 7, en donde se definen los edificios que están obligados a colocar una instalación fotovoltaica, en función de su antigüedad, dimensiones, etc.

ACTIVIDADES

3. Localiza en Internet alguna empresa que se dedique a la realización de instalaciones solares conectadas a red y estudia las características de una instalación realizada por ellos.

4. ¿Cómo se clasifican las instalaciones fotovoltaicas?

5. ¿Qué aplicaciones puede tener la energía solar en instalaciones autónomas?

6. Cita algún ejemplo de método indirecto de producir electricidad con energía solar.

7. ¿Para qué sirve una central solar fotovoltaica autónoma? ¿Es igual que un huerto solar? ¿Por qué?

8. ¿En función de qué podemos clasificar las instalaciones solares fotovoltaicas?

9. Busca en Internet y explica qué son y para qué sirven las redes VSAT, y de qué modo se utilizan en ellas las instalaciones fotovoltaicas.

10. Investiga cómo se colocan los paneles fotovoltaicos en los satélites de comunicaciones y cuál es la misión que tienen en estos elementos. ¿Son iguales estos paneles a los que se utilizan en otro tipo de aplicaciones?

3. Elementos de una instalación solar fotovoltáica

De manera general, una instalación solar fotovoltaica (ISF) se ajusta a un esquema como el mostrado en la Figura 1.8. A lo largo de esta unidad detallaremos el funcionamiento de cada uno de estos elementos.

Módulo fotovoltaico: Elemento primordial de la instalación. Convierte la energía del sol en energía eléctrica (corriente continua). Está formado por la unión de diversos paneles, para dotar de la potencia necesaria a la instalación.

Regulador de carga: Nexo de unión entre los paneles solares y los elementos de consumo de la instalación. Se encarga también de proteger los acumuladores ante sobrecargas. Proporciona a su salida la tensión en corriente continua para la instalación. Fija el valor de la tensión nominal a la que trabaja la instalación.

Batería: Solo presente en instalaciones autónomas. Proporciona energía a la instalación durante los periodos sin luz solar o sin suficiente luminosidad. Acumula energía para la instalación.

Los aparatos conectados a una instalación solar fotovoltaica autónoma deben ser energéticamente muy eficientes, lo que disminuirá el tamaño de la instalación al ser menor el consumo.

Inversor 12 CC/AA: Convierte la corriente continua del sistema en corriente alterna, a 230 V de valor eficaz y frecuencia de 50 Hz, igual a la de la red eléctrica. Alimenta los aparatos que trabajan con corriente alterna.

Fig. 1.8. Componentes de la instalación.

El esquema mostrado en la figura anterior se corresponde con el caso de las instalaciones que cuentan con más elementos, que son las instalaciones aisladas de red. En este caso, puesto que es imprescindible que tengan un acumulador, contarán también con un regulador, que será el encargado de salvaguardar la vida de las baterías, controlando las cargas y descargas de estas.

En estas instalaciones, también es posible conectar aparatos que funcionen en corriente continua, gracias al regulador comentado anteriormente.

Si la instalación solar fotovoltáica está conectada a la red, carecerá de los elementos a que nos hemos referido en el párrafo anterior. Además, los inversores, elementos encargados de convertir la tensión y corriente continua de la instalación en corriente alterna, son totalmente distintos.

Como veremos a lo largo de esta unidad, y del resto de unidades del libro, el inversor es un elemento de suma importancia en este tipo de instalaciones, y que debe ser elegido cuidadosamente para evitar problemas con la conexión a la red eléctrica. Existe una normativa específica al respecto, que estudiaremos detenidamente en su momento.

ACTIVIDADES

11. Busca la clasificación de la clase energética de los electrodomésticos e investiga sus principales características.

4. La célula solar: características básicas

ABC VOCABULARIO

Efecto fotovoltaico: propiedad que tienen determinados materiales de producir una corriente eléctrica cuando incide una radiación lumínica sobre ellos.

Diodo: componente electrónico fabricado con una unión PN, que tiene la particularidad de conducir la corriente eléctrica solo en un sentido. Su símbolo es el siguiente:

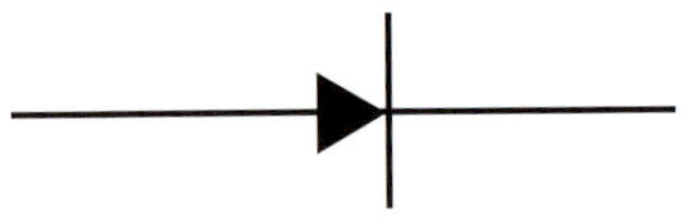

El elemento principal de cualquier instalación de energía solar es la célula solar. Se caracteriza por convertir directamente en electricidad los fotones provenientes de la luz del sol. Su funcionamiento se basa en el **efecto fotovoltaico.** El conjunto de células agrupadas convenientemente dará lugar al panel solar.

Una célula solar se comporta como un **diodo:** la parte expuesta a la radiación solar es la N, y la parte en la zona de oscuridad, la P. Los terminales de conexión de la célula están situados sobre cada una de estas partes del diodo: la cara correspondiente a la zona P se encuentra metalizada por completo (no tiene que recibir luz), mientras que en la zona N el metalizado tiene forma de peine, a fin de que la radiación solar llegue al semiconductor (Fig. 1.9).

A través de los contactos metalizados podemos obtener tanto la tensión como la intensidad que es capaz de producir en función de la cantidad de radiación recibida.

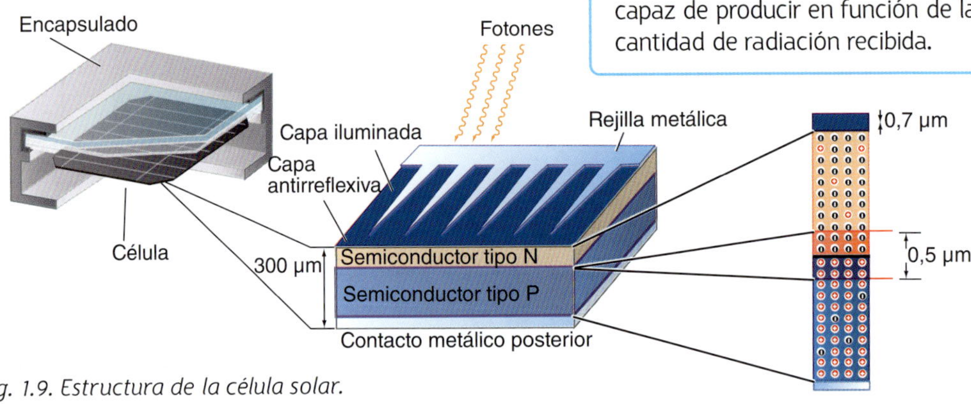

Fig. 1.9. Estructura de la célula solar.

4.1. Parámetros fundamentales de la célula solar

- **Corriente de iluminación (I_L):** corriente generada cuando incide la radiación sobre la célula.
- **Corriente de oscuridad:** es debida a la recombinación de los pares electrón-hueco que se produce en el interior del semiconductor.
- **Tensión de circuito abierto (*open circuit*) (V_{oc}):** la máxima tensión que se obtiene en los extremos de la célula solar, que se da cuando no está conectada a ninguna carga. Es una característica del material con el que está construida la célula.
- **Corriente de cortocircuito (*short circuit*) (I_{sc}):** máximo valor de corriente que puede circular por la célula solar. Se da cuando sus terminales están cortocircuitados. Depende del tipo de célula y de su área. A mayor área, mayor corriente de cortocircuito.

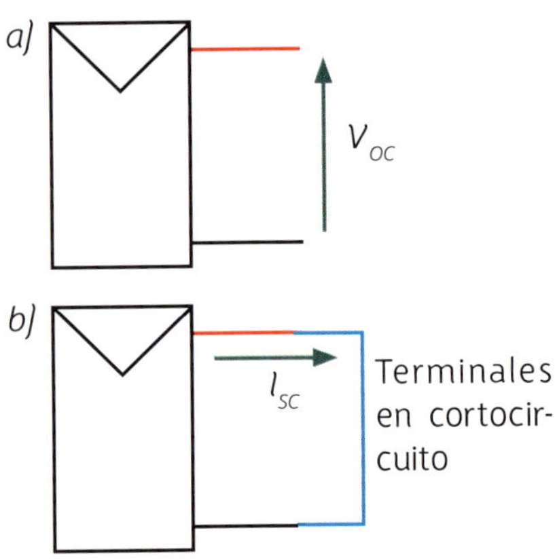

Fig. 1.10. Lugar en que se mide la tensión en circuito abierto (a) y la corriente de cortocircuito (b). El símbolo en forma de sobre representa una célula solar.

Cuando la célula solar es conectada a una carga, los valores de tensión e intensidad varían. Existirán dos de ellos para los cuales la potencia entregada sea máxima: V_m, V_p o V_{mpp} (tensión máxima) e I_m, I_p o I_{mpp} (intensidad máxima), que siempre serán menores que V_{OC} e I_{SC}. En función de estos valores, la potencia máxima que puede entregar la célula solar es:

$$P_m = V_m I_m$$

Esto nos permite definir un parámetro de la célula solar que recibe el nombre de ***factor de forma (FF)*** y que se calcula mediante la siguiente fórmula:

$$FF = \frac{V_m I_m}{V_{oc} I_{sc}}$$

Así pues, el factor de forma es el cociente entre la máxima potencia que puede entregar la célula a la carga y el producto de la tensión de circuito abierto y la corriente de cortocircuito.

En las células solares más habituales, los valores típicos del factor de forma son 0,7 o 0,8.

IMPORTANTE

En una célula solar la producción de corriente depende de la irradiancia (nivel de iluminación), de tal forma que a medida que aumenta la irradiancia, lo hace también la intensidad a través de la célula.

4.2. Potencia de la célula solar

La potencia que proporciona una célula de tamaño estándar (digamos de 5 × 5 pulgadas, lo que equivale a 12,7 × 12,7 cm) es muy pequeña (en torno a 2 o 2,5 W), por lo que generalmente será necesario asociar varias de ellas con el fin de proporcionar la potencia necesaria al sistema fotovoltaico de la instalación. Es de este hecho de donde surge el concepto de panel solar o módulo fotovoltaico, cuyos elementos y características veremos en el próximo apartado.

Según la conexión eléctrica que hagamos de las células, nos podemos encontrar con diferentes posibilidades:

- La **conexión en serie** de las células permitirá aumentar la tensión final en los extremos de la célula equivalente.
- La **conexión en paralelo** permitirá aumentar la intensidad total del conjunto.

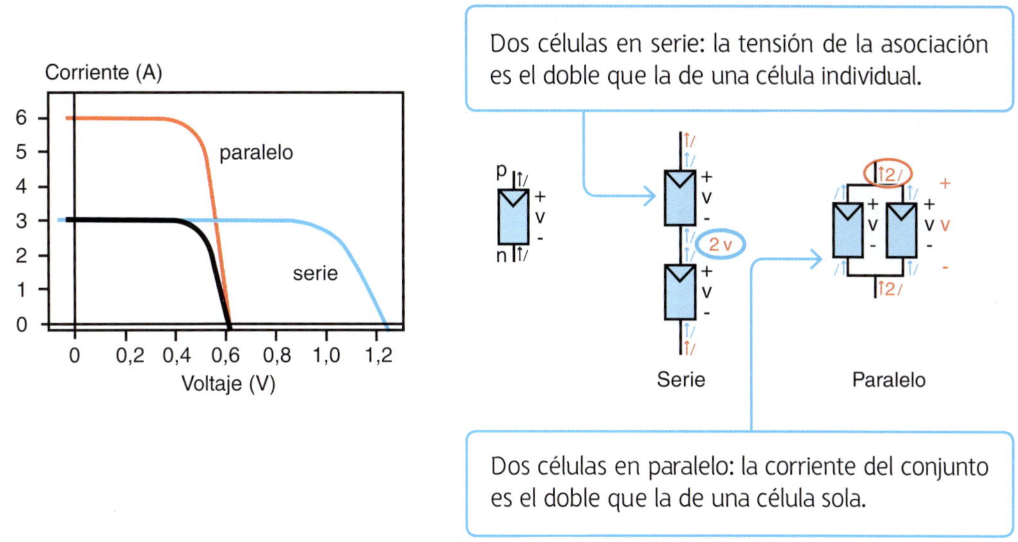

Fig. 1.11. Asociación de células solares. Si necesitamos aumentar la tensión, las uniremos en serie; si lo que queremos es aumentar la corriente, haremos la asociación en paralelo.

IMPORTANTE

Dos elementos se encuentran eléctricamente unidos en **serie** cuando solo comparten un terminal.

Dos elementos se encuentran conectados en **paralelo** cuando tienen en común los dos terminales.

Los elementos conectados en serie tienen todos la misma corriente, mientras que los elementos asociados en paralelo tienen todos la misma tensión.

CASO PRÁCTICO 1

Asociación de células fotovoltaicas

Se va a proceder a la fabricación de un panel solar fotovoltaico casero, utilizando 36 células en serie, con este tipo de características:

Marca: Isofoton	I_m: 4,9 A
Medidas: 125 × 125 mm	V_m: 0,51 V
Potencia: 2,5 W	V_{oc}: 0,6 V
Tipo: Mono	I_{sc}: 5,26 A

Determina las características eléctricas del panel: P_m, I_m, V_m, I_{sc}, V_{oc}.

Solución:

$P_{pP} = 36 \times P_{pC} = 36 \times 2,5 = 90$ W

$I_{pP} = I_{pC} = 4,9$ A

$V_{pP} = 36 \times V_{pC} = 36 \times 0,51 = 18,36$ V

$I_{scP} = I_{scC} = 5,26$ A

$V_{ocP} = 36 \times V_{ocC} = 36 \times 0,6 = 21,6$ V

ACTIVIDADES

12. Busca las características de una célula solar en Internet. Indica la tensión y la intensidad que obtendríamos al asociar los siguientes elementos:

a) Diez células en serie. Dibuja el esquema de conexión.

b) Dos cadenas de cinco células asociadas en serie, colocadas a su vez en paralelo. Dibuja el esquema de conexión.

5. El panel solar

Un **panel solar** o **módulo fotovoltaico** está formado por un conjunto de células, conectadas eléctricamente, encapsuladas y montadas sobre una estructura de soporte o marco. Proporciona en su salida de conexión una tensión continua, y se diseña para valores concretos de tensión (6 V, 12 V, 24 V...), que definirán la tensión a la que va a trabajar el sistema fotovoltaico.

En la Figura 1.12, se destacan las principales características de todo panel solar y puede verse un esquema típico de su construcción.

Soporte: debe proporcionar una rigidez estructural adecuada, con vistas a la instalación del módulo.

Los **cables de conexión** del panel se encuentran en una caja en su parte trasera (ver también Fig. 1.18).

Marco del panel: permitirá la instalación sobre un determinado soporte.

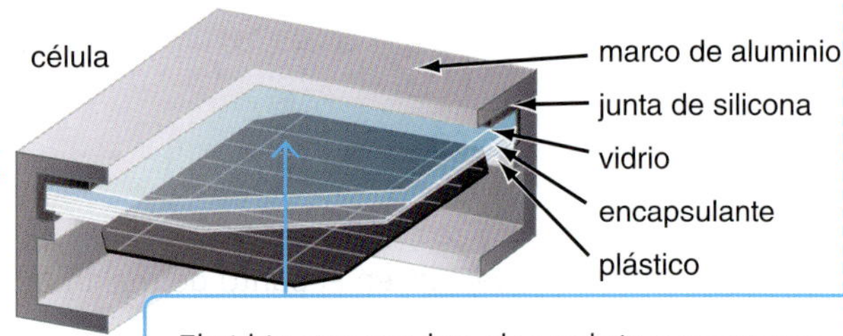

El vidrio que recubre el panel sirve como protección para las células solares ante los fenómenos atmosféricos.

Encapsulado: protege el módulo de la intemperie; es muy importante que el módulo esté protegido frente a la abrasión, la humedad y los rayos ultravioleta. El encapsulante también protege las células y las conexiones ante posibles vibraciones.

Conexionado: el panel debe ser fácil de instalar. Las células solares que forman el panel van conectadas entre sí en serie. Su asociación desde el punto de vista eléctrico proporciona el nivel adecuado de tensión e intensidad para el que ha sido diseñado el panel solar.

Fig. 1.12. Constitución de un panel solar. Se destacan sus principales características.

VÍDEO

En este enlace puedes ver un vídeo con los elementos que componen un panel solar.

https://goo.gl/S8Xfdy

Los tipos de paneles solares vienen dados por la tecnología de fabricación de las células, y son fundamentalmente dos:

- Silicio cristalino (monocristalino y multicristalino).
- Silicio amorfo.

En la Tabla 1.1 se exponen las diferencias que existen entre ellos.

Célula	Silicio	Rendimiento laboratorio	Rendimiento directo	Características	Fabricación
	Monocristalino	24 %	15-18 %	Son típicos los azules homogéneos. Sus cantos son redondeados, debido al proceso de fabricación.	Se obtiene de silicio puro fundido y dopado con boro.
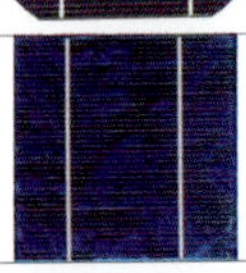	Policristalino	19-20 %	12-14 %	La superficie está estructurada en cristales y contiene distintos tonos de azul.	Igual que el del monocristalino, pero se disminuye el número de fases de cristalización.
	Amorfo	16 %	< 10 %	Tiene un color homogéneo (marrón), pero no existe conexión visible entre las células.	Tiene la ventaja de ser semiflexible, y poder depositarse en forma de lámina delgada y sobre un sustrato, como vidrio o plástico.

Tabla 1.1. Diferencias entre los paneles según la tecnología de fabricación.

5.1. Principales parámetros. Curvas características

A la hora de trabajar con los paneles solares interesa saber qué datos proporciona el fabricante, con el fin de utilizarlos correctamente. En los catálogos aparecen todos aquellos parámetros que nos son de utilidad a la hora de realizar el diseño de la instalación, así como en la etiqueta de la parte trasera del panel.

Entre toda la información que proporciona el fabricante, vamos a ir viendo cuál puede ser de mayor relevancia, desde el punto de vista práctico, a la hora de elegir un panel solar.

Hay que considerar que los valores proporcionados por el fabricante son obtenidos siempre en unas determinadas condiciones de irradiación solar y temperatura ambiente. En la práctica siempre existirá una desviación, sobre los valores teóricos, cuando el panel esté colocado en la instalación.

Las curvas características suelen mostrar información sobre la tensión y la intensidad generadas por el panel solar, así como de la potencia máxima o de pico que puede entregar. También se pueden obtener los valores en el punto de máxima potencia, como veremos en el siguiente caso práctico.

! IMPORTANTE

Tensión nominal del sistema: Es la tensión máxima a la que puede someterse el panel y su cableado. Por encima de esta tensión, pueden aparecer problemas de aislamiento. A la hora de realizar un diseño, no se puede superar nunca, bajo ninguna circunstancia, esta tensión.

CASO PRÁCTICO 2

Obtención de los valores de tensión e intensidad en el panel a la máxima potencia.

Dada la siguiente gráfica de un panel solar, facilitada por el fabricante, obtén los valores de I_m y V_m.

La curva de potencia (en rojo) se obtiene multiplicando los valores de tensión e intensidad dados por la curva de intensidad, voltaje (en azul). Los valores de potencia se leen en el eje de la derecha, que está calibrado en vatios. Así, si trazamos una línea desde el pico de la curva de potencia hasta el eje, vemos que obtenemos un valor aproximado de 240 W.

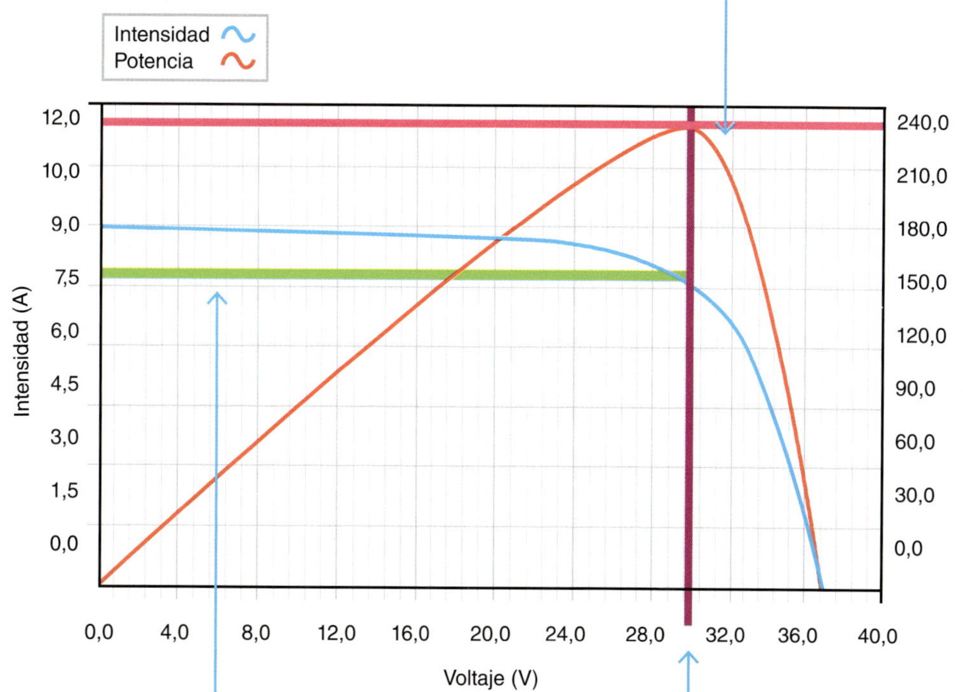

Si trazamos una línea horizontal desde el punto de corte con la curva azul hasta el eje Y, obtenemos el valor de I_m. En este caso será $I_m = 7{,}5$ A.

Si trazamos una línea vertical desde el punto de máxima potencia, donde corte a la curva azul, bajando hasta el eje X, obtenemos el valor de V_m. En este caso será $V_m = 30$ V.

CASO PRÁCTICO 3

Interpretación de una hoja de características de un panel solar

A partir de la hoja dada por el fabricante de un panel solar, vamos a analizar cómo interpretar los datos que en ella aparecen.

Cada columna corresponde a un modelo concreto de panel. En este caso están definidos por la potencia máxima que pueden suministrar.

Tabla de características eléctricas

Datos eléctricos							
Potencia máxima (±3 %)	P_{mpp}	221	224	227	230	233	W
Tens. punto de máx. potencia	V_{mpp}	28,33	28,65	28,76	29,1	29,1	V
Corriente punto máx. potencia	I_{mpp}	7,8	7,81	7,9	7,9	8,01	A
Tensión de circuito abierto	V_{oc}	36,56	36,73	36,81	36,7	36,8	V
Corriente en cortocircuito	I_{sc}	8,41	8,53	8,7	8,58	8,61	A

Datos referidos a condiciones estándar de ensayo (STC): radiación de 1000 W/m² con respecto a AM 1,5 y temperatura de célula de 25 °C.

Potencia máxima (P_{mpp}): es un valor de pico, es decir, es la máxima potencia que puede entregar el panel en un determinado momento. El panel funcionará correctamente en la instalación en la que va a ser colocado si este valor es superior al del consumo máximo (en vatios) para el que se ha diseñado el sistema fotovoltaico.

Tensión en el punto de máxima potencia (V_{mpp}): es el valor en voltios de la tensión que proporcionará el panel cuando esté trabajando en el valor de potencia P_{mpp}.

Intensidad en el punto de máxima potencia (I_{mpp}): es el valor de la corriente proporcionada por el panel cuando se encuentra en el punto de máxima potencia.

Tensión en circuito abierto (V_{oc}): tensión en los terminales de conexión cuando no hay ninguna carga conectada en el panel.

Intensidad de cortocircuito (I_{sc}): intensidad que circula por el panel cuando la salida está cortocircuitada.

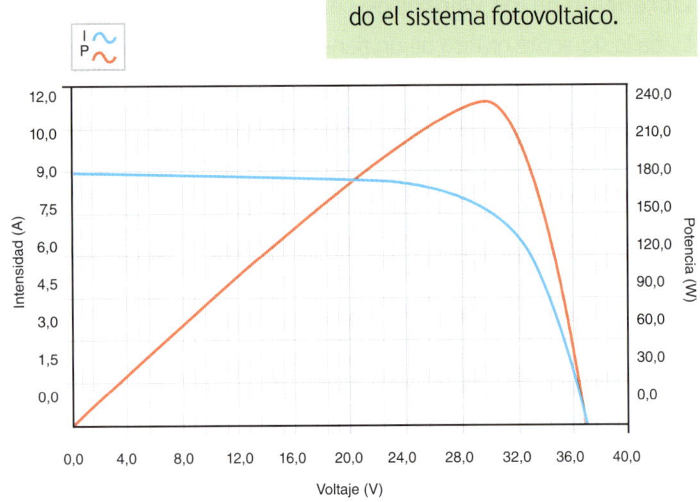

Características físicas

El fabricante nos da una descripción del aspecto físico del panel: medidas, peso, materiales con los que está construido, etc. Estos valores serán importantes a la hora de elegir los soportes para su sujeción.

Características del producto	
Vidrio solar altamente transparente de 4 mm y marco de aluminio anodizado para una perfecta estabilidad y una larga duración.	
Células monocristalinas de 156 × 156 mm con elevados niveles de eficiencia.	
Conexiones eléctricas con conectores Tyco.	
Potencias: 221 Wp, 224 Wp, 227 Wp, 230 Wp y 233 Wp.	
Tensión nominal del sistema: 1000 V.	
Medidas: 1674 × 998 × 40 mm.	Peso: 23 kg.

Variación de parámetros con la temperatura

El fabricante nos proporciona los coeficientes de temperatura sobre los parámetros que debemos tener en cuenta a la hora de la colocación del panel. Estos nos dan idea de la variación que sufren los parámetros del panel a medida que aumenta la temperatura.

Coeficientes de temperatura		
Coeficiente de potencia	Tk (P_{mpp})	–0,44 %/°C
Tensión en vacío	Tk (V_{oc})	–126 mV/°C
Corriente en cortocircuito	Tk (I_{sc})	–2,1 mA/°C

Ejemplo: la potencia disminuye un 0,44 % por cada grado centígrado que aumenta la temperatura.

5.2. Agrupamiento y conexión de paneles

Dependiendo de la instalación que estemos desarrollando, y de la aplicación para la que se ha diseñado, existe la posibilidad de usar un solo panel o un conjunto de paneles que se montarán agrupados sobre un determinado soporte y conectados entre sí eléctricamente.

En aplicaciones de poca potencia, es posible hasta la utilización de paneles solares flexibles, que permitirán aplicaciones como alimentar un equipo de comunicaciones, recargar la batería de un teléfono, etc. Cuando necesitamos una potencia elevada que no se puede obtener con un único módulo fotovoltaico, se recurre a la conexión en grupo de varios paneles solares.

IMPORTANTE

La conexión de paneles en serie aumentará la tensión final de la instalación, y la intensidad será igual para todos los módulos.

CASO PRÁCTICO 4

Agrupamiento de paneles solares

En la siguiente tabla se muestran las características de diversos modelos de paneles solares. Se desea montar una instalación fotovoltaica cuya potencia total sea de 40 W, trabajando a 12 V de corriente. Decide qué tipo de panel utilizar, cuántos son necesarios y de qué forma deben conectarse.

CARACTERÍSTICAS ELÉCTRICAS						
Modelo	Nº Células	Potencia en prueba ± 10 %	Corriente en punto de máxima potencia	Tensión en punto de máxima potencia	Corriente de cortocircuito	Tensión de circuito abierto
A5	36 1/6 de 3,3"	5 W	0,29 A	17,0 V	0,34 A	216 V
A10	36 1/3 de 3,3"	10 W	0,59 A	17,0 V	0,69 A	216 V
A20	36 1/2 de 4"	20 W	1,18 A	17,0 V	1,40 A	216 V

Solución

La primera consideración sería ver de qué forma podemos obtener la potencia total. Dado que conviene siempre hacer agrupaciones de paneles que tengan las mismas características eléctricas, que sean iguales, podríamos colocar:

- 8 módulos del modelo A5.
- 4 módulos del modelo A10.
- 2 módulos del modelo A20.

En todos los casos la tensión proporcionada es mayor de los 12 V necesarios, y podemos asociarlos en paralelo para obtener la potencia deseada. Además de las características eléctricas, habría que tener en cuenta otras consideraciones, como el espacio disponible, las dimensiones de los módulos, el coste de estos, etc.

Podemos concluir que, si no existe ninguna restricción como las que acabamos de comentar, la forma más fácil de realizar la instalación sería con dos módulos del modelo A20 conectados en paralelo.

La conexión de los módulos fotovoltaicos se realiza por su parte posterior, en una caja de conexiones preparada para tal fin (Fig. 1.13). Esta caja de conexión contiene los diodos de protección (diodos de ***bypass***), que solo dejarán pasar la corriente en un sentido, y se opondrán a la circulación de esta en el sentido contrario. Tienen varias misiones:

- Evitar que se invierta el flujo de corriente entre bloques interconectados en paralelo cuando en alguno de ellos se produce una sombra.
- Proteger individualmente cada panel de posibles daños ocasionados por sombras parciales que se produzcan por circunstancias especiales.
- Además, se pueden colocar diodos de bloqueo, cuya misión es impedir que las baterías de la instalación se descarguen a través de los paneles, en ausencia de luz solar.

Fig. 1.13. Caja de conexiones de los paneles fotovoltaicos.

ACTIVIDADES

13. Elige, de un catálogo de un fabricante de paneles solares, los siguientes elementos:

a) Dos paneles con tensión de salida de 12 V y con distintas potencias máximas.

b) Dos paneles cuya tensión de salida sea 24 V, y de dos potencias máximas distintas.

TEN CUIDADO

En todos los equipos e instalaciones en los que se esté manejando corriente continua hay que tener cuidado con la polaridad.

Este tipo de corriente tiene polo positivo y polo negativo, y una equivocación en la conexión puede provocar problemas importantes, como la rotura de equipos, etc.

6. El regulador

Para un correcto funcionamiento de la instalación, hay que instalar un sistema de regulación de carga en la unión entre los paneles solares y las baterías. Este elemento recibe el nombre de regulador y tiene como misión evitar situaciones de sobrecarga y sobredescarga de la batería, con el fin de alargar su vida útil.

El regulador trabaja, por tanto, en las dos zonas. En la parte relacionada con la carga, su misión es la de garantizar una carga suficiente al acumulador y evitar las situaciones de sobrecarga, y en la parte de descarga se ocupará de asegurar el suministro eléctrico suficiente mientras las baterías tengan un nivel mínimo de carga, y evitar la descarga excesiva de la batería (Fig. 1.14).

Fig. 1.14. Conexiones del regulador en una instalación fotovoltaica.

VÍDEO

En el siguiente enlace puedes ver un vídeo de los tipos de reguladores y su utilización:

https://goo.gl/mxEbr6

Dado que los módulos solares tienen una tensión nominal mayor que la de la batería, si no existiera un regulador se podrían producir sobrecargas.

El hecho de que esta tensión nominal de los paneles sea así se debe fundamentalmente a dos razones:

- Atenuar posibles disminuciones de tensión por el aumento de la temperatura.
- Asegurar la carga correcta de la batería. Para ello la tensión V_p del panel deberá ser mayor que la tensión nominal de la batería.

El dimensionado de la instalación solar se realiza de manera que se asegure el suministro de energía en las peores condiciones de luminosidad del sol. Por ello se toman como referencia los valores de irradiación en invierno. Esto puede provocar que en verano la energía aportada por los módulos solares sea en ocasiones casi el doble de los cálculos estimados, por lo que, si no se conecta el regulador entre los paneles y las baterías, el exceso de corriente podría llegar incluso a hacer hervir el electrolito de los acumuladores, con el riesgo que ello conlleva.

Los fabricantes nos proporcionarán los valores de trabajo del regulador sobre una hoja de características. En estas hojas aparecerán:

- Características físicas del regulador: peso, dimensiones, material empleado en su construcción, etc.
- Características eléctricas.
- Normas de seguridad que cumple.

También hay que considerar otro tipo de aspectos, como pueden ser las medidas de seguridad, etcétera. El regulador ha de proteger tanto la instalación como a las personas que lo manejen, por lo que deberá llevar sistemas que proporcionen las medidas de seguridad adecuadas para cada uno de los casos. Los fabricantes nos proporcionan también este tipo de información.

En los catálogos se nos indica el tipo de regulación que lleva, el acumulador que le podemos conectar y el resto de características que necesitaremos para su correcta utilización.

El esquema de conexión del regulador en una instalación será el siguiente:

La conexión indicada con el dibujo de una batería es la que realiza la carga del acumulador. A esa conexión no se puede conectar ningún otro aparato de la instalación.

El regulador dispone de una salida de *consumo*, para alimentar aparatos dentro de la instalación que funcionen con corriente continua. Habrá instalaciones en las que incluso todos los equipos estén conectados de esta forma (pequeñas instalaciones para el abastecimiento de equipos de señalización, comunicaciones, etc.)

Fig. 1.15. Esquema de conexión del regulador en la instalación.

CASO PRÁCTICO 5

Agrupamiento de paneles solares

Análisis de la información proporcionada por el fabricante en una hoja de características de un regulador.

MODELO	DSS 30	DSD 30	DSD 50
Dimensiones	172 × 105 × 24 mm	172 × 160 × 24 mm	172 × 160 × 24 mm
Peso	0,6 kg	0,7 kg	0,7 kg
Caja	Chapa de acero galvanizada	Chapa de acero galvanizada	Chapa de acero galvanizada
Pintura	Epoxi al horno	Epoxi al horno	Epoxi al horno
Grado de estanqueidad	IP 32	IP 32	IP 32
Tensión nominal	Bitensión selección automática 12-24 V	Bitensión selección automática 12-24 V	Bitensión selección automática 12-24 V
Intensidad máxima de generación	30 A	30 A	50 A
Intensidad máxima de consumo	30 A	30 A	30 A
Sobrecarga admisible	25 %	25 %	25 %
Autoconsumo	< 30 mA	< 30 mA	< 30 mA
Pérdida máxima generación/ autoconsumo	< 1,8 W/2,4 W	< 3,6 W/3,6 W	< 2,5 W/1,2 W
Capacidad de las clemas	40 A	40 A	60 A

Características del regulador modelo DSD 50.

Algunas de las características físicas del modelo elegido y normas de seguridad que cumple (en este caso, IP 32).

Tensión nominal: es la tensión de trabajo de la instalación, y se corresponde con la tensión nominal de las baterías. En el ejemplo se puede configurar para que trabaje a 12 o 24 V.

Intensidad máxima en generación: es la recibida desde los módulos solares.

Intensidad máxima de consumo: intensidad que se va a proporcionar a la parte de la instalación donde se van a conectar los equipos del usuario.

Sobrecarga: porcentaje sobre el valor nominal que aguanta el regulador sin romperse.

Autoconsumo: cantidad de energía que necesita el regulador para su propio funcionamiento. En el ejemplo viene dado en valores de intensidad (< 30 mA). Este valor se debe considerar en el dimensionado de la instalación para que funcione correctamente.

Pérdida máxima generación/consumo: se relaciona con las caídas de tensión internas. Es importante porque puede modificar las tensiones de trabajo y produce pérdidas de energía.

7. Acumuladores. Tipos de baterías

Fig. 1.16. El tamaño del acumulador está directamente relacionado con su capacidad: a mayores dimensiones, más amperios hora proporcionará.

TEN CUIDADO

Cuando se dimensiona una instalación, los paneles solares deben tener siempre una tensión de trabajo superior a la fijada por las baterías, para que el proceso de carga de estas y el funcionamiento del regulador sean correctos.

IMPORTANTE

Las baterías de plomo-ácido usadas habitualmente en las instalaciones fotovoltaicas contienen como electrolito una solución de ácido sulfúrico y agua destilada. El agua destilada se evapora al funcionar la batería, por lo que será necesario reponerla de vez en cuando.

La llegada de la energía solar a los módulos fotovoltaicos no se produce de manera uniforme, sino que presenta variaciones, por diferentes motivos. Algunas de estas variaciones son predecibles, como la duración de la noche o las estaciones del año, pero existen otras muchas causas que pueden producir alteraciones de manera aleatoria en la energía recibida, como, por ejemplo, un aumento de la nubosidad en un determinado instante.

Este hecho hace necesario utilizar algún sistema de almacenamiento de energía para aquellos momentos en que la radiación recibida sobre el generador fotovoltaico no sea capaz de hacer que la instalación funcione en los valores previstos. Para ello se utilizarán las baterías o acumuladores.

Las baterías son dispositivos capaces de transformar la energía química en eléctrica. El funcionamiento en una instalación fotovoltaica será el siguiente:

Energía eléctrica (generación) ⟶ **Energía eléctrica (almacenamiento)** ⟶ Energía eléctrica (consumo)

Las baterías se recargan con la electricidad producida por los paneles solares, a través de un regulador de carga, y pueden entregar su energía a la salida de la instalación, donde será consumida.

Tres son las misiones que tienen las baterías en las instalaciones fotovoltaicas:

- Almacenar energía durante un determinado número de días.
- Proporcionar una potencia instantánea elevada.
- Fijar la tensión de trabajo de la instalación.

Los principales parámetros que hay que tener en cuenta a la hora de elegir un acumulador son los siguientes:

- **Capacidad:** cantidad de electricidad que puede lograrse en una descarga completa del acumulador partiendo de un estado de plena carga de este. Se mide en amperios hora (Ah), y se calcula como el producto de la intensidad de descarga del acumulador por el tiempo en el que se está descargando: $C = t\ I$.
- **Eficiencia de carga:** relación entre la energía empleada para recargar la batería y la energía realmente almacenada. Interesa que sea un valor lo más alto posible (próximo al 100 %, lo que indicaría que toda la energía utilizada para la recarga puede emplearse en la salida de la instalación). Si la eficiencia es baja, será necesario aumentar el número de paneles solares para obtener los resultados.
- **Autodescarga:** proceso mediante el cual el acumulador, sin estar en uso, se descarga de forma gradual.
- **Profundidad de descarga:** cantidad de energía, en tanto por ciento, que se obtiene de la batería durante una determinada descarga, partiendo del acumulador totalmente cargado. Está relacionada con la duración o vida útil del acumulador. Si los ciclos de descarga son cortos (en torno al 20 %, por ejemplo), la duración del acumulador será mayor que si se lo somete a descargas profundas (por ejemplo, del 80 %).

ACTIVIDADES

14. Elige la capacidad del acumulador que necesitaríamos en una instalación fotovoltaica cuyo consumo es de 400 W durante 30 horas seguidas.

15. Elige de un catálogo comercial diferentes tipos de baterías que nos permitan disponer de un acumulador como el calculado en el apartado anterior. La tensión de trabajo del sistema es de 24 V. Realiza una tabla comparando las características de cada batería según los datos proporcionados por el fabricante en cada uno de los casos. Consulta el apartado 7.1 de la unidad para tener una referencia de los modelos que puedes buscar.

CASO PRÁCTICO 6

Cálculo del tiempo de descarga de una batería solar

En una instalación fotovoltaica cuya tensión de trabajo es de 12 V, se está utilizando un acumulador cuya capacidad es de 200 Ah. Calcula el tiempo que tarda en descargarse totalmente, partiendo de plena carga, cuando se conecta a la salida un aparato cuya potencia consumida es de 120 W.

Solución

Lo primero que tenemos que calcular es la intensidad que va a circular por la instalación cuando esté conectado el aparato.

Si aplicamos la fórmula del cálculo de la potencia para obtener la intensidad:

$$P = VI \Rightarrow I = \frac{P}{V} = \frac{120}{12} = 10 \text{ A}$$

Según la definición dada de capacidad, la corriente de descarga será, por tanto, de 10 A. Teniendo en cuenta que $C = 200$ Ah, el tiempo en horas que tardará en descargarse el acumulador será:

$$t = \frac{C}{I} = \frac{200}{10} = 20 \text{ h}$$

CASO PRÁCTICO 7

Interpretación de la curva de profundidad de descarga de una batería

Para las baterías que queremos colocar en una instalación solar hemos obtenido del catálogo del fabricante la siguiente gráfica:

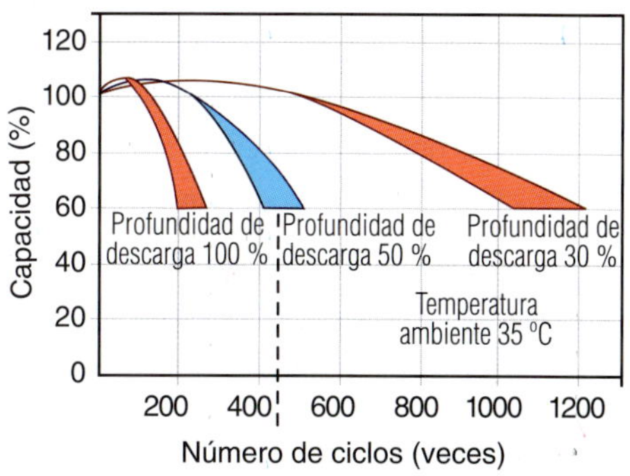

Si queremos que la batería funcione con una profundidad de descarga de aproximadamente el 50 %, ¿cuál sería el número de ciclos máximo (de carga y descarga) que podríamos obtener con esta batería? ¿Cuál sería el valor de la capacidad de esta en ese momento?

Solución:

Fijándonos en la gráfica, para una profundidad de descarga del 50 %, podemos tener aproximadamente 450 ciclos de carga y descarga de la batería.

El valor de la capacidad disminuirá hasta el 60 % del que nos da el fabricante como valor nominal para la batería. Cuanto más profundamente se descargue una batería, más rápidamente perderá su capacidad inicial.

Además de los parámetros eléctricos, las características que serían deseables para las baterías destinadas a las instalaciones solares son las siguientes:

- Buena resistencia al ciclado (proceso de carga-descarga).
- Bajo mantenimiento.
- Buen funcionamiento con corrientes pequeñas.
- Amplia reserva de electrolito.
- Depósito para materiales desprendidos.
- Vasos transparentes.

Existen diferentes tecnologías en la fabricación de baterías, si bien unas son más adecuadas que otras para utilizarlas en las instalaciones solares.

ACTIVIDADES

16. En la instalación de alimentación de un repetidor de telecomunicaciones a través de paneles fotovoltaicos, se utiliza un acumulador cuya capacidad es de 100 Ah. El consumo del repetidor es de 80 W. El sistema trabaja a 12 V. Si a causa del clima estamos diez días sin sol, y por tanto sin posibilidad de recargar las baterías, ¿aguantará la instalación funcionando todos estos días? Justifica la respuesta.

IMPORTANTE

El fabricante de las baterías suele proporcionar datos sobre el número de ciclos máximo (carga y descarga) durante la vida útil de la batería. Este valor está relacionado con la profundidad de descarga de esta.

7.1. Tipos de baterías

Las baterías se clasifican en función de la tecnología de fabricación y de los electrolitos utilizados. En la Tabla 1.2 podemos comparar los principales tipos de baterías que hay en el mercado.

Tipo de batería	Tensión por vaso (V)	Tiempo de recarga	Autodescarga por mes	Número de ciclos	Capacidad (por tamaño)	Precio
Plomo-ácido	2	816 horas	< 5 %	Medio	30-50 Wh/kg	Bajo
NiCd (níquel-cadmio)	1,2	1 hora	20 %	Elevado	50-80 Wh/kg	Medio
NiMh (níquel-hidruro metálico)	1,2	24 horas	20 %	Medio	60-120 Wh/kg	Medio
Li ion (ion litio)	3,6	24 horas	6 %	Medio-bajo	110-160 Wh/kg	Alto

Tabla 1.2. Características de los principales tipos de baterías.

Las baterías más empleadas en las instalaciones solares son las de plomo-ácido, aunque empiezan a ser utilizadas las de litio, por las características que presentan. Dentro de este tipo de baterías nos podemos encontrar diferentes modelos:

Tipo	Ventajas	Inconveniente
Tubular estacionaria	• Ciclado profundo. • Tiempos de vida largos. • Reserva de sedimentos.	• Precio elevado.
Arranque SLI Automóvil	• Precio. • Disponibilidad.	• Mal funcionamiento ante ciclado profundo y bajas corrientes. • Tiempo de vida corto. • Escasa reserva de electrolito.
Solar	• Fabricación similar a SLI. • Amplia reserva de electrolito. • Adecuada para ciclados medios.	• Tiempos de vida medios. • No recomendada para ciclados profundos y prolongados.
Gel	• Escaso mantenimiento.	• Deterioro rápido en condiciones de funcionamiento extremas de tensión e intensidad.

Tabla 1.3. Baterías utilizadas en instalaciones solares.

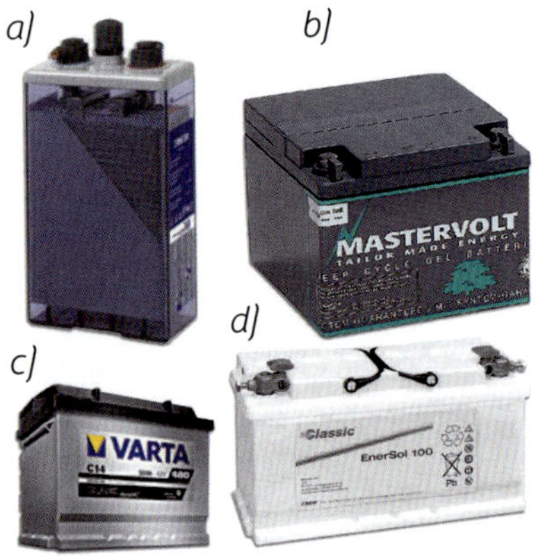

Fig. 1.17. Distintos tipos de baterías utilizadas en instalaciones fotovoltaicas: tubular estacionaria (a), de arranque (b), solar (c) y gel (d).

En aquellas instalaciones en las que vamos a tener descargas profundas, elegiremos baterías tubulares estacionarias, así como en las instalaciones en las que necesitemos una capacidad elevada. Se da este caso en las instalaciones autónomas de viviendas.

Si la instalación solar es de pequeña dimensión, de tipo móvil, como por ejemplo en autocaravanas, o de muy difícil mantenimiento, deberemos elegir baterías de gel, vigilando que no se produzcan ciclos de descargas profundos. Un ejemplo puede ser una instalación solar que alimenta un pequeño repetidor en lo alto de un monte.

A la hora de elegir los acumuladores, es importante tener en cuenta el efecto de la temperatura sobre ellos. La capacidad aumenta a medida que sube la temperatura, y al revés, disminuye cuando baja la temperatura del lugar donde se encuentra ubicado. Si prevemos la posibilidad de que existan temperaturas por debajo de 0 ºC en el lugar de la instalación, deberemos elegir un acumulador de capacidad mayor que la calculada.

ABC VOCABULARIO

Teniendo presente el concepto de profundidad de descarga de una batería, a las descargas muy acusadas se las llama descargas profundas, y a las ligeras, descargas superficiales.

ACTIVIDADES

17. Averigua la batería que sería necesaria para colocar en una señal de tráfico, alimentada por un panel solar y formada por 36 diodos LED de color rojo, conectados en dos ramas de 18 diodos en serie cada una de ellas y, asimismo, puestas ambas en paralelo. Busca las características de estos diodos para poder realizar los cálculos. Se necesitan seis días de autonomía.

8. El inversor

El inversor se encarga de convertir la corriente continua de la instalación en corriente alterna, igual a la utilizada en la red eléctrica: 230 V de valor eficaz y una frecuencia de 50 Hz.

Es un elemento imprescindible en las instalaciones conectadas a red, y también presente en la mayoría de instalaciones autónomas, sobre todo en aquellas destinadas a la electrificación de viviendas.

Un esquema de este tipo de instalaciones es el representado en la Fig. 1.18.

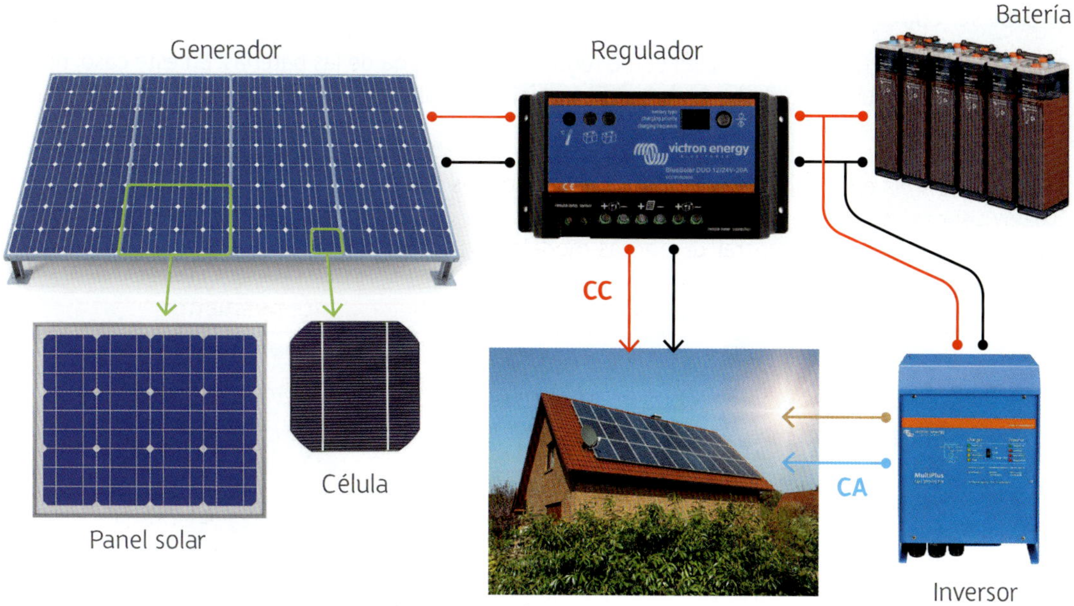

Fig. 1.18. Esquema general de una instalación autónoma con inversor.

En el caso de una instalación conectada a red, el esquema que se seguiría es el representado en la Fig. 1.19.

Fig. 1.19. Instalación fotovoltaica conectada a red.

Como vemos, la principal diferencia entre las dos instalaciones es que en las autónomas se cuenta con los acumuladores para almacenar la energía y los reguladores de carga, mientras que en las instalaciones conectadas a la red, la energía no se almacena, sino que se pone a disposición de los usuarios a través de la red eléctrica según se produce.

En este tipo de instalaciones existirán equipos de medida, tanto de la energía que se vende a la red eléctrica como del propio consumo de la instalación productora, que en la práctica debe ser nulo.

IMPORTANTE

La misión del inversor en las instalaciones autónomas es proporcionar una corriente alterna como la de la red eléctrica, con el fin de que se puedan conectar a esta electrodomésticos de los utilizados habitualmente en las viviendas. En este caso, las variaciones que pueda sufrir la corriente no tienen la importancia que en el caso de los inversores de las instalaciones conectadas a la red.

En el caso de las instalaciones conectadas a red, el inversor debe proporcionar una corriente alterna que sea de las mismas características que la red eléctrica a la que está conectado, tanto en forma (senoidal) como en valor eficaz (230 V) y, sobre todo, en la frecuencia (50 Hz); no se permiten prácticamente variaciones, con el fin de evitar perturbaciones sobre la red eléctrica de distribución.

VÍDEO

En el siguiente enlace puedes ver cómo se hace una instalación fotovoltaica:

https://goo.gl/tzZiZP

Las características deseables para un inversor las podemos resumir de la siguiente manera:

- **Alta eficiencia:** debe funcionar bien para un amplio rango de potencias.
- **Bajo consumo en vacío,** es decir, cuando no hay cargas conectadas.
- **Alta fiabilidad:** resistencia a los picos de arranque.
- **Protección contra cortocircuitos** e **inversión de polaridad.**
- **Seguridad.**
- **Buena regulación de la tensión** y **frecuencia de salida,** que, como ya hemos comentado, debe ser compatible con la red eléctrica.

Algunos inversores funcionan también como reguladores de carga de las baterías. En este caso, no sería necesario incluir el regulador en la instalación. Un ejemplo de conexión de este tipo lo vemos en la Figura 1.20.

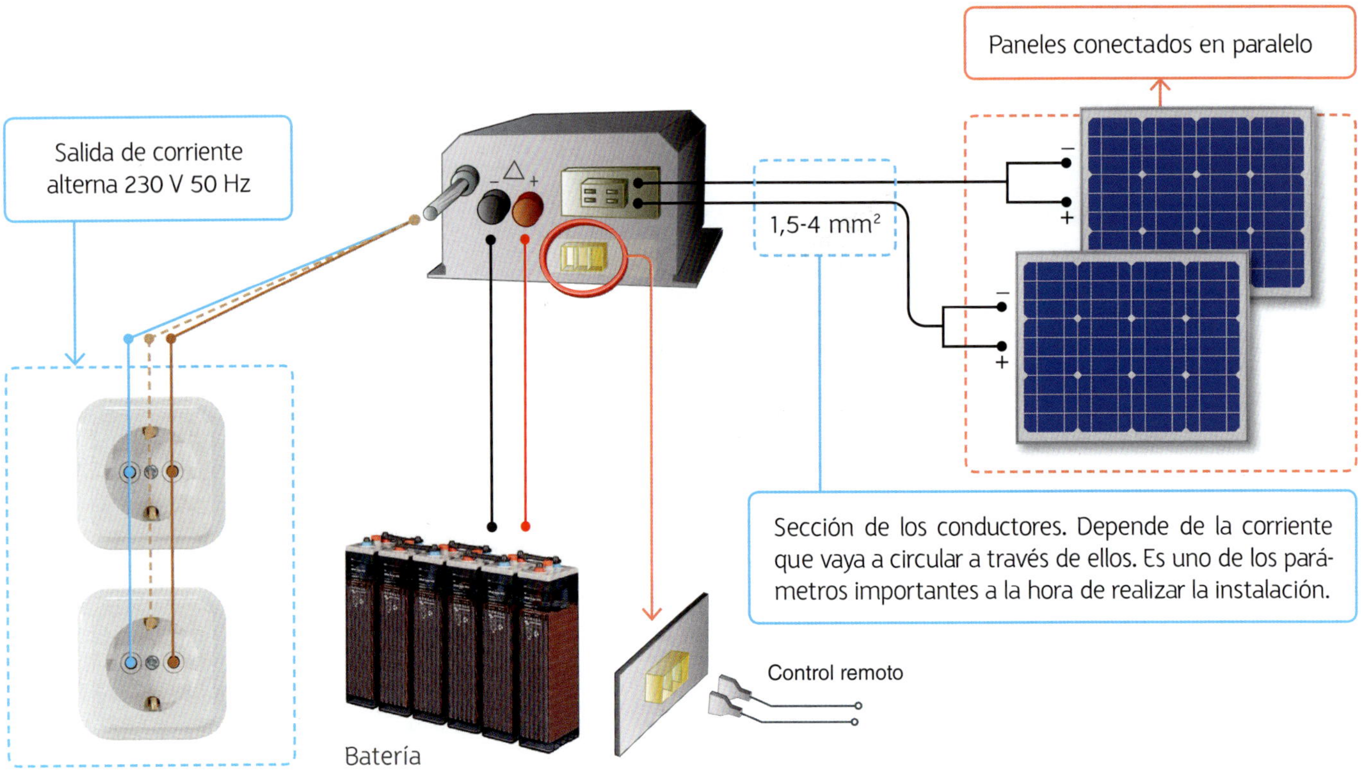

Fig. 1.20. Conexión de un inversorregulador en una instalación autónoma a 12 V. Además de convertir la correinte continua en alterna, puede cargar las baterías del sistema.

Podemos observar el cableado y los colores estándares utilizados en las conexiones. Así, en la parte de continua, para el polo positivo utilizaremos cable de color rojo, y para el negativo, cable de color negro. En la parte de alterna, tendremos tres conductores:

- El de color amarillo–verde para la conexión a tierra.
- El de color azul para el neutro de la instalación.
- El de color marrón para la fase.

En el caso práctico 8, sobre la tabla de datos de un modelo comercial, vamos a analizar qué parámetros debemos tener en cuenta a la hora de seleccionar un inversor para nuestra instalación.

Con la nueva normativa para las instalaciones conectadas a red publicada en 2015, con el fin de ser utilizadas para el autoconsumo, se comercializan inversores que aunque están conectados a la red como tal, no le inyectan energía. De este modo no se produce ningún tipo de venta de energía desde la instalación, tal y como ocurría en las instalaciones antiguas de este tipo, y el usuario se conecta a la red cuando su instalación fotovoltaica deja de proporcionarle la energía que necesita.

CASO PRÁCTICO 8

Análisis de una hoja de características de un inversor

Model SI	612 624 648	812 824	1212 1224 1248	1624	2324 2348	3324	3548
Input voltage (Unom) [V]	12/24/48	12/24	12/24/48	24	24/48	24	48
Nominal power [W]	600	800	1 200	1 600	2 300	3 300	3 500
«Standby» current [mA] Power «ON» no load [W]	25/21/10 2,6	25/21 2,8	25/21/12 4,8	21 5,8	25/17 9	25 13	30 17
Power «ON» no load [W] TWINPOWER system	—	—	<0,5	<0,5	<0,6	<0,7	<0,8
Maximum efficiency [%]	91	92	9395	9395	95	95	95
Length L × 124 (H) × 215 (W) [mm]	276	276	391	391	591	636	791
Weight [kg]	6,9	10,4	13,2	15,2	27	30	38

Tensión de entrada: debe coincidir con la tensión nominal de las baterías.

Potencia nominal: es la potencia que el inversor es capaz de entregar a la instalación. Siempre será mayor que la que hayamos calculado como consumo de los equipos que van a funcionar en alterna.

Intensidad de consumo en vacío (sin carga).

Rendimiento máximo: importante, porque nos indicará la potencia real entregada por el conversor, que siempre es menor que su potencia nominal. Es un factor a tener en cuenta cuando hagamos el dimensionado de la instalación.

Potencia en vacío, cuando no hay carga conectada.

Las características de la salida del inversor están referidas a la corriente alterna.

Entre los valores más importantes de los indicados por el fabricante, tenemos:

Output voltaje	True sine230 Vac ± 3 %
Distorsion	< 2 % (at Pnom)
Dynamic behaviour	From 0 % to 100 % load change. Normalization: 0,5 ms
Frequency	50 Hz ± 0,01 % (Crystal control)

Forma de la onda: en este caso se trata de una onda senoidal de 230 V de valor eficaz, y que puede tener una variación del 3 %.

Distorsión: indica la posible degradación de la onda. Es menor de un 2 % trabajando a la potencia nominal.

Frecuencia de la señal: debe coincidir con la de la red eléctrica y ser muy estable (en este ejemplo solamente tiene variaciones de un 0,01 %).

Este inversor sería adecuado para una instalación autónoma.

Como hemos visto en el ejemplo, el fabricante nos da la descripción del tipo de onda que genera el equipo. Lo normal es utilizar inversores que den a la salida una onda senoidal, como en este caso, aunque los hay también de onda cuadrada.

El fabricante del inversor nos da también información sobre la posible variación que puede tener la frecuencia de salida (en el caso del ejemplo, nos indica que es de ± 0,01 % sobre el valor nominal).

En los inversores de instalaciones autónomas, este factor puede no ser demasiado importante, pero en los inversores de instalaciones conectadas a la red es un parámetro que debe tenerse muy en cuenta.

ACTIVIDADES

18. Define potencia nominal de un inversor y rendimiento del inversor.

19. Busca las diferencias que existen entre un inversor para conexión a red y un inversor para una instalación aislada comparando dos modelos comerciales de un catálogo.

20. Busca en la web un kit para autoconsumo en instalaciones conectadas a red y analiza las características principales del inversor. Haz una tabla donde destaques los aspectos más relevantes.

TEN CUIDADO

Consulta siempre el manual de instalación cuando vayas a conectar un equipo. En él el fabricante especifica modos de conexión, ajustes, etc., para que el funcionamiento sea el adecuado.

Es imprescindible seguir paso a paso las pautas marcadas en el manual.

8.1. Inversores en instalaciones conectadas a red

Como comentábamos antes, este equipo electrónico es el elemento central de una instalación fotovoltaica conectada a la red eléctrica. Además de realizar la conversión de continua a alterna, el inversor debe sincronizar la onda eléctrica generada con la de la corriente eléctrica de la red, para poder realizar su acoplamiento a dicha red. El inversor dispone de funciones de protección, para garantizar tanto la calidad de la electricidad vertida a la red como la seguridad de la propia instalación y de las personas.

Los parámetros que determinan las características y prestaciones de un inversor son los siguientes:

- **Potencia:** determinará la potencia máxima que podrá suministrar a la red eléctrica en condiciones óptimas. La gama de potencias en el mercado es enorme; sin embargo, para los sistemas domésticos existen desde 50 W (microinversor situado en cada placa) o 1000 W (para pequeños campos fotovoltaicos) hasta potencias de varios megavatios. Muchos modelos están pensados para poderlos conectar en paralelo, a fin de permitir el crecimiento de la potencia total de la instalación.
- **Fases:** normalmente, los inversores cuya potencia es inferior a 5 kW son monofásicos. Los mayores de 15 kW suelen ser trifásicos. Muchos modelos monofásicos pueden acoplarse entre sí para generar corriente trifásica.
- **Rendimiento energético:** debería ser alto en toda la gama de potencias a las que se trabajará. Los modelos actualmente en el mercado tienen un rendimiento medio situado en torno al 90 %. El rendimiento del inversor es mayor cuanto más próximos estamos a su potencia nominal y, con el fin de optimizar el balance energético, es primordial hacer coincidir la potencia pico del campo fotovoltaico y la potencia nominal del inversor. Si queremos tener un funcionamiento óptimo de la instalación, la potencia de pico del campo fotovoltaico nunca debe ser menor que la potencia nominal del inversor.
- **Protecciones:** el inversor debería incorporar algunas protecciones generales, que, como mínimo, serían las siguientes:
  - Interruptor automático: dispositivo de corte automático, sobre el cual actuarán los relés de mínima y máxima tensión que controlarán la fase de la red de distribución sobre la que está conectado el inversor. El rearme del sistema de conmutación y, por tanto, de la conexión con la red de baja tensión de la instalación fotovoltaica será también automático una vez restablecido el servicio normal en la red.
  - Funcionamiento «en isla»: el inversor debe contar con un dispositivo para evitar la posibilidad de funcionamiento cuando ha fallado el suministro eléctrico o su tensión ha descendido por debajo de un determinado umbral.
  - Limitador de la tensión máxima y mínima.
  - Limitador de la frecuencia máxima y mínima. El margen indicado sería del 2 %.
  - Protección contra contactos directos, contra sobrecarga y contra cortocircuito.
  - Bajos niveles de emisión e inmunidad de armónicos.

Es deseable que el estado de funcionamiento del inversor quede reflejado en indicadores luminosos o en una pantalla (funcionamiento anómalo o averías, detención de producción por avería en la red, etc.). También es conveniente que el inversor ofrezca la posibilidad de ser monitorizado desde un ordenador. Si en la instalación se incluyen determinados sensores, puede aportar datos de radiación, generación solar, energía transformada a corriente alterna, eficiencia, etc.

IMPORTANTE

A la hora de conectar el inversor con el resto de la instalación, habrá que utilizar las secciones de conductores adecuadas en función de la parte que estemos conectando.

No tendrán las mismas secciones los cables de conexión con los paneles que las conexiones de monitorización del equipo.

Fig. 1.21. En los huertos solares, los inversores están protegidos de la intemperie en casetas o bien en cajas estancas.

ACTIVIDADES

21. Busca en un catálogo un inversor de onda cuadrada y explica para qué se pueden utilizar este tipo de inversores.

22. Consulta la ficha técnica de un inversor para conexión a red y analiza si tiene alguna posibilidad de ser monitorizado a distancia, bien a través de Internet o mediante otro método. Haz un breve resumen de las características de dicho sistema.

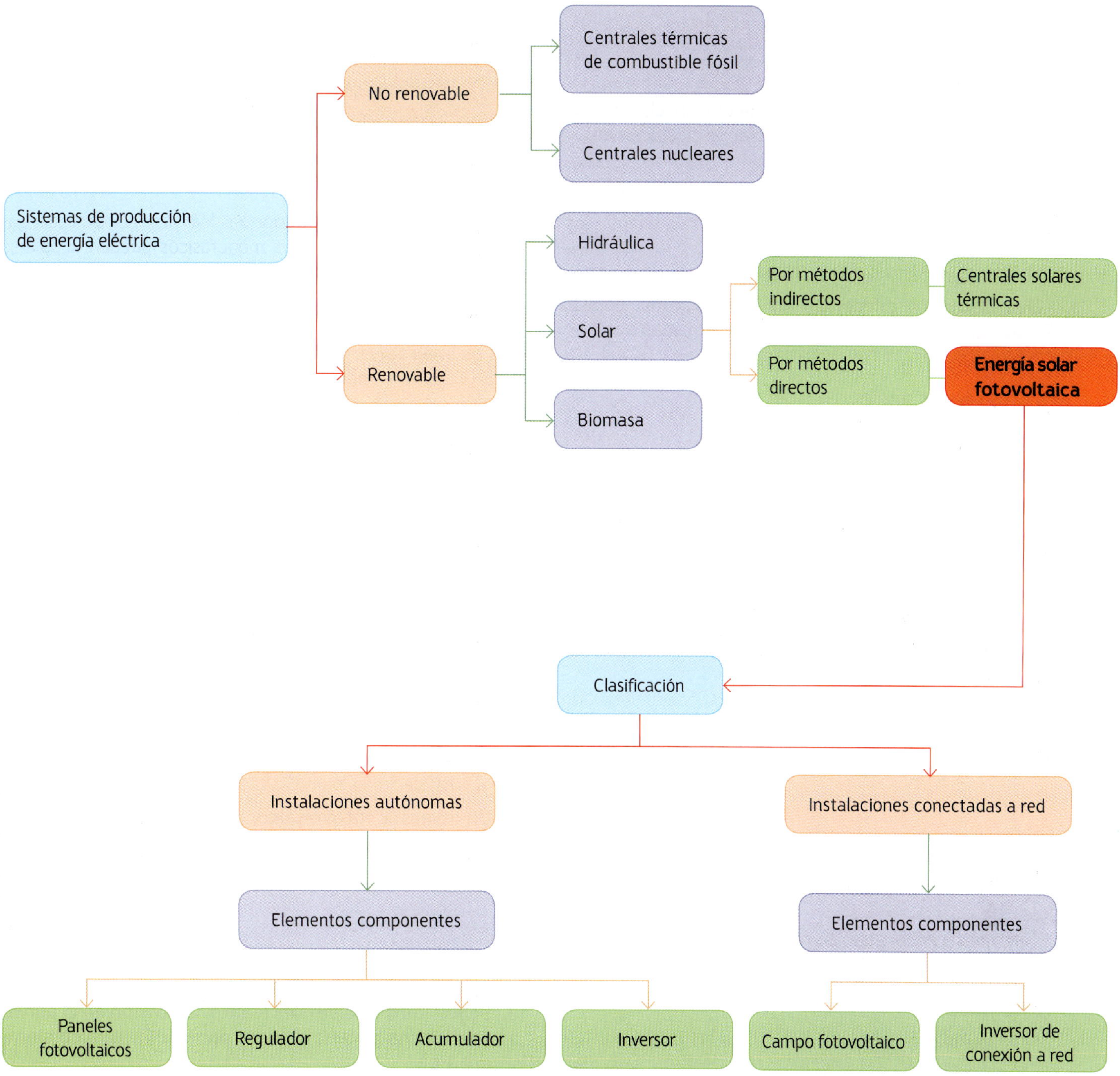
Sistemas de producción de energía eléctrica
No renovable
Centrales térmicas de combustible fósil
Centrales nucleares
Renovable
Hidráulica
Solar
Biomasa
Por métodos indirectos
Centrales solares térmicas
Por métodos directos
Energía solar fotovoltaica
Clasificación
Instalaciones autónomas
Instalaciones conectadas a red
Elementos componentes
Elementos componentes
Paneles fotovoltaicos
Regulador
Acumulador
Inversor
Campo fotovoltaico
Inversor de conexión a red

TEST DE REPASO

1. **La energía solar fotovoltaica produce la electricidad...**
   a) Mediante el movimiento de un generador.
   b) Directamente, al recibir la luz del sol.
   c) Por el calentamiento de un fluido.
   d) Mediante el movimiento de un fluido.
2. **Las instalaciones solares de producción de electricidad mediante la recepción de la luz solar se clasifican en...**
   a) Autónomas y conectadas a red.
   b) Directas e indirectas.
   c) Directas y autónomas.
   d) Conectadas a red e indirectas.
3. **¿Qué elemento diferencia las instalaciones solares fotovoltaicas autónomas de las conectadas a red?**
   a) El inversor.
   b) Los paneles solares.
   c) El regulador.
   d) El generador fotovoltaico.
4. **Si una célula fotovoltaica es capaz de producir una tensión de 0,6 V, ¿qué tensión podremos medir en los extremos de diéz células iguales conectadas en serie?**
   a) 10 V.
   b) 4 V.
   c) 0,6 V.
   d) 6 V.
5. **Si un panel solar proporciona una intensidad de 10 A y se conecta en serie con otro panel cuya intensidad es de 25 A, ¿cuál será la intensidad total?**
   a) 10 A.
   b) 25 A.
   c) 35 A.
   d) 5 A.
6. **El elemento encargado de recargar el acumulador es...**
   a) El campo fotovoltaico.
   b) El inversor.
   c) El regulador.
   d) No existe este elemento.
7. **El valor máximo de la corriente por una célula solar se da...**
   a) Cuando sus terminales están en cortocircuito.
   b) Cuando sus terminales están en circuito abierto.
   c) Cuando se encuentra iluminada.
   d) Cuando no recibe radiación solar.
8. **Si en una instalación fotovoltaica autónoma tenemos lámparas que funcionan en corriente continua, estas irán conectadas a...**
   a) La salida del inversor.
   b) La entrada del regulador.
   c) La entrada del campo fotovoltaico.
   d) La salida de consumo del regulador.
9. **En un panel solar, las células que lo constituyen están conectadas...**
   a) En serie.
   b) En paralelo.
   c) En serie-paralelo.
   d) Individualmente.
10. **Los inversores de las instalaciones conectadas a red en España tienen que proporcionar...**
    a) Una onda senoidal de 230 V de valor eficaz y 50 Hz de frecuencia.
    b) Una onda senoidal de 230 V de valor eficaz y 60 Hz de frecuencia.
    c) Una onda cuadrada de 230 V de valor eficaz y 50 Hz de frecuencia.
    d) No importa el tipo de onda que proporcionen.
11. **Las instalaciones fotovoltaicas conectadas a red se dividen en...**
    a) Huertos solares y edificios fotovoltaicos.
    b) Instalaciones para telecomunicaciones.
    c) Instalaciones autónomas y conectadas.
    d) Instalaciones monofásicas y trifásicas.
12. **Un inversor fotovoltaico, cuya potencia nominal es de 3 kW será...**
    a) Monofásico.
    b) Bifásico.
    c) Trifásico.
    d) No se podrá colocar en una instalación.
13. **Según los datos del fabricante, la tensión en el punto de máxima potencia de un panel fotovoltaico siempre es...**
    a) Mayor que la de circuito abierto.
    b) Menor que la de cortocircuito.
    c) Menor que la de circuito abierto.
    d) Mayor que la de cortocircuito.

COMPRUEBA TU APRENDIZAJE

Clasificar las instalaciones fotovoltaicas

1. El aumento de instalaciones fotovoltaicas en los últimos años ha sido muy considerable. Con lo visto a lo largo de la unidad, justifica el porqué de este crecimiento en este tipo de instalaciones.

2. A partir de la clasificación vista en el apartado 2 de la unidad sobre las instalaciones solares busca dos ejemplos reales de cada uno de los tipos de aplicaciones comentados.

3. Explica qué es un edificio fotovoltaico y sus características.

4. Realiza un esquema de los elementos que componen una instalación solar fotovoltaica autónoma, y describe brevemente cuál es la misión de cada uno de ellos.

Identificar los parámetros de los paneles solares

5. ¿Qué es el efecto fotovoltaico?

6. ¿Qué materiales se utilizan en la construcción de las células solares? ¿Qué características tienen, desde el punto de vista eléctrico?

7. Se desea construir un panel solar para una instalación de 12 V de tensión nominal y una potencia de 180 W a partir de células solares, cuyas características son las siguientes:

V_{OC} = 0,6 V

I_{SC} = 3 A

Dimensiones: 12 × 12 cm

Se pide:

a) Calcular el número de células necesarias para componer el panel solar.

b) Explicar cómo han de ser conectadas.

c) ¿Qué dimensiones tendría el panel?

8. La tensión en circuito abierto de un panel solar facilitada por el fabricante, es de 19 V. Esta medida se ha realizado en condiciones estándares de funcionamiento (con una temperatura ambiente de 25 °C).

Según los datos facilitados por el fabricante del panel, en su hoja de características, la tensión en circuito abierto tiene un coeficiente de temperatura de −126 mV/°C. ¿Cuál será la tensión en circuito abierto del panel si se va a utilizar en una instalación en la que la temperatura de trabajo alcanza 40 °C? Justifica la respuesta.

9. Para aumentar la capacidad de un generador fotovoltaico, se procede a realizar asociaciones de paneles solares con el fin de obtener los valores requeridos en la instalación.

Explica cómo tienen que conectarse en los siguientes casos:

a) Si se desea aumentar la tensión de salida del generador fotovoltaico.

b) Si se desea aumentar la potencia de salida del generador.

Describir el funcionamiento de las baterías

10. La hoja de características de un electrodoméstico de corriente continua nos proporciona los siguientes datos:

Tensión nominal: 12 V

Consumo: 480 W

El aparato va a ser conectado a una batería cuya capacidad es de 400 Ah. ¿Cuántas horas podrá estar conectado antes de que la batería pierda toda su carga?

11. Elige una configuración para una batería de un sistema solar cuya capacidad sea de 362 Ah, con una tensión de trabajo de 12 V, a partir de los modelos dados a continuación:

Modelo		0124 OPzV 350	0136 OPzV 420	0147 OPzV 490	0156 OPzV 600
Capacidad Ah 1,80 UPC 20 °C	C10	357	429	500	612
	C100	425	511	595	728
Longitud (mm)		124/4,88	145/5,71	166/6,54	145/5,71
Ancho (mm)		206/8,11	206/8,11	206/8,11	191/7,52
Alto (mm)		488/19,21	488/19,21	488/19,21	660/25,98
Peso húmedo (kg)		31	36	41	49
Número de polos		2	2	2	2

Describir el funcionamiento del regulador

12. Explica cuál es la misión del regulador en una instalación fotovoltaica autónoma.

13. En una instalación autónoma que trabaja a 12 V se dispone del siguiente sistema de generación de energía: cuatro paneles de 150 Wp, con *Vp* = 17,3 V, todos ellos conectados en paralelo. Consulta en Internet un catálogo de componentes para instalaciones solares y elige un regulador adecuado para la instalación (no tengas en cuenta las características para la carga de la batería).

Describir el funcionamiento del inversor

14. Busca un inversor para una instalación fotovoltaica aislada, cuyo consumo en alterna se prevé que sea de 600 W. Elige dos tipos distintos: de onda senoidal pura y de onda cuadrada.

15. ¿Cuál debe ser el valor de la potencia de pico de un campo fotovoltaico, con respecto a las características del inversor, para que su rendimiento sea óptimo? Pon un ejemplo a partir de un inversor escogido de un catálogo comercial.

16. ¿Qué es el funcionamiento en isla en un inversor? ¿Cómo se puede evitar esta circunstancia?

17. Un inversor cuya potencia nominal es de 30 kW, ¿será monofásico o trifásico?

18. Una de las características de los inversores, sobre todo para instalaciones aisladas, es la resistencia a los picos de arranque. Investiga a qué se refiere este parámetro y cuáles son los elementos que, conectados a la instalación, pueden producir dichos picos.

2
UNIDAD

Configuración de instalaciones solares fotovoltaicas autónomas

En esta unidad

APRENDERÁS A

- Analizar los parámetros de los elementos que intervienen en una instalación.
- Calcular y colocar los paneles solares.
- Calcular el número de acumuladores necesarios en la instalación.
- Calcular las pérdidas eléctricas.
- Interpretar la simbología utilizada en los esquemas de instalaciones solares fotovoltaicas.

ESTUDIARÁS

- Los niveles de radiación solar y sus unidades de medida.
- La orientación de los paneles solares y las zonas de sombra.
- Los elementos de la instalación.
- La simbología que ha de utilizarse en los documentos.

Y SERÁS CAPAZ DE

- Configurar instalaciones solares fotovoltaicas justificando la elección de los elementos que las conforman.

1. Radiación solar

El recurso energético en las instalaciones solares fotovoltaicas es la **radiación solar incidente.** La utilización del sol como recurso energético presenta una serie de **ventajas:**

- Es una fuente de energía inagotable (renovable).
- Está disponible en cualquier ubicación geográfica.
- Es una fuente de energía de libre uso.

Sin embargo, debido a las características de esta fuente de energía, nos podemos encontrar con los siguientes **inconvenientes:**

- Es un recurso energético con una gran variabilidad: noche-día, época del año, condiciones del tiempo atmosférico, etc.
- La radiación solar tiene una elevada dispersión; llegan a la superficie terrestre pocos vatios por metro cuadrado.
- Su comportamiento en el tiempo es muy difícil de determinar, lo que obliga a trabajar con estimaciones.

La aleatoriedad de la radiación solar hace imposible determinar sus valores de una forma exacta. A lo largo de este apartado nos vamos a dedicar a analizar cómo se trabaja con los valores de radiación solar recibida en el lugar donde queremos ubicar la instalación, y qué cálculos deberemos tener en cuenta para lograr un correcto diseño de esta.

1.1. Factores que intervienen en la radiación solar recibida en la Tierra

En el estudio de la radiación solar, hay que considerar dos tipos de factores:

- Factores geográficos y astronómicos.
- Factores atmosféricos.

Ambos tipos van a determinar la cantidad de radiación solar que se recibe en una determinada ubicación geográfica.

A. Factores astronómicos y geográficos

A la hora de calcular la radiación solar en el lugar donde se va a ubicar la instalación fotovoltaica, hay que tener en cuenta que el sol describe dos trayectorias, una anual y otra diaria (Fig. 2.2).

Por tanto, la cantidad de radiación recibida dependerá del lugar geográfico, es decir, de la latitud.

¿SABÍAS QUE...?

Del espectro de las radiaciones electromagnéticas (figura mostrada abajo), la parte correspondiente a la radiación solar que llega a la superficie terrestre se encuentra a partir de las frecuencias inferiores a la de los rayos X.

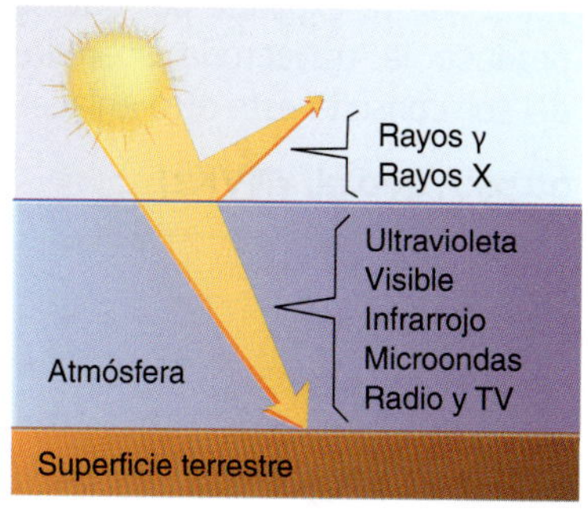

Fig. 2.1. Espectro de radiaciones electromagnéticas.

Todas estas radiaciones son las portadoras de la energía que se recibe en los paneles solares sobre la superficie de la Tierra, excepto los rayos X y γ, que no atraviesan la atmósfera. El porcentaje correspondiente a cada una de ellas es el siguiente:

- Radiación visible: 47 %.
- Radiación infrarroja: 46 %.
- Radiación ultravioleta: 7 %.

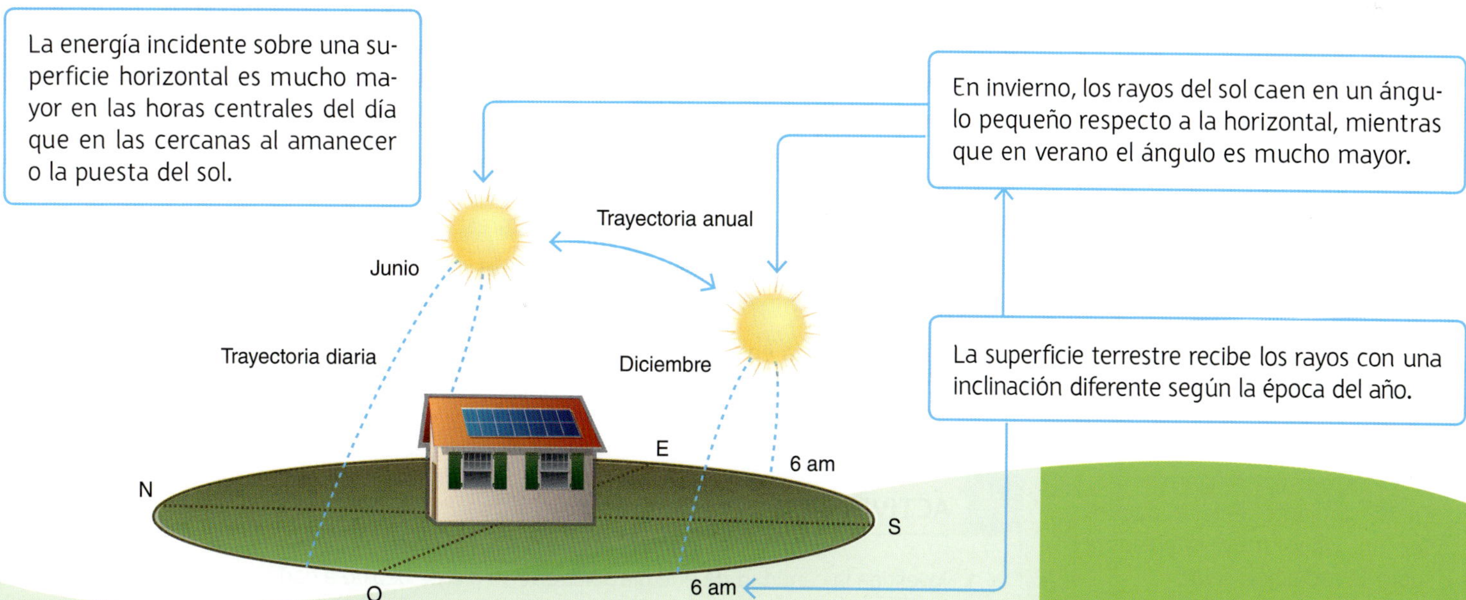

Fig. 2.2. Trayectorias descritas por el sol.

@ WEB

En este interactivo puedes comprobar cómo es el movimiento aparente del sol desde nuestra posición. Puedes cambiar de estación y ver qué sucede.

https://goo.gl/Xaz6gW

Si lo que quieres es consultar un vídeo que te explique por qué se produce la trayectoria aparente del sol, consulta este otro enlace:

https://goo.gl/vNVKzJ

Al orientar los paneles solares, debemos tener en cuenta que la posición de la Tierra con respecto al Sol presenta un ángulo de declinación que no es constante y varía diariamente (Fig. 2.3).

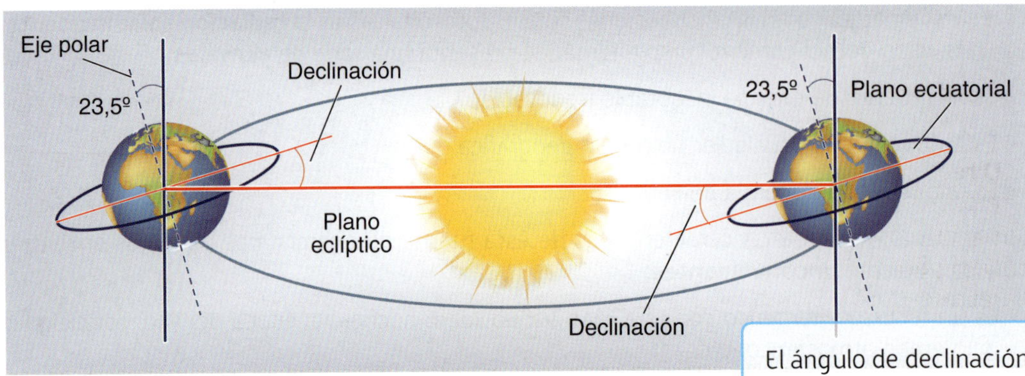

Fig. 2.3. Declinación con respecto a la línea Tierra-Sol.

El ángulo de declinación puede ser positivo o negativo en función de la posición de la Tierra en la órbita.

Aunque existe una fórmula para calcular los valores de dicho ángulo en función del día, en la práctica veremos que se utiliza una estimación del ángulo de declinación para calcular la inclinación de los paneles solares.

B. Factores atmosféricos

Antes de llegar a la superficie terrestre, la radiación solar se ve sometida a diferentes factores que disminuyen su potencia:

- **Dispersión.** Producida por la presencia de partículas de polvo en suspensión y de moléculas de agua. Parte de la energía es desviada, y no llega a la tierra.
- **Reflexión.** Se debe a la presencia de nubes, moléculas de vapor de agua, etc. Parte de las radiaciones recibidas retornan al espacio, con lo que no llegan a la superficie terrestre.
- **Difracción.** Fenómeno causado por las nubes sobre la radiación solar. Al llegar sobre ellas, los rayos solares se descomponen en múltiples trayectos de menor energía que el rayo incidente.
- **Absorción.** Parte de la radiación que llega a la atmósfera es absorbida por los gases presentes en ella (oxígeno, ozono, etc.) y no puede ser recibida en la superficie terrestre.

! IMPORTANTE

La constante solar β es la irradiancia del sol sobre la superficie terrestre. Se considera que el valor es $\beta = 1\,367$ W/m^2. Esta energía es la recibida en la parte exterior de la atmósfera y se verá sometida a pérdidas por los motivos que hemos visto anteriormente. Se considera que a la superficie terrestre llegan 1 000 W/m^2.

Fig. 2.4. Dispersión (izquierda), reflexión (centro) y difracción (derecha) en la atmósfera.

C. Medida de la radiación solar

Para medir la radiación solar, se utilizan dos valores: la irradiancia y la irradiación.

- La **irradiancia** es la potencia recibida por unidad de superficie. Se mide en **vatios por metro cuadrado (W/m^2).**
- La **irradiación** es la energía recibida por unidad de superficie. Se mide en **vatios hora por metro cuadrado (Wh/m^2).**

VÍDEO

En el siguiente enlace puedes ver un vídeo muy interesante sobre la radiación solar:

goo.gl/jp6hCY

ACTIVIDADES

1. Investiga la cantidad de energía solar que se pierde debido a cada uno de los fenómenos estudiados anteriormente, e indica cuál de ellos es el más influyente.

2. Radiación recibida en un panel solar

Con lo visto hasta ahora, podemos considerar el siguiente esquema de la energía que se recibe en un panel solar, independientemente del lugar donde se encuentre ubicado.

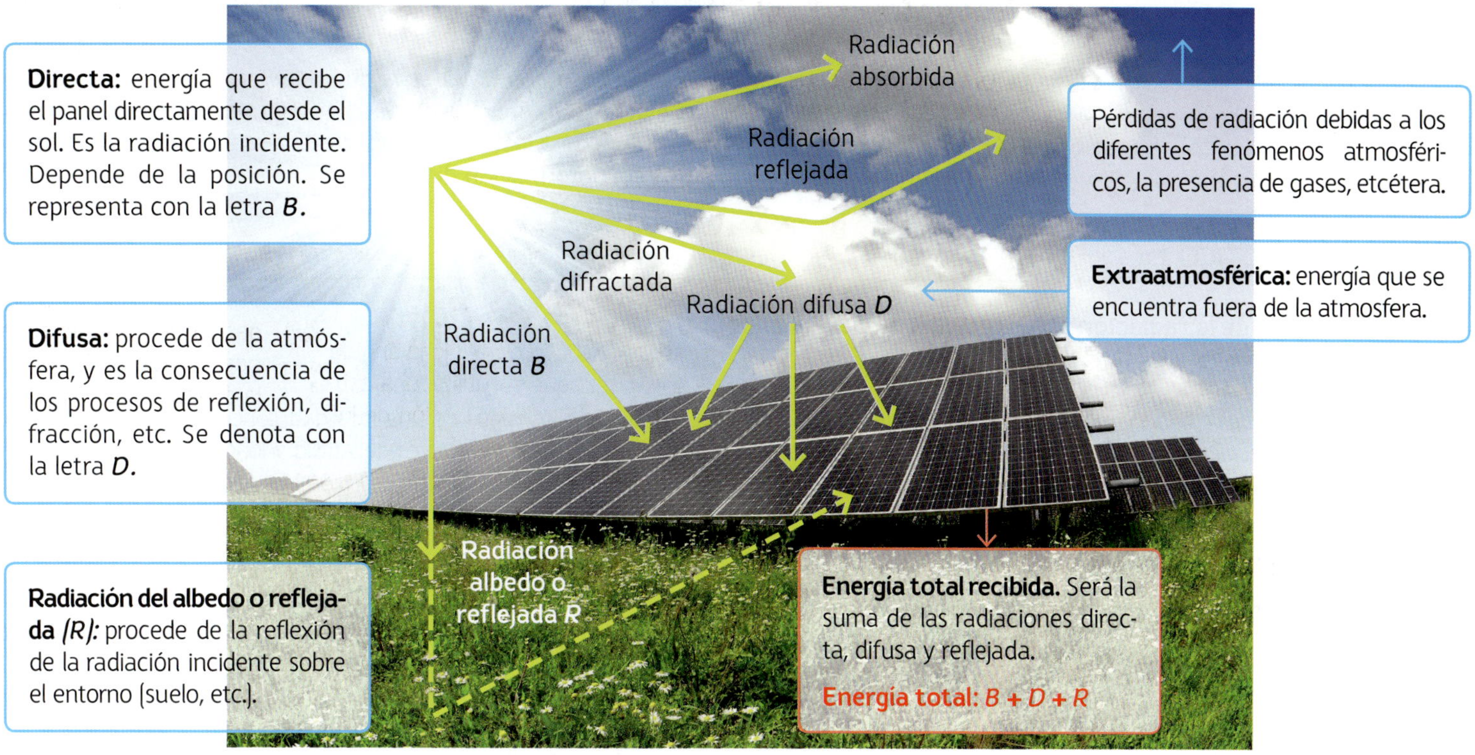

Fig. 2.5. Esquema de la radiación total recibida por un panel solar.

La inclinación de los paneles solares busca el mayor aprovechamiento de la radiación solar y consigue generalmente aumentar la cantidad de vatios hora por metro cuadrado que se recibe en el panel.

Es importante determinar correctamente cuál debe ser el ángulo de inclinación del panel, que dependerá siempre de la ubicación geográfica de la instalación.

Para ello, una vez decididas la orientación e inclinación óptimas, se realizará el cálculo de irradiación recibida, en Wh/m^2, que vamos a tener en el emplazamiento de la instalación.

Puesto que, como ya hemos comentado, la radiación solar es un recurso muy difícil de determinar por su carácter aleatorio, se utilizan bases de datos de radiación incidente en el diseño de las instalaciones fotovoltaicas.

Los principales tipos de bases de datos que podemos encontrar con esta información son:

- Datos medios anuales de radiación diaria incidente sobre superficie horizontal (kWh/m^2/día).
- Datos medios mensuales de radiación diaria incidente sobre superficie horizontal (kWh/m^2/día). Este valor se denomina G_{dm} (0).
- Datos medios diarios de radiación incidente sobre superficie horizontal (kWh/m^2/día).
- Datos medios horarios de radiación incidente sobre superficie horizontal (kWh/m^2).
- Datos de horas de sol diarias (medias anuales, mensuales o valores diarios).

ACTIVIDADES

2. Consulta en la página de la AEMET **(http://www.aemet.es)** qué información podemos encontrar sobre la radiación solar en España. Para ello, busca alguno de los documentos en PDF publicados en la página y haz un breve resumen de su contenido. Basándote en esos documentos, explica cómo realiza la AEMET la medida de la radiación solar.

! IMPORTANTE

Los valores dados para superficie horizontal deberán ser transformados a valores sobre superficie inclinada en función del ángulo adecuado para el panel solar, tal y como veremos a continuación dentro de este apartado.

@ WEB

Algunas de las bases de datos de radiación media mensual las encontramos en las siguientes direcciones web:

https://goo.gl/GKEXQW

https://goo.gl/m4xKrU

Para el diseño de instalaciones fotovoltaicas autónomas se trabaja con bases de datos de radiación media mensual. Existen diferentes bases de datos por localidades donde podemos consultar estos valores, como las siguientes:

- Photovoltaic Geographical Information System (PVGIS): sistema de información geográfica para instalaciones fotovoltaicas.
- Portal sobre energía solar de la NASA.

La manera de trabajar expuesta en el caso práctico 1 es la que debe emplearse siempre que se va a realizar el diseño de una instalación fotovoltaica. Si es autónoma, trabajamos con las bases de datos mensuales. Si se trata de una instalación conectada a red, se realiza el estudio de viabilidad de las bases de datos con información diaria.

CASO PRÁCTICO 1

Determinación de la radiación solar recibida en Sevilla en febrero

Solución

Para saber el nivel de radiación que se recibe en la ciudad de Sevilla, debemos consultar alguna base de datos. En este caso, vamos a utilizar la de la NASA: **https://goo.gl/m4xKrU.**

La consulta de los datos de una localidad concreta se hace, generalmente, a partir de sus valores de latitud y longitud. Para Sevilla, la latitud es de 37.23° y la longitud de –5.59°. En la pantalla principal de la web accedemos a la opción «Meteorology and Solar Energy», y luego al primero de sus vínculos: «Data tables for a particular location».

En la pantalla que aparece, ya podemos introducir los valores de latitud y longitud de la ubicación de la instalación.

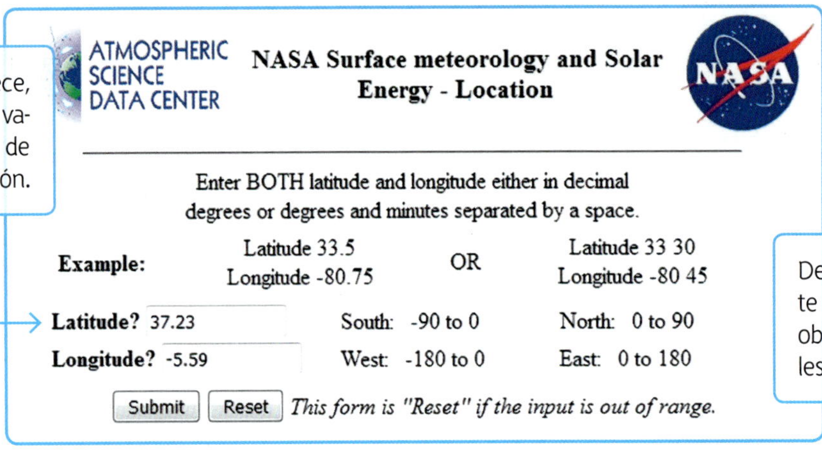

De aquí pasamos a la siguiente pantalla, donde vamos a obtener los valores mensuales de la radiación solar.

Nos centramos en el apartado de los parámetros para el dimensionamiento y apuntamiento de paneles solares.

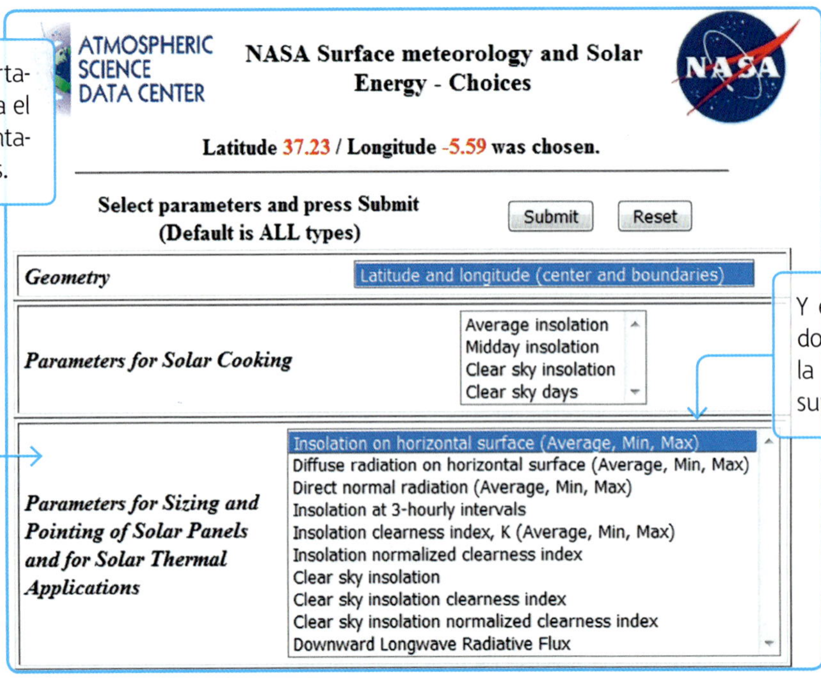

Y elegimos el primer apartado, que nos dará la media de la radiación recibida sobre superficie horizontal.

CASO PRÁCTICO 1 *(Continuación)*

Elegidos los parámetros, presionamos sobre el botón «Sumit» y obtenemos los datos.

De todos ellos, nos interesan solamente los parámetros definidos para los paneles solares, que es la tabla mostrada a continuación, y cuyo título es «Parameters for Sizing and Pointing of Solar Panels and for Solar Thermal Applications» (Parámetros para dimensionado y apuntamiento de paneles solares y para aplicaciones de energía solar térmica).

De las dos tablas mostradas, nos interesa la primera: «Monthly Averaged Insolation Incident on a Horizontal Surface (kWh/m²/day)» (media mensual de radiación incidente sobre superficie horizontal, kWh/m²/día).

Parameters for Sizing and Pointing of Solar Panels and for Solar Thermal Applications:

Monthly Averaged Insolation Incident On A Horizontal Surface (kWh/m²/day)

Lat 37.23 Lon -5.59	Jan	Feb	Mar	Apr	May	Jun	Jul	Aug	Sep	Oct	Nov	Dec	Annual Average
22-year Average	2.56	3.48	4.74	5.69	6.54	7.50	7.80	6.91	5.33	3.63	2.62	2.17	4.92

Minimum And Maximum Difference From Monthly Averaged Insolation (%)

Lat 37.23 Lon -5.59	Jan	Feb	Mar	Apr	May	Jun	Jul	Aug	Sep	Oct	Nov	Dec
Minimum	-39	-27	-17	-16	-15	-18	-9	-12	-12	-18	-19	-25
Maximum	19	20	19	16	12	15	6	6	9	24	26	29

Estos valores están obtenidos en los últimos 22 años. Las unidades en las que viene dada la radiación son kilovatios hora por metro cuadrado y día.

Como el enunciado nos pedía el valor de la radiación solar en el mes de febrero, de la tabla obtenemos que: G_{dm} (0) = 3,48 kWh/m²/día.

Con los valores obtenidos en la tabla, podremos realizar el dimensionamiento correcto del generador fotovoltaico, tal y como veremos a lo largo de los próximos apartados de la unidad.

A la hora de realizar el diseño de la instalación, y puesto que en esta unidad estamos estudiando el diseño de instalaciones aisladas de red, tendremos en cuenta el mes que menor cantidad de radiación solar recibe. En España suele ser el de diciembre, puesto que es en el que los días son más cortos y, por tanto, hay menos horas de luz.

De esta forma queda patente la importancia de la ubicación geográfica a la hora de realizar la instalación. Cuanto mayor sea la cantidad de luz recibida, menor número de paneles solares necesitaremos.

TEN CUIDADO

Existen varios métodos para estimar la radiación recibida en una superficie inclinada según el ángulo óptimo (β óptimo). En esta unidad vemos la obtención mediante software, y en la Unidad 7 veremos la obtención mediante fórmula. Ambos métodos son aplicables en todo tipo de instalaciones fotovoltaicas (tanto autónomas como conectadas a red).

ACTIVIDADES

3. Utilizando la base de datos de la NASA, busca para tu localidad de residencia el mes del año en el que más radiación solar se recibe. Para ello, localiza previamente los valores de latitud y longitud de tu emplazamiento a través de Internet.

4. Determina, consultando una base de datos de radiación solar, el mes del año en el que se recibe menos radiación solar, y el valor de esta, en las siguientes ciudades:

a) Buenos Aires (Argentina)

b) Madrid (España)

c) Moscú (Rusia)

5. España se encuentra dividida en zonas en función de la radiación solar recibida en los diferentes lugares. Busca en internet el mapa que define las zonas de España con respecto a este parámetro y contesta las siguientes preguntas:

a) Describe brevemente el mapa.

b) Indica a qué zona pertenece tu localidad de residencia.

RECUERDA

El **generador fotovoltaico** es el conjunto de paneles solares, con su conexión correspondiente entre ellos, que proporcionan la tensión y potencias necesarias para que la instalación funcione.

WEB

Existen aplicaciones para teléfonos móviles que hacen que estos funcionen como un inclinómetro. Un ejemplo de estas es Clinometer.

IMPORTANTE

La orientación del panel se debe hacer de forma que se favorezca al máximo la captación de energía. En el hemisferio norte, esta orientación corresponde al sur. Así, en el caso de que la instalación se realice en algún lugar del hemisferio sur, los paneles deben orientarse hacia el norte.

3. Orientación de los paneles solares

En el apartado anterior hemos visto cómo podemos averiguar la cantidad de radiación solar que se recibe en un emplazamiento concreto. A partir de estos datos tenemos que realizar el diseño del generador fotovoltaico. En ello tendrá una especial importancia la orientación de los paneles solares.

Dos son las posibilidades a la hora de colocar los paneles solares:

- **Montaje con seguidor solar:** en este caso, los paneles siguen la trayectoria del sol a lo largo del día, intentando obtener siempre la mejor inclinación para la recepción de los rayos solares.
- **Montaje fijo:** es muy habitual en las instalaciones autónomas. Para ello se realizan dos ajustes:
  - Orientación del panel solar hacia el sur (en el caso de España, que se encuentra ubicada en el hemisferio norte), mediante una brújula (colocación en acimut).
  - Colocación del ángulo óptimo de elevación del panel solar, mediante un inclinómetro.

El ángulo de elevación (β) es el que forma el panel solar con el suelo. Se determina a partir de la latitud de la ubicación geográfica de la instalación y de la declinación solar. Su expresión es la siguiente:

$$\beta = \varphi + \delta$$

siendo φ la latitud, y δ, la declinación solar.

Como la declinación solar es un parámetro que varía diariamente, lo que se hace en la práctica es buscar una única inclinación. Para ello, se utilizan los datos del «mes peor», que es aquel en el que se recibe menor cantidad de radiación. Se da la circunstancia de que en esta época del año es cuando se produce la mayor cantidad de radiación difusa y, a la hora de realizar el diseño de la instalación, el ángulo que habrá de utilizarse será el siguiente:

$$\beta = \varphi \pm 10° \text{ (fórmula obtenida de modo práctico)}$$

- Al **sumar** 10° a la latitud, optimizamos la instalación para los meses de invierno (aspecto muy deseable en las instalaciones autónomas con consumos constantes, como pueda ser una vivienda).
- Si la utilización de la instalación es mayoritariamente en verano, se aplica la resta de los 10° a la latitud. En los sistemas conectados a red, interesa más el promedio anual de energía producida, y por eso se usa la resta de 10° a la latitud.

En España, en el caso de las instalaciones autónomas, la inclinación de +10° se obtiene considerando que el mes peor es diciembre. Se puede dar la circunstancia de que la instalación funcione durante solamente unos cuantos meses al año (por ejemplo, en verano); en este caso, el ángulo de inclinación variará y la instalación se optimizará para el mes de funcionamiento en el que se reciba menos radiación.

Fig. 2.6. Posibles montajes de los paneles solares.

3.1. Determinación de la radiación recibida sobre un panel inclinado

Como hemos comentado anteriormente, la inclinación del panel hace que se obtenga una mayor cantidad de irradiación sobre la superficie. Por tanto, y para poder seguir realizando cálculos, debemos determinar este valor partiendo de la radiación recibida sobre una superficie horizontal.

Existen varias formas de hacerlo, pero la más sencilla es la utilización de un software específico. Existen programas de distribución gratuita e incluso aplicaciones en línea para realizarlo.

CASO PRÁCTICO 2

Determinación de la radiación solar recibida en una instalación en la localidad de Almiruete (Guadalajara)

Solución

1.º Obtenemos la información de la latitud y longitud del lugar (se puede hacer, por ejemplo, a través de la aplicación Google Earth). De esta forma, obtenemos los siguientes valores: latitud, 41° 2' 48" longitud, 3° 12' 41" norte.

2.º Consultamos una base de datos para obtener la radiación sobre superficie horizontal. En este caso hemos utilizado la siguiente: **https://goo.gl/TKDRNN**.

Situación de la instalación fotovoltaica sobre un mapa de Google Earth. La aplicación nos da los valores de latitud y longitud.

Performance of Grid-connected PV

PVGIS estimates of solar electricity generation

Location: 41°2'48" North, 3°12'41" West, Elevation: 1124 m a.s.l., Nearest city: Guadalajara, Spain (46 km away)

Fixed system: inclination = 0°, orientation = 0°				
Month	E_d	E_m	G_d	G_m
Jan	1.51	46.7	1.95	60.4
Feb	2.13	59.7	2.72	76.1
Mar	3.41	106	4.37	135
Apr	4.00	120	5.15	154
May	4.90	152	6.41	199
Jun	5.34	160	7.14	214
Jul	5.38	167	7.24	224
Aug	4.74	147	6.36	197
Sep	3.74	112	4.93	148
Oct	2.58	80.1	3.37	104
Nov	1.64	49.2	2.13	63.9
Dec	1.21	37.6	1.58	49.0
Yearly average	**3.39**	**103**	**4.46**	**136**
Total for year	**1240**		**1630**	

Esta es la tabla que obtenemos cuando introducimos los datos de latitud y longitud en la página web. Nos interesan los valores de G_d (destacados con un recuadro rojo en la tabla), puesto que es la radiación sobre superficie horizontal. Estos datos los trasladaremos a la aplicación que comentamos antes de empezar el caso práctico.

En este caso, el ángulo óptimo de inclinación de los paneles será el siguiente:

$$\beta = \varphi + 10 = 41{,}05 + 10 = 51{,}05°$$

Para el cálculo sobre superficie inclinada, vamos a utilizar la aplicación java que obtenemos en la siguiente dirección web: **https://goo.gl/Ybr845**.

CASO PRÁCTICO 2 *(Continuación)*

En el enlace que se acaba de facilitar, arrancamos la aplicación para el cálculo sobre superficie inclinada. He aquí las tablas que obtenemos al ejecutar el programa:

ENERO	1950	**FEBRERO**	2720
MARZO	4370	**ABRIL**	5150
MAYO	6410	**JUNIO**	7140
JULIO	7240	**AGOSTO**	6360
SEPTIEMBRE	4930	**OCTUBRE**	3370
NOVIEMBRE	2130	**DICIEMBRE**	1580

Valores obtenidos de la base de datos consultada.

Inclinación de los paneles (B)	51.05
Considerar como LATITUD del Lugar Ejemplo: Latitud de Jaén = 37.5º	41,05
REFLEXIVIDAD	0.2
ACIMUT(a)	0

RESET

Ángulo β calculado.

El acimut es cero por estar el panel orientado al sur.

El valor de la reflexividad depende del tipo de terreno que rodea al emplazamiento de los paneles solares. Como explican en las instrucciones del programa, se puede considerar 0 si no se conoce la naturaleza del terreno, o colocar un valor (que la aplicación nos pone por defecto), que puede ser de 0,2.

Todos los valores de las bases de datos son obtenidos a través de estaciones de medida colocadas en diferentes lugares, y las medias se han realizado durante determinados periodos de tiempo (22 últimos años, por ejemplo, en el caso de las bases de datos de la NASA).

En la siguiente tabla obtenemos el resultado de la radiación que conseguiremos en la instalación. Cabe destacar que está especificado cada uno de los tipos de radiación que tendremos en el lugar donde vamos a colocar los paneles solares. A efectos de los siguientes cálculos que tenemos que realizar, la que nos interesa es la global (que hemos destacado en azul).

IRRADIACIÓN DIARIA MEDIA ANUAL 2699

	R. DIRECTA	R. DIFUSA	R. ALBEDO	R. GLOBAL
ENERO	462	1235	72	1769
FEBRERO	755	1550	100	2405
MARZO	1470	1777	156	3402
ABRIL	1483	1667	189	3339
MAYO	1623	1096	236	2955
JUNIO	1636	638	263	2537
JULIO	1868	644	266	2778
AGOSTO	1991	1228	234	3453
SEPTIEMBRE	1724	1755	181	3659
OCTUBRE	1087	1717	124	2928
NOVIEMBRE	361	1305	71	1737
DICIEMBRE	324	1049	58	1431

GRUPO IDEA © 2004 — I+D en Energía Solar y Automática.

R. GLOBAL
1769
2405
3402
3339
2955
2537
2778
3453
3659
2928
1737
1431

Como veremos más adelante, el valor más importante será el del mes que recibe menor cantidad de radiación; en este caso, diciembre, con un valor de 1,431 kWh/m^2· día.

3.2. Pérdidas por sombreado en el panel

A la hora de instalar los paneles solares, es muy importante considerar el efecto de posibles sombras que puedan incidir sobre ellos. El problema del **sombreado** del panel es que hará **disminuir la intensidad** que puede proporcionar, e incluso en algunos casos anular su funcionamiento.

Existen tablas y mapas de sombreado para estimar el **factor de sombra** que se puede dar sobre una instalación. Los analizaremos en la Unidad 5; pero, a modo de ejemplo, podemos decir que se encuentran en el Código Técnico de la Edificación (CTE). En estas tablas se refleja el porcentaje de reducción de la irradiación global en función de dicho parámetro.

Generalmente, no se tienen en cuenta de manera rigurosa estos valores cuando se hace el diseño de la instalación, y se trabaja con coeficientes de seguridad que tienen presentes estas y otras posibles pérdidas que se nos pueden dar, realizando un sobredimensionamiento adecuado para que la instalación funcione sin ningún problema incluso en las peores condiciones que puedan presentarse.

Como ejemplo de la problemática que representa el sombreado, podemos decir que si la mitad de una célula solar se encuentra colocada en sombra, solamente producirá la mitad de la intensidad que puede proporcionar. Hay que recordar que la corriente de células solares que están conectadas en serie viene determinada por la que proporciona menor valor de intensidad. Por tanto, si una célula se ve sometida a un determinado sombreado, la intensidad que es capaz de proporcionar es menor, y hará que el conjunto de la asociación de células conectadas con ella disminuya su intensidad. En la Figura 2.7 se muestran algunas situaciones de sombreado de un panel.

@ WEB

Puedes consultar el Código Técnico de la Edificación en este enlace:

www.codigotecnico.org

VÍDEO

En el siguiente vídeo puedes ver un ejemplo de sombreado de paneles solares por diferentes causas:

goo.gl/7u9v9J

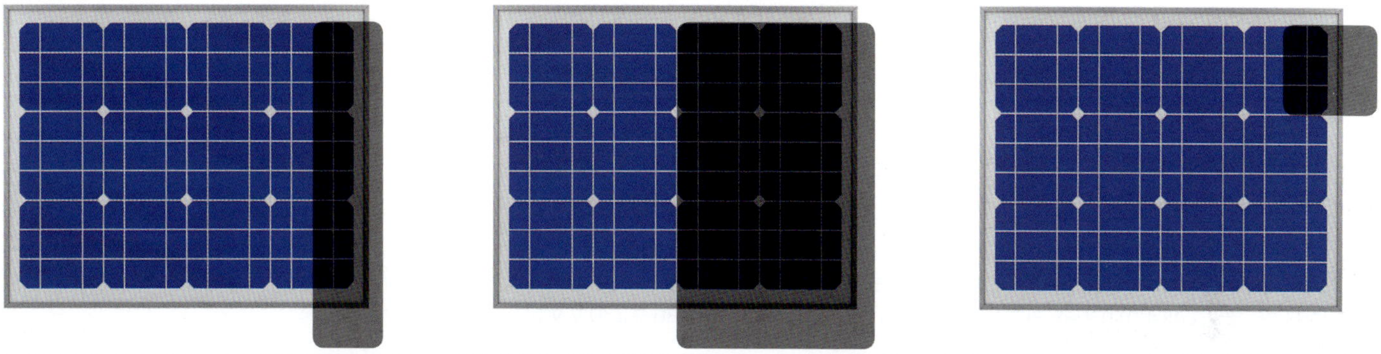

En este caso, si suponemos que todas las células de la columna están en serie, la intensidad es prácticamente cero por la rama.

Si el sombreado ocupa la mitad de la célula, la intensidad que ofrece se reduce a la mitad; lo mismo le ocurre a la intensidad de la rama donde esté asociada en serie.

La intensidad que proporciona la célula sombreada se reduce a la mitad y, por tanto, la intensidad de la rama donde esté asociada en serie también se ve reducida a la mitad.

Fig. 2.7. Ejemplos de sombreado de células en paneles solares.

El sombreado puede ser debido a múltiples causas: vegetación cercana, los propios soportes de los paneles (por ejemplo, cuando están colocados en edificios), sombras puntuales debidas a pájaros, nubes, etc. Algunas de ellas serán evitables y dependerán solo de la instalación física de los paneles. En determinados casos, puede que sea inevitable que haya sombras donde se van a instalar los paneles (por ejemplo, por la cercanía de un árbol).

Si es este el caso, deberemos buscar una ubicación en la que no se produzca este sombreado, ya que es posible que la instalación no funcione como nosotros esperamos aunque se haya realizado correctamente su diseño.

! IMPORTANTE

Algo que se debe evitar cuando se hace la elección del lugar de la instalación es la sombra que puede crear el mismo edificio o los árboles próximos.

ACTIVIDADES

6. Para el estudio del sombrado de los paneles solares y sus consecuencias en las instalaciones, existen diferentes modelos que se pueden aplicar en el diseño de estas. Investiga alguno de estos modelos y realiza un pequeño documento explicando sus principales características.

4. Cálculos principales

4.1. Cálculo del generador fotovoltaico. Parámetros importantes

IMPORTANTE

Algunos equipos tienen consumo aunque no estén funcionando. Este consumo, llamado ***stand-by***, si bien es de pequeña potencia, puede acumular un consumo energético importante debido a que es permanente.

Hasta aquí hemos visto cómo determinar la radiación en el lugar donde se ubica la instalación fotovoltaica, dato que utilizaremos para el resto de los cálculos. El siguiente paso será determinar las características que debe tener el generador fotovoltaico en función de las necesidades de la instalación que estamos diseñando. Para el diseño de ese generador, se seguirán estos pasos:

- Determinación de la radiación sobre los paneles inclinados (apartado 2 de la unidad).
- Determinación del consumo eléctrico de los aparatos a los que nuestra instalación solar va a proporcionar la energía.
- Calcular, a partir del modelo comercial de panel que elijamos, la cantidad necesaria y el tipo de asociación que queremos realizar.

El parámetro fundamental para poder realizar el dimensionado del generador fotovoltaico es la **potencia**, puesto que va a determinar el número de paneles necesarios en la instalación.

CASO PRÁCTICO 3

Cálculo de la energía consumida por los elementos de la instalación fotovoltaica

Se desea montar un puesto de vigilancia contra incendios en la localidad de Almiruete (Guadalajara). Los elementos que van a estar colocados en la instalación, que hay que tener en cuenta para el diseño del sistema de alimentación, son los siguientes:

- Un repetidor de cobertura para radiocomunicaciones.
- Una estación base de comunicaciones.
- Dos luminarias de bajo consumo (led).
- Un ordenador personal.

Tanto el repetidor como la estación base van conectadas directamente con alimentación de corriente continua de 12 V. Las luminarias, al igual que el ordenador personal, van a 230 V y 50 Hz de corriente alterna.

Calcular el consumo estimado de los aparatos de la instalación.

Solución:

Lo primero que debemos hacer es elegir los modelos comerciales de los aparatos que tenemos que colocar, en función de las necesidades previstas:

- Repetidor de cobertura para radiocomunicaciones Teltronic TR100.
- Una estación base de comunicaciones Teltronic MDT-400.
- Dos luminarias de bajo consumo (led).
- Un ordenador personal Acer Aspire.

Del catálogo del fabricante de cada uno de los elementos, o bien de su placa de características eléctricas, obtenemos el consumo en vatios.

La estimación de la energía necesaria estará en función del número de horas que vaya a estar funcionando cada uno de los aparatos.

Para la parte de continua:

- Potencia en reposo del repetidor y de la emisora: $P = 12\ \text{V} \cdot 0{,}5\ \text{A} = 6\ \text{W}$.
- Potencia en transmisión del repetidor: $P = 12 \cdot 12 = 144\ \text{W}$.
- Potencia en transmisión de la emisora: $P = 12 \cdot 5 = 60\ \text{W}$.

La siguiente tabla muestra las horas de funcionamiento previstas y, por tanto, los consumos de cada aparato:

Elemento	Características eléctricas	Consumo en reposo (Wh)	Consumo en uso (Wh)	Total estimado (Wh)
Repetidor	500 mA reposo, 12 A en Tx	18 h · 12 · 0,5 = 108	6 · 12 · 12 = 864	864 + 108 = 972
Emisora	500 mA en espera, 5 A en transmisión	18 h · 12 · 0,5 = 108	6 · 12 · 5 = 360	360 + 108 = 468
Total				1 440

CASO PRÁCTICO 3 *(Continuación)*

En la siguiente tabla, se calcula la potencia en alterna. Se ha considerado que las luminarias de la instalación fotovoltaica van a estar encendidas ocho horas al día, y que el ordenador estará encendido unas cuatro horas al día.

Elemento	Características eléctricas	Consumo en uso (Wh)	Total estimado (Wh)
Ordenador	80 W	80 · 4	320
Luminarias	15 W cada una	30 · 8	240
Total			560
Total considerando el rendimiento del inversor (90 %)			623
Total previsto (potencia en continua + potencia en alterna)			1440 + 623 = 2063

Importante: tenemos que conocer el rendimiento del inversor que vamos a colocar para obtener la corriente alterna, ya que en función de este determinaremos la potencia total necesaria para que la instalación funcione correctamente.

El rendimiento lo obtenemos de las hojas de características del aparato. En el ejemplo, el rendimiento es del 90 %; por tanto, si queremos obtener una energía de 560 Wh, la potencia entregada por el inversor deberá ser la siguiente:

$$P_{necesaria} = P_{inversor} \times 0{,}9 \Rightarrow P_{inversor} = \frac{P_{inversor}}{0{,}9} = \frac{560}{0{,}9} = 623 \text{ Wh}$$

El cálculo de los consumos se realiza para el peor de los casos: que todos los aparatos estén funcionando al mismo tiempo. Esta es una circunstancia que es poco probable que se dé en la práctica; pero si diseñamos la instalación fotovoltaica para que funcione correctamente en el caso de que se produzca esa situación, nos aseguramos de que va a funcionar siempre.

El consumo total se obtiene sumando la parte de continua y de alterna. El generador fotovoltaico deberá ser el que suministre la potencia necesaria para que no haya problemas con el consumo.

A partir del valor del consumo estimado de la instalación, tenemos que hacer el cálculo de la potencia de pico que debe entregar el generador. Esta potencia de pico es la máxima que tiene que entregar el módulo fotovoltaico, y se da cuando se produce la situación de consumo máximo en la instalación.

Para realizar el cálculo de la potencia del generador, vamos a definir el factor de seguridad (F_{SG}) de la instalación, tanto para los paneles solares como para las baterías.

Se define el factor de seguridad del generador fotovoltaico como el cociente entre la energía producida y la energía demandada. Su cálculo se realiza con la siguiente fórmula:

$$F_{SG} = \frac{E_{producida}}{E_{demandada}} = \frac{P_{G\ nominal}\,(G_{dm}(\beta)\,/\,I_{STC})}{L_{dm}}$$

El factor de seguridad suele ser un número entre 1,1 y 1,4. Normalmente, es un parámetro de diseño de la instalación, y en la fórmula todos los datos son conocidos menos el valor de la potencia nominal del generador, que será la incógnita que despejemos.

Variables de la fórmula del factor de seguridad	
β_{opt}	Ángulo óptimo de instalación de los paneles.
$G_{dm}(\beta)$	Radiación sobre el panel inclinado en el mes de referencia para el diseño.
I_{STC}	Irradiancia en condiciones estándares de medida (STC). Su valor es de 1000 W/m².
L_{dm}	Consumo medio de energía estimado. Se mide en Wh.
$P_{nominal\ G}$	Potencia del generador fotovoltaico.

CASO PRÁCTICO 4

Determinación de la potencia del generador fotovoltaico

Calcular la potencia de pico necesaria para el generador que se va a utilizar en la instalación que hemos estado definiendo en los casos prácticos anteriores.

Solución

De cada uno de los casos prácticos vamos a obtener los valores que necesitamos para aplicar la fórmula:

- Irradiación sobre superficie inclinada para el peor mes: 1431 Wh/m^2.
- Ángulo adecuado de los paneles solares: 51,05°.
- Factor de seguridad: 1,3.
- Consumo previsto: 2063 Wh/día.

De esta forma, podemos calcular el valor de la potencia de pico del generador como sigue:

$$P_{G,\,nom} = \frac{F_{SG}\, L_{dm}}{(G_{dm}\,(\beta) / L_{stc})} = \frac{1{,}3 \cdot 2063}{1431 / 1000} = 1874{,}15 \text{ Wp}$$

Debemos tener en cuenta que este es el valor máximo que podemos obtener en la instalación; por eso se denomina valor de pico. Se da en el caso de que se encuentren funcionando todos los elementos a la vez en el peor mes de radiación solar.

Es muy difícil que se produzca esta circunstancia; por tanto, se puede evaluar hasta qué punto es necesario que se entregue esa potencia.

Este estudio puede reducir el número de paneles solares que han de instalarse, que depende de las condiciones particulares de cada una de las instalaciones que se vayan a montar, que a su vez variarán sobre todo en función del grado de disponibilidad que deba tener la alimentación (no es lo mismo alimentar, por ejemplo, un equipo de vigilancia que un juguete).

4.2. Cálculo del acumulador de la instalación

Uno de los apartados más importantes a la hora de realizar el diseño de una instalación fotovoltaica autónoma es el cálculo del sistema de acumulación. Dos son las misiones que tiene este equipamiento de la instalación:

- Fija la tensión nominal de trabajo de la instalación (sistemas a 12 V, 24 V, 48 V, etc.).
- Se encargará de proporcionar la energía a la instalación cuando no exista radiación solar, bien porque sea de noche, o bien porque existan factores climatológicos que reduzcan la radiación recibida.

Como parámetro importante de diseño del acumulador, nos encontramos con los días de autonomía del sistema. Este es fijado por el proyectista de la instalación, y será el número máximo de días que la instalación puede seguir funcionando en caso de ausencia de radiación solar (bien por causas naturales, o bien por rotura del generador fotovoltaico).

El sistema de acumulación será un conjunto de baterías conectadas adecuadamente, capaces de proporcionar la intensidad necesaria a la instalación, con el voltaje de esta y la autonomía requerida. Para ello debemos tener en cuenta los cálculos que vamos a ver a continuación.

El **factor de seguridad del acumulador** es el cociente entre la energía almacenada y la energía demandada. Este factor son los días de autonomía del sistema de acumulación, y se calcula mediante la siguiente fórmula:

$$F_{SB} = \frac{E_{almacenada}}{E_{demandada}} = \frac{C_{B,\,útil}}{L_{dm}} \Rightarrow \text{suele situarse entre 3 y 8}$$

Este factor de seguridad es fijado por el proyectista de la instalación, que al hacerlo tiene en cuenta:

- **Factores geográficos:** dependiendo del lugar donde se va a realizar la instalación, habrá que prever la posibilidad de que existan varios días seguidos con poca cantidad de radiación solar, en cuyo caso se elegirá un valor alto para el factor de seguridad.
- **Utilización de la instalación:** es un factor relevante a la hora de realizar el diseño de la instalación, y estará en función del uso de esta y de la importancia de que pueda dejar de funcionar o no en casos de condiciones adversas (no es lo mismo una instalación para un repetidor de comunicaciones, por ejemplo, que debe estar operativo siempre, que una instalación para tomar medidas de temperatura en el campo; la importancia de que deje de funcionar no es igual en ambos casos).

@ WEB

En el siguiente enlace puedes obtener información sobre el envejecimiento de las baterías en las instalaciones fotovoltaicas:

https://goo.gl/3Q3EE4

! IMPORTANTE

La profundidad de descarga de una batería influye en la duración de su vida útil: cuanto mayor sea esta descarga, menos nos durará el acumulador. De ahí su importancia a la hora de realizar el diseño de la instalación.

El valor de la capacidad nominal que debe tener la batería, que necesitaremos para la configuración del sistema de acumulación, lo obtendremos a partir de los datos de la ecuación anterior, y teniendo en cuenta el dato de la profundidad de descarga máxima.

De esta forma, nos queda la siguiente ecuación:

$$C_{B,\,nom} = \frac{C_{B,\,útil}}{PD_{máx}} = \frac{L_{dm} F_{SB}}{PD_{máx}} = (\mathrm{Ah})$$

Donde:

L_{dm} = consumo en la instalación.
F_{SB} = días de autonomía.
$PD_{máx}$ = profundidad de descarga máxima.

CASO PRÁCTICO 5

Cálculo del acumulador de una instalación solar

Siguiendo con el ejemplo de instalación que estamos desarrollando a lo largo de la unidad, calcular la capacidad nominal del acumulador para la instalación que se va a llevar a cabo en Almiruete.

Para ello tenemos en cuenta:

- Consumo en la instalación: 2063 Wh.
- Se desea una autonomía de cinco días.
- Como profundidad de descarga máxima, fijamos un valor del 80%.
- Sistema a 12 V.

Solución:

Según hemos visto, la fórmula que hay que aplicar es la siguiente:

$$C_{B,\,nominal} = \frac{C_{B,\,útil}}{PD_{máx}} = \frac{L_{dm} F_{SB}}{PD_{máx}} = \frac{2063 \cdot 5}{0{,}8} = 12\,893{,}75\ \mathrm{Ah}$$

Dividiendo este valor entre la tensión nominal, obtenemos la capacidad nominal del acumulador:

$$C_B = \frac{12\,893{,}7}{12} = 1082{,}25\ \mathrm{Ah}$$

La capacidad útil del acumulador es un valor que solo depende del consumo que va a haber en la instalación y del número de días que queremos de autonomía (el factor de seguridad del acumulador).

Como no conviene trabajar a profundidades de descarga límite, el proyectista fija el valor de profundidad de descarga máximo al que quiere que trabaje el sistema. Este es el motivo de que el valor nominal de la capacidad del acumulador sea mayor que si trabajamos con las baterías hasta su descarga total.

La configuración del acumulador se realizará a través de conexiones en serie y paralelo, una vez elegidas las baterías que vamos a utilizar para su montaje. El valor obtenido en la fórmula es un valor teórico. Cuando configuremos el acumulador, el valor de la intensidad dada por el conjunto de baterías deberá ser el más próximo por encima que nos salga a la hora de realizar el conexionado del conjunto.

La profundidad de descarga de una batería influye en la duración de su vida útil: cuanto mayor sea esta descarga, menos nos durará el acumulador. Por eso es importante tenerlo en cuenta a la hora de realizar el diseño de la instalación.

Relacionado con la profundidad de descarga, los fabricantes ofrecen con los datos de sus baterías un parámetro cuya forma es la siguiente: C5, C10, C100. El número que aparece junto a la letra «C» indica la cantidad de horas de descarga de la batería. Es decir, si es un 5, el número de amperios hora que ofrece el fabricante se proporciona durante dicho tiempo de descarga; si es 10 serán 10 h y si es 100 serán 100 h.

Para determinar el número de amperios hora proporcionado por la batería se divide la capacidad nominal por el número que acompaña a la letra «C».

RECUERDA

Las baterías el tipo C5 no son aptas para instalaciones fotovoltaicas (son las utilizadas en vehículos, etc.) mientras que las de tipo C10 y C100 son baterías estacionarias, como las utilizadas en anterior el caso práctico.

ACTIVIDADES

7. Realiza el cálculo del generador fotovoltaico que ha de utilizarse en una instalación ubicada en la ciudad de Badajoz suponiendo los siguientes datos: consumo medio estimado, 450 Wh/día; factor de seguridad, 1,2. Calcula primero el ángulo óptimo de inclinación de los paneles solares y luego la irradiancia en el mes peor, a partir de una base de datos. El resultado deberá ser la potencia de pico del generador fotovoltaico.

8. Calcula la capacidad del acumulador necesario para una instalación fotovoltaica que trabaja a 24 V, en la cual se prevé un consumo máximo de 400 Wh/día, si se desea una autonomía de siete días. No se desea una profundidad de descarga para las baterías mayor del 65%.

5. Pérdidas eléctricas en la instalación. Caídas de tensión

Uno de los puntos que resulta más importante cuidar en el diseño de la instalación es el dimensionado de los conductores que unen sus diferentes elementos. Es fundamental tener en cuenta diversas consideraciones:

- La longitud de los cables deberá ser la menor posible, con el fin de que su sección sea también la mínima posible.
- Hay que tener especial cuidado con los cálculos de los conductores de corriente continua, puesto que suelen ser más gruesos que los de corriente alterna.

Un dimensionado incorrecto de los conductores provocará caídas de tensión en la instalación, e incluso que deje de funcionar si no se ha realizado de manera correcta.

La longitud de los cables es un parámetro que conocemos cuando colocamos los componentes de la instalación en su ubicación. A partir de aquí debemos realizar el cálculo de la sección de dichos conductores aplicando la ley de Ohm.

Es imprescindible conocer la intensidad de corriente máxima que circulará por cada tramo que queremos dimensionar. Así:

- En el caso del tramo paneles-acumulador, es la intensidad máxima que en el diseño se calcula para el mes peor, en función de los requisitos de la instalación. Debemos asegurarnos de que este es el mayor valor de corriente que puede circular por el cable, porque, si no, podríamos realizar mal el cálculo de la sección de este.
- En los demás tramos, el valor de la intensidad depende de las cargas conectadas al tramo.

A la hora de hacer el cálculo de los cables, es importante tener en cuenta la normativa existente con respecto a las caídas de tensión que puede haber en la instalación.

Según el **pliego de condiciones técnicas (PCT) del IDAE**, para instalaciones fotovoltaicas autónomas deben cumplirse los siguientes requisitos:

- Todo el cableado cumplirá con lo establecido en la legislación vigente.
- Los conductores necesarios tendrán la sección adecuada para reducir las caídas de tensión y los calentamientos. Concretamente, para cualquier condición de trabajo, los conductores de la parte de corriente contínua deberán tener la sección suficiente para que la caída de tensión sea inferior, incluyendo cualquier terminal intermedio, a los valores especificados a continuación (referidos a la tensión nominal continua del sistema):
  - Caídas de tensión máxima entre generador y regulador/inversor: 3 %.
  - Caídas de tensión máxima entre regulador y batería: 1 %.
  - Caídas de tensión máxima entre inversor y batería: 1 %.
  - Caídas de tensión máxima entre regulador e inversor: 1 %.
  - Caídas de tensión máxima entre inversor/regulador y cargas: 3 %.
- Se incluirá toda la longitud de cables necesaria (parte continua y alterna) para cada aplicación concreta, lo que evitará esfuerzos sobre los elementos de la instalación y sobre los propios cables.
- Los positivos y negativos de la parte continua de la instalación se conducirán separados, protegidos y señalizados (códigos de colores, etiquetas, etc.) de acuerdo con la normativa vigente.
- Los cables de exterior estarán protegidos de la intemperie.

En el caso práctico que se expone a continuación, se muestra el cálculo de la sección de los conductores atendiendo solamente al criterio de caída de tensión en el cableado, y considerando condiciones óptimas de temperatura ambiente (para el valor de la resistividad del cobre). En cada instalación habrá que dimensionar el cableado en función de las condiciones, el Reglamento Electrotécnico para Baja Tensión (REBT), etc., como en cualquier otro tipo de instalación.

@ WEB

En la página del Instituto para la Diversificación y Ahorro de la Energía (IDAE) puedes obtener información sobre aspectos técnicos relacionados con las pérdidas eléctricas en las instalaciones eléctricas:

www.idae.es

RECUERDA

El pliego de condiciones técnicas del IDAE no es de obligado cumplimiento, aunque sí muy recomendable, y se ajusta a la legislación. La normativa obligatoria viene regulada en los reales decretos correspondientes.

IMPORTANTE

A la hora de realizar el **dimensionado de los cables de la instalación**, hay que tener en cuenta para el cálculo de la sección de los conductores las restricciones impuestas en el Reglamento Electrotécnico para Baja Tensión (REBT). Debemos aplicar las fórmulas dadas en el reglamento en función del tipo de tubos por donde van los cables, las variaciones de la resistividad con la temperatura, etc.

Aplicando todos estos factores, debemos conseguir caídas de tensión menores que las marcadas en el pliego de condiciones del IDAE.

CASO PRÁCTICO 6

Cálculo de la sección de los conductores desde el generador fotovoltaico al regulador

En una instalación solar autónoma que trabaja a 12 V de corriente continua, se ha diseñado un generador fotovoltaico capaz de entregar una potencia de 100 Wp. El generador se encuentra situado a una distancia de 10 m del regulador.

Se desea elegir correctamente la sección del cable de conexión entre ambos elementos, teniendo solo en cuenta las restricciones de caída de tensión fijadas por el pliego de condiciones técnicas del IDAE.

Pasos que hay que seguir para dimensionar los elementos de la instalación:

- Determinación de los valores de longitud y latitud del lugar donde se va a realizar la instalación.
- Cálculo del ángulo óptimo para los paneles.
- Cálculo de la radiación recibida en el lugar con el ángulo óptimo.
- Determinación del consumo de la instalación.
- Cálculo del generador fotovoltaico.
- Cálculo del acumulador.
- Cálculo de la sección de los conductores.

Solución:

Un posible esquema de la instalación puede ser el siguiente:

La primera consideración que hay que tener en cuenta es la siguiente: puesto que la distancia entre ambos elementos es de 10 m, la longitud del cable será el doble, ya que se necesitan dos conductores en la conexión (positivo y negativo).

Lo primero que debemos saber es la máxima intensidad de corriente que va a circular por dicho cable. Para ello, a partir de la fórmula de la potencia, calculamos el valor:

$$P = VI \Rightarrow I = \frac{P}{V} = \frac{100}{12} \simeq 8{,}4 \text{ A}$$

La caída de tensión entre ambos elementos, como hemos visto, no puede ser mayor del 3%. Si el sistema trabaja a 12 V, el 3% máximo corresponde a una tensión de 0,36 V. Esta es la máxima tensión que se puede perder en el cable. Si aplicamos la ley de Ohm, podemos calcular la resistencia que tiene este cable para los valores considerados:

$$V = IR \Rightarrow R = \frac{V}{I} = \frac{0{,}36}{8{,}4} = 0{,}04\ \Omega$$

Si utilizamos un cable de cobre (ρ = 0,0171 ohm·mm²/m) para realizar este montaje, la sección para ese valor será:

$$R = \rho\frac{L}{S} \Rightarrow S = \frac{\rho L}{R} = \frac{0{,}17 \cdot 20}{0{,}04} = 8{,}5 \text{ mm}^2$$

Este valor de sección calculado sería el mínimo que debe tener el cable si queremos que se cumplan las condiciones técnicas en la instalación. Por tanto, usaríamos el cable comercial de sección inmediatamente superior.

Si utilizamos uno de aluminio (ρ = 0,029 ohm·mm²/m) en lugar de un cable de cobre:

$$R = \rho\frac{L}{S} \Rightarrow S = \frac{\rho L}{R} = \frac{0{,}029 \cdot 20}{0{,}04} = 14{,}5 \text{ mm}^2$$

(El cable es mucho más grueso en este caso).

CASO PRÁCTICO 7

Cálculo de la sección de los conductores desde el inversor hasta las cargas de consumo de la instalación

Calcular la sección del cable requerido para alimentar un ordenador que se encuentra a una distancia de 15 m desde el inversor. La potencia que consume el aparato es de 350 W.

Solución:

Como en el caso anterior, siempre hay que tener en cuenta que la longitud del cable es el doble que la distancia a la que se encuentra el aparato. Por tanto, en este caso, esa longitud es de 30 m.

A efectos de cálculo, el circuito eléctrico equivalente que nos queda de esa parte de la instalación es el siguiente:

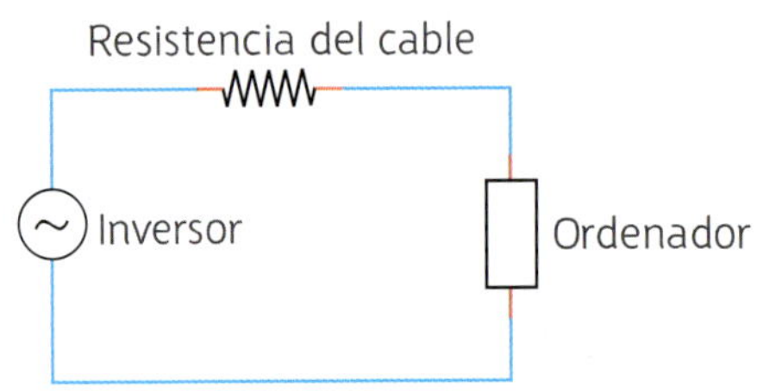

La caída máxima permitida no debe ser superior al 3 % del valor nominal. Si suponemos que en el inversor el valor de la salida es de 230 V, el 3 % de dicho valor será:

$$V_R = \frac{230 \cdot 3}{100} = 6{,}9 \text{ V}$$

La intensidad que circulará por el cable la calculamos a partir de la potencia que consume la carga (suponemos que no hay ningún desfase entre la tensión y la corriente):

$$P = VI \Rightarrow I = \frac{P}{V} = \frac{350}{12} = 1{,}53 \text{ A}$$

Aplicando la ley de Ohm, obtenemos el valor de la resistencia máxima del cable:

$$V = IR \Rightarrow R = \frac{V}{I} = \frac{6 \cdot 9}{1{,}53} = 4{,}51 \ \Omega$$

Nos queda solo calcular la sección del cable. Si suponemos que el utilizado es de cobre:

$$R = \rho \frac{L}{S} \Rightarrow S = \frac{\rho L}{R} = \frac{0{,}017 \cdot 30}{4{,}18} = 0{,}122 \text{ mm}^2$$

A la vista de este valor, podemos obtener una importante conclusión: las secciones de los cables de la parte de alterna serán mucho menores que en las conexiones de corriente continua; de ahí que sea muy importante realizar bien el dimensionamiento de los conductores.

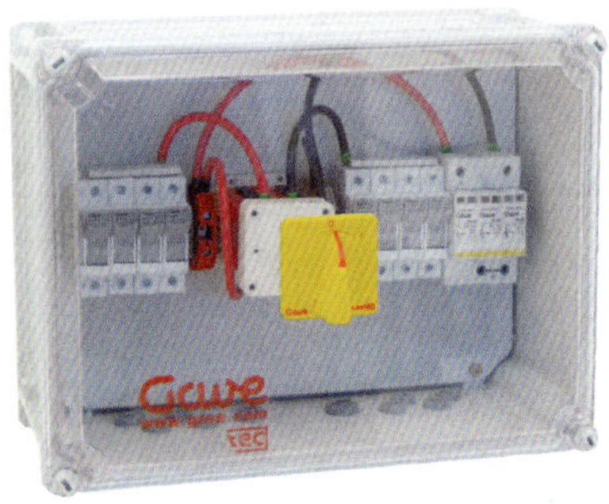

Fig. 2.8. Cuadro de protección para Instalaciones solares fotovoltáicas (Cortesía de Gave Electro, S.L.)

5.1. Medidas de seguridad en la instalación

- Todas las instalaciones con tensiones nominales superiores a 48 V contarán con una toma de tierra a la que estarán conectados, como mínimo, la estructura soporte del generador y los marcos metálicos de los módulos. Además, el sistema de protecciones asegurará la protección de las personas frente a contactos directos e indirectos.
- En caso de existir una instalación previa, no se alterarán las condiciones de seguridad de esta.
- La instalación estará protegida frente a cortocircuitos, sobrecargas y sobretensiones. Se prestará especial atención a la protección de la batería frente a cortocircuitos mediante un fusible, disyuntor magnetotérmico u otro elemento que cumpla con esta función.

IMPORTANTE

En las instalaciones de grandes dimensiones, como los huertos solares, e incluso en las de las viviendas habituales, de uso durante todo el año, es importante que exista una protección contra la caída de rayos.

ACTIVIDADES

9. Investiga a través de un catálogo comercial al menos tres elementos de los que se utilizan como protección en las instalaciones fotovoltaicas. Realiza una tabla con las principales características de cada uno de ellos, y comenta brevemente cuál es su misión dentro de la instalación.

6. Simbología utilizada en los esquemas de las instalaciones solares

A la hora de realizar la documentación técnica del proyecto de la instalación fotovoltaica, se hace necesaria la inclusión de un esquema eléctrico de esta. Este esquema deberá estar realizado de acuerdo con la legislación vigente.

Según la normativa existente, es posible encontrarse dos tipos distintos de esquemas eléctricos:

- **Esquema unifilar:** simplifica los hilos de conexión agrupándolos por fases. Se utiliza en la representación de circuitos de distribución o con muy poca automatización, en documentos en los que no sea necesario expresar el detalle de las conexiones. El esquema unifilar no permite la ejecución del cableado.
- **Esquema desarrollado:** es explicativo y permite comprender el funcionamiento detallado del equipo o instalación, ejecutar el cableado y facilitar su reparación. Mediante el uso de símbolos, este esquema representa un equipo con las conexiones eléctricas y otros enlaces que intervienen en su funcionamiento.

  Los órganos que constituyen un aparato no se representan los unos cerca de los otros (tal como se implantarían físicamente), sino que se separan y sitúan de tal modo que faciliten la comprensión del funcionamiento. Salvo excepción, el esquema no debe contener trazos de unión entre elementos constituyentes del mismo aparato (para que no se confundan con conexiones eléctricas) y, cuando sea estrictamente necesaria su representación, se hará con una línea fina de trazo discontinuo.

A la hora de realizar los esquemas eléctricos, debemos utilizar los símbolos normalizados para cada uno de los elementos. En la Tabla 2.1, a modo de resumen, aparecen los símbolos de los elementos más comunes en las instalaciones fotovoltaicas.

Símbolo	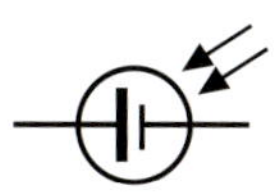	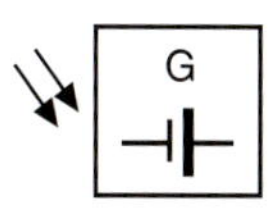			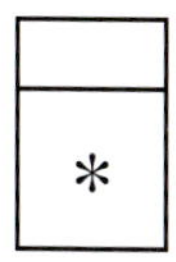		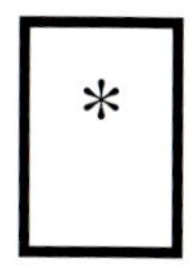
Elemento	Célula fotovoltaica	Generador fotovoltaico	Inversor	Batería	Contador	Medidor de energía	Elemento de protección. Símbolo general
Observaciones	Otro símbolo utilizado: 				Es el símbolo general. Se sustituye el asterisco por la magnitud que mide.	En vatios/hora.	Se puede detallar en el esquema.

Tabla 2.1. Simbología normalizada para instalaciones solares.

Los símbolos de la Tabla 2.1 son algunos de los que podemos encontrarnos. En ocasiones, pueden aparecer otros, como lámparas, interruptores, enchufes, pulsadores, etc.

En la práctica, en las instalaciones fotovoltaicas solo se realiza el esquema unifilar, y muchas veces aparecen símbolos que no están normalizados. En este caso, debe aparecer siempre una leyenda que indique a qué elemento corresponde cada uno de ellos.

Sin embargo, para poder establecer correctamente las conexiones eléctricas de la instalación fotovoltaica, es necesario utilizar un esquema desarrollado en el que aparezcan todos los cables necesarios para realizar la instalación.

UN RETO

Encuentra al menos tres aplicaciones de software libre para el cálculo de instalaciones fotovoltaicas aisladas.

WEB

En la siguiente página puedes consultar los símbolos utilizados en este tipo de instalaciones:

https://goo.gl/mAk5r7

ACTIVIDADES

10. Busca en Internet ejemplos de esquemas de dos instalaciones solares autónomas, haz una tabla con los símbolos que aparecen, e indica si son normalizados o no.

Comprobación de la influencia de la orientación de los paneles solares en los valores de la instalación

Objetivo:

En esta práctica se pretende comprobar cómo influye la correcta orientación de un panel solar a la hora de obtener su máximo rendimiento en una instalación.

Elementos necesarios:

1. Panel fotovoltaico.
2. Polímetro.
3. Brújula.
4. Inclinómetro (puede usarse la aplicación Clinometer, mencionada anteriormente.

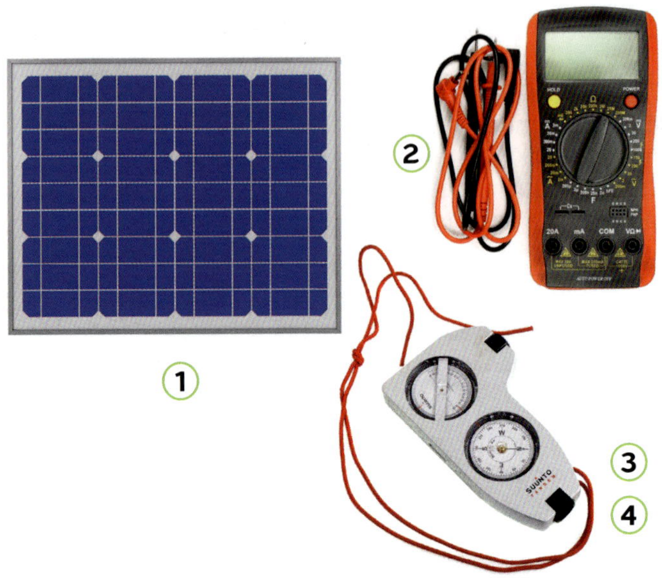

Realización de la práctica

1.ª parte: influencia de la elevación (inclinación del panel solar).

Lo primero que debemos hacer es orientar el panel solar al sur (dirección en la que va a recibir la máxima radiación) con la brújula. Una vez orientado al sur, con el amperímetro tomaremos medidas de la intensidad que nos proporciona el panel, para diferentes inclinaciones, partiendo desde el panel totalmente horizontal, apuntando hacia el cielo, hasta llegar a colocarlo en posición vertical (90°). Anotaremos las medidas cada 10°.

Los resultados obtenidos los reflejarás en una tabla como la que se muestra a la derecha.

Una vez completada la tabla, se determina cuál es el ángulo óptimo de inclinación (β), que será el que proporcione una mayor intensidad.

Ángulo de inclinación	Valor de la intensidad
0°	
10°	
...	
90°	

2.ª parte: influencia del acimut en la orientación del panel.

Se trata de comprobar cómo influye la orientación con respecto al sur a la hora de colocar el panel solar. Para ello, lo primero que vamos a hacer es colocar el panel en su posición ideal, es decir, orientado al sur y con un ángulo de inclinación. A partir de aquí vamos a ir girando el panel (manteniendo el ángulo de elevación), en el sentido de las agujas del reloj, hasta dar una vuelta completa (360°). Anotaremos las medidas cada 15° girados en una tabla como la mostrada a la derecha.

Ángulo de acimut	Valor de la intensidad
0°	
15°	
...	
360°	

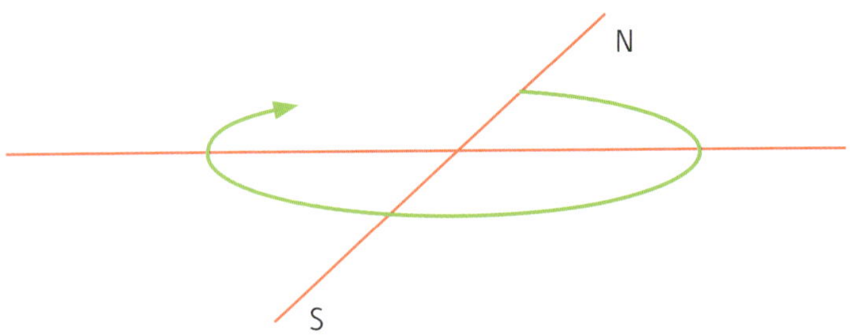

Elabora una memoria de la práctica, explicando cómo la has realizado. Responde a las siguientes cuestiones:

a) Conclusiones que podemos obtener a la vista de los resultados de los dos apartados.

b) ¿Dónde se puede dar el caso de que no sea posible una correcta orientación de los paneles solares? ¿Por qué?

SÍNTESIS

- Radiación solar
  - Unidades de medida
    - Irradiadión
    - Irradiancia
  - Radiación recibida en un panel solar
    - Manejo de las bases de datos
    - Orientación de los paneles solares
      - Cálculo del ángulo óptimo
      - Radiación recibida sobre superficie inclinada
      - Pérdidas por sombreado

- Diseño de una instalación
  - Cálculos de los parámetros
    - Generador fotovoltaico (potencia)
      - Radiación sobre los paneles inclinados
      - Consumo eléctrico de los aparatos
      - Número de paneles y configuración
      - Factor de seguridad (F_{SG})
    - Acumulador de la instalación (días de autonomía)
      - Número de baterías y configuración
      - Factor de seguridad (F_{SB})
      - Capacidad nominal de la batería
    - Pérdidas en el cableado
  - Documentación
    - Esquemas eléctricos
      - Unifilar
      - Desarrollado
    - Símbolos normalizados
      - Célula fotovoltaica
      - Generador fotovoltaico
      - Inversor
      - Batería
      - Contador
      - Medidor de energía
      - Elemento de protección

TEST DE REPASO

1. La dispersión de la luz solar que llega a la superficie terrestre se debe a...

- (a) Los gases de la atmósfera.
- (b) El vapor de agua.
- (c) El polvo en suspensión.
- (d) Las nubes.

2. Se define la irradiancia como...

- (a) La cantidad de luz emitida por el sol.
- (b) La energía recibida de la luz solar en la superficie terrestre.
- (c) La potencia recibida debida a la luz solar en la corteza terrestre.
- (d) La intensidad luminosa.

3. La energía recibida en un panel solar depende de las radiación..:

- (a) Directa.
- (b) Reflejada.
- (c) Difusa.
- (d) De las tres anteriores.

4. El parámetro G_{dm} (0) representa...

- (a) Radiación diaria incidente sobre superficie horizontal.
- (b) Radiación anual incidente sobre superficie horizontal.
- (c) Radiación diaria incidente sobre superficie inclinada.
- (d) Radiación mensual incidente sobre superficie inclinada.

5. Una columna de un panel solar está formada por 12 células en serie, cada una de las cuales es capaz de entregar una intensidad de 3 A. Por motivo de una mancha, se produce un área de sombreado en una de ellas, y la intensidad de dicha célula se reduce a 1 A. ¿Cuál será la intensidad de la columna?

- (a) 1 A.
- (b) 3 A.
- (c) 36 A.
- (d) 20 A.

6. El ángulo de inclinación óptimo de los paneles solares depende...

- (a) Solamente de la latitud.
- (b) Solamente de la declinación solar.
- (c) De la latitud y de la declinación solar.
- (d) Ninguna de las respuestas anteriores es correcta.

7. En un esquema unifilar de una instalación fotovoltaica, cada grupo de fases se representa con...

- (a) Un hilo.
- (b) Dos hilos.
- (c) Tres hilos.
- (d) Varios hilos.

8. Según el pliego de condiciones técnicas del IDAE, la caída de tensión máxima admisible entre el generador y el regulador es del...

- (a) 3 %.
- (b) 5 %.
- (c) 10 %.
- (d) 4 %.

9. El cálculo de la potencia de pico del generador fotovoltaico se hace a partir de...

- (a) La radiación solar emitida.
- (b) La estimación del consumo de la instalación.
- (c) El número de paneles solares.
- (d) No es necesario hacer este cálculo.

10. El cálculo del acumulador de una instalación autónoma se realiza en función de...

- (a) Los días de autonomía de la instalación.
- (b) La energía demandada.
- (c) La profundidad de descarga de las baterías.
- (d) Todas las respuestas anteriores son correctas.

11. Todas las instalaciones con una tensión nominal superior a cierta cantidad de voltios contarán con una toma de tierra a la que estarán conectados, como mínimo, la estructura soporte del generador y los marcos metálicos de los módulos. Dicha tensión es...

- (a) 48 V.
- (b) 24 V.
- (c) 230 V.
- (d) Todas las respuestas anteriores son correctas.

12. En las instalaciones conectadas a red, se busca el ángulo de inclinación de los paneles solares mediante el siguiente criterio:

- (a) Método del mes peor.
- (b) Optimización de la energía producida en verano.
- (c) Optimización de la energía producida en invierno.
- (d) Optimización de la energía producida a lo largo del año.

COMPRUEBA TU APRENDIZAJE

Analizar los parámetros de los elementos que intervienen en una instalación

1. Dada una base de datos de radiación solar, investiga cuál es el mes en que menos radiación solar se recibe en las siguientes localidades:
   - Berlín.
   - Ceuta.
   - Toronto.
   - Camberra.
2. Contesta a las siguientes preguntas:
   a) ¿Por qué existen las diferencias observadas en la actividad anterior?
   b) ¿Hacia dónde habría que orientar un panel solar si nos encontramos en Nueva Zelanda? ¿Por qué?
3. Determina cuál es el ángulo óptimo de inclinación de los paneles para realizar una instalación en tu lugar de residencia.
   a) Consultando la base de datos de la NASA, y con el valor anterior, calcula la radiación que se recibe en dicho lugar en el mes de julio.

Calcular los paneles solares

4. Calcula el ángulo óptimo de elevación de un panel solar para una instalación autónoma en las siguientes ciudades:
   a) Sevilla. *b)* Bilbao. *c)* La Coruña.
5. Se desea realizar una instalación fotovoltaica autónoma en una vivienda unifamiliar de la localidad de Leganés (Madrid). Se tiene previsto un consumo, solamente de aparatos de corriente alterna, de 5 kWh/día. Para la instalación, se desea un factor de seguridad de 1,4. La instalación es un sistema a 24 V.
   Se pide:
   a) Calcular el valor de la potencia de pico que debe suministrar el generador fotovoltaico.
   b) Si tenemos paneles solares que proporcionan una intensidad de 8 A cada uno, y una tensión de 19 V, diseñar una posible configuración para el generador fotovoltaico calculado en el apartado anterior.
6. Una instalación fotovoltaica utilizada para bombeo en una finca agrícola debe funcionar entre los meses de marzo a octubre. La instalación se encuentra situada en la provincia de Soria. Sabemos que...
   - El consumo de la instalación es de aproximadamente 250 W.
   - El sistema trabajará a 12 V y queremos un factor de seguridad de 1,3.

   Determinar, utilizando el método del mes peor, la potencia de pico que debe proporcionar el generador fotovoltaico. Para ello, ten en cuenta el periodo de tiempo de funcionamiento de la instalación, que no llega hasta diciembre.

   Obtén los datos partir de la base de datos de la NASA.
7. En una instalación fotovoltaica autónoma, se tiene previsto un consumo total de 800 Wh. El sistema trabaja a 24 V, y queremos diseñar el acumulador que se necesitaría en dicha instalación, teniendo en cuenta los siguientes puntos:
   - La autonomía de la instalación deberá ser de siete días.
   - La profundidad de descarga máxima de las baterías es del 85 %.

   Se pide:
   a) Calcular la capacidad nominal que debe tener el acumulador.
   b) Diseñar una posible configuración de este a partir de un modelo comercial de baterías solares extraído de un catálogo comercial.
8. Realiza la configuración de un acumulador para una instalación fotovoltaica autónoma que trabaja con una tensión de 48 V y tiene una necesidad de ofrecer 800 Ah. Utiliza para ello:
   a) Baterías estacionarias de 2 V por vaso.
   b) Baterías de bloque de 6 V.

   Selecciona los materiales a partir de un catálogo comercial.

Calcular las posibles pérdidas eléctricas

9. En una instalación fotovoltaica, la distancia entre el inversor y una lavadora conectada a la red de corriente alterna es de 50 m. Si queremos unir ambos elementos mediante un cable de cobre, calcula qué sección debe tener si el consumo de la lavadora es de 450 W.
10. Calcula el grosor de un cable de aluminio para unir un ordenador, conectado a la red de corriente alterna de una instalación fotovoltaica y con un consumo de 200 W, si se encuentra a una distancia del inversor de 20 m.

Interpretar la simbología utilizada en los esquemas de instalaciones solares fotovoltaicas

11. Utilizando símbolos normalizados, realiza el esquema de una instalación fotovoltaica autónoma en la que se encuentran los siguientes elementos:
    a) Generador fotovoltaico con cuatro paneles solares.
    b) Regulador.
    c) Acumulador formado por dos baterías monoblock.
    d) Inversor.
12. Indica qué representa cada uno de los símbolos siguientes:

3
UNIDAD

Diseño de instalaciones solares fotovoltaicas sin conexión a red

En esta unidad

APRENDERÁS A

- Interpretar y preparar la documentación técnica de una instalación.
- Elegir componentes en catálogos comerciales.
- Realizar esquemas de las instalaciones.
- Hacer el presupuesto para una instalación.

ESTUDIARÁS

- Los criterios de diseño de una instalación solar.
- Los parámetros que se deben tener en cuenta.
- La documentación que debe acompañar a toda instalación fotovoltaica.
- La simbología utilizada para las instalaciones solares fotovoltaicas.

Y SERÁS CAPAZ DE

- Configurar instalaciones solares fotovoltaicas justificando la elección de los elementos que las conforman.

1. Consideraciones previas al diseño de una instalación

En esta unidad, vamos a ver el proceso general de diseño para cualquier tipo de instalación, un proceso en el que, además de calcular las características de un generador fotovoltaico y el tamaño de sus baterías, se deben tener en cuenta otras consideraciones:

Necesidad de realizar este tipo de instalación	Estimar si es el mejor método frente a otros (generadores eólicos, por combustible, etc.).
Consumo eléctrico en la instalación	Determina el tamaño del generador y de las baterías. Hay que considerar si hay espacio para el montaje.
Elección de los componentes	Elegir los componentes en función de la calidad, la disponibilidad, el precio, etc.
Operación y mantenimiento	Tener en cuenta la accesibilidad al lugar de la instalación.
Cantidad de radiación solar que se recibe	Influye en el tamaño del generador fotovoltaico (número de paneles).
Análisis económico para realizar la instalación	Estudiar la viabilidad de la instalación desde el punto de vista económico.

Si una vez llevado a cabo todo el análisis de los puntos vistos en el esquema anterior se decide hacer la instalación, los pasos para la realización de esta serán los siguientes:

1. Decidir la ubicación de los equipos que forman la instalación
2. Determinar el consumo
3. Decidir la tensión continua a la que va a trabajar la instalación
4. Decidir los días de autonomía que debe tener
5. Estudiar la necesidad de trabajar en corriente continua y en corriente alterna
6. Estudiar la posibilidad de añadir un generador auxiliar a la instalación (eólico, grupo electrógeno por combustible, etc.)
7. Realizar el dimensionado de la instalación y la elección de los componentes comerciales para la ejecución
   - Paneles solares.
     - 1.º Elegir la orientación.
     - 2.º Calcular la radiación solar incidente.
     - 3.º Calcular el número de paneles necesarios para el generador fotovoltaico.
   - Calcular las baterías necesarias para el acumulador.
   - Realizar los cálculos para elegir el regulador.
   - Realizar los cálculos para el inversor, en función del consumo de corriente alterna si lo hubiera en la instalación.

Una vez determinados los valores, es importante elegir, entre todas las posibilidades que se encuentran en el mercado, los componentes que mejor se adapten a la instalación. La elección de componentes siempre se realizará atendiendo a varios factores:

- **Criterios técnicos:** los componentes elegidos deben cumplir los valores que hemos calculado durante el diseño de la instalación.
- **Criterios económicos:** a igualdad de prestaciones técnicas, el precio será el segundo factor que puede hacer que nos decantemos por un determinado modelo.
- **Disponibilidad de los elementos** en la zona donde se va a realizar la instalación y, si no es así, establecer cómo se van a obtener.
- **Otros criterios:** garantías ofrecidas por los fabricantes, además de las estrictamente legales, o servicio posventa de los equipos (tiempo de sustitución en caso de avería de alguno de los componentes, etc.).

2. Realización de la instalación

A partir de aquí, iremos desarrollando punto por punto cada uno de los pasos que hemos comentado en el apartado 1.

2.1. Ubicación de los equipos

Debemos considerar dónde va a estar colocado cada uno de los elementos de la instalación:

- Dónde se van a colocar las estructuras que soportan los paneles solares.
- Dónde van a estar ubicados el regulador y el inversor de la instalación.
- En qué lugar se colocarán las baterías.
- Necesidad de realizar obras o modificaciones para colocar los equipos.

@ WEB

En el siguiente enlace puedes consultar el etiquetado de eficiencia energética de los electrodomésticos:

https://goo.gl/WWptvs

2.2. Determinación del consumo de la instalación

La aplicación para la que va destinada la instalación fotovoltaica va a determinar el perfil de consumo de esta (vatios hora por día). De esta forma, debemos establecer un esquema de la carga de consumo diaria, es decir, la simultaneidad de consumos que podemos tener durante las veinticuatro horas del día, para que al hacer el diseño de la instalación funcione de manera correcta.

Esta carga diaria la podemos reflejar en forma de gráfico, o bien establecer una tabla con las posibles horas de funcionamiento de cada uno de los aparatos al cabo del día, y la simultaneidad de estos.

Además de los consumos diarios, conviene establecer un perfil del consumo de la instalación por meses y, por tanto, de la distribución anual de los consumos.

También es útil analizar qué tipos de perfiles de consumo nos podemos encontrar de forma habitual según el tipo de instalación (Tabla 3.1).

A. Cálculo del consumo de la instalación

Para el correcto dimensionado de la instalación, sea del tipo que sea (Tabla 3.1), necesitaremos saber el total de vatios·hora de consumo que vamos a tener en esta.

Para ello debemos determinar los equipos que se conectan en corriente continua y los que se conectan en corriente alterna, y realizar el cálculo de los vatios consumidos por cada uno en función de las horas de conexión.

Para la realización de las tablas de consumo de la instalación, resulta muy conveniente utilizar programas de hojas de cálculo, como pueden ser Microsoft Excel, o Calc de OpenOffice.

Antes de continuar con el resto de los puntos citados, aplicaremos de forma práctica lo visto hasta aquí. A lo largo de la unidad, para ilustrar todos los pasos que vamos dando, realizaremos el diseño de una instalación para dotar de Internet a un observatorio de fauna. El primer caso práctico es el punto de partida para el diseño de dicha instalación.

Es importante destacar que el consumo total de la instalación será la suma de los dos tipos de consumo comentados, tanto de corriente continua como de corriente alterna. Esto es así porque estamos hablando en términos de energía consumida y, por tanto, no se hará ninguna distinción.

Fig. 3.1. No todas las instalaciones tienen el mismo perfil de consumo. Por ejemplo, una farola solar tiene un consumo eminentemente nocturno, mientras que por el día recarga las baterías. En cambio, una instalación de bombeo para el riego con instalación solar fotovoltaica tiene un consumo eminentemente diurno y no requiere de un acumulador porque solamente funciona durante el día.

ACTIVIDADES

1. Uno de los factores que influyen en gran medida en el consumo total de energía en las viviendas es el consumo de los aparatos apagados pero que permanecen en *stand-by*.

   a) Averigua, consultando datos de los fabricantes, cuál es el consumo de un televisor de 30 pulgadas cuando se encuentra en ese estado.

   b) Accede a la web **https://goo.gl/NM8NRb** y calcula el gasto anual que generan los aparatos en *stand-by* de tu hogar.

B. Tipos de instalaciones

Podemos considerar cuatro tipos básicos de instalación, con prestaciones, características y perfiles de consumo diversos, según se indica en la Tabla 3.1.

Tipo de instalación	Cobertura	Características	Perfil de consumos diarios
Con consumo constante a lo largo del día	• Sistemas de alarma. • Sistemas de señalización (ferroviaria, marítima, etc.). • Repetidores de radiofrecuencia. • Estaciones meteorológicas, etc.	En este tipo de instalaciones están conectados siempre todos los aparatos durante las 24 horas del día. Si representamos gráficamente esta situación, nos encontramos con una gráfica como la de la Figura 3.2. Se da la circunstancia, además, de que el consumo es constante a lo largo de todo el año, por lo que lo deberemos tener en cuenta a la hora de dimensionar la instalación fotovoltaica.	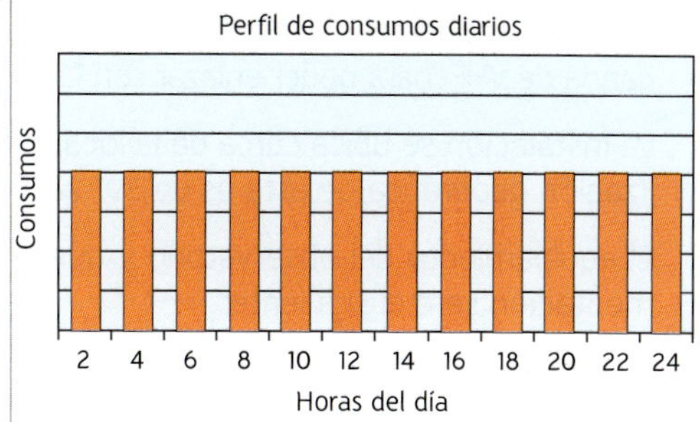 *Fig. 3.2. Representación del consumo en instalaciones de consumo constante.*
De consumo mayoritariamente nocturno	• Alumbrado público. • Señalización de carreteras. • Señalización de navegación aérea. • Faros marinos.	El perfil de consumo diario sigue un gráfico como el que se muestra en la Figura 3.3. Si tenemos previsto que puede haber grandes variaciones de consumo en la instalación según la época del año, debemos hacer un estudio para averiguar cuál es el mes en el que se produce el mayor consumo, y, por tanto, tenerlo en cuenta a la hora de diseñar la instalación. El consumo dependerá de la duración de los días y, por tanto, será mayor cuantas menos horas de luz tengamos. En consecuencia, el mayor consumo se da en los meses de invierno.	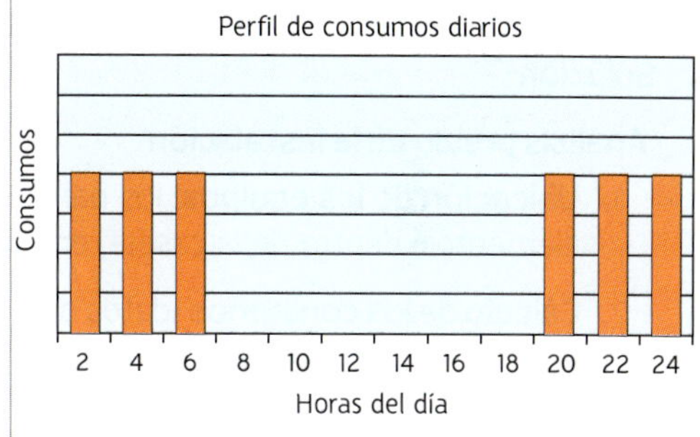 *Fig. 3.3. Consumo diario en una instalación nocturna.*
De consumo diurno	Un ejemplo típico de este tipo de instalación es el de las destinadas al bombeo de agua para riego.	Estas instalaciones tienen su actividad en los momentos centrales del día, es decir, en las horas en las que se recibe mayor cantidad de radiación solar. El gráfico de consumo diario que representa este tipo de instalaciones sería el reflejado en la Figura 3.4.	 *Fig. 3.4. Gráfico de consumo de una instalación diurna.*
Resto de instalaciones	Una de las más importantes aplicaciones de las instalaciones fotovoltaicas autónomas es la de electrificación de viviendas aisladas.	Es muy importante establecer un adecuado gráfico de consumo en estas instalaciones, estudiando cada caso en concreto con el fin de lograr el mejor diseño para la instalación. Un ejemplo de un gráfico de consumo de una instalación de este tipo podría ser el recogido en la Figura 3.5. Durante la noche solo existirá el consumo de aparatos que tengan que estar enchufados las 24 horas del día (por ejemplo, en *stand-by*), y existirán picos de consumo a lo largo del día en función de los diferentes aparatos, las horas de estancia en la vivienda, etc.	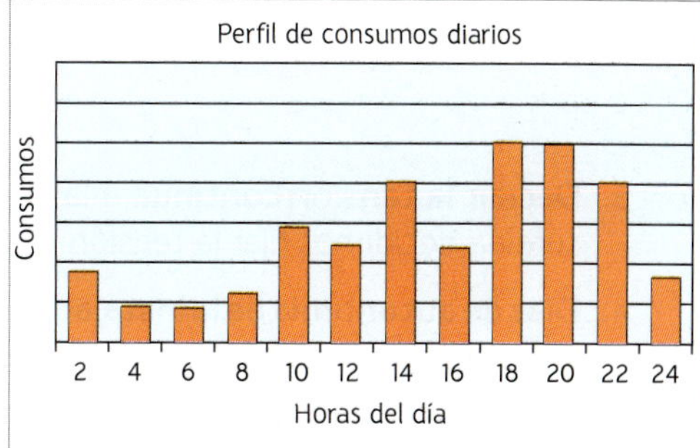 *Fig. 3.5. Ejemplo de consumo de una instalación en una vivienda.*

Tabla 3.1. Tipos de instalaciones solares fotovoltaicas sin conexión a red.

CASO PRÁCTICO 1

Toma de datos para el dimensionado de una instalación

Deseamos realizar una instalación para dotar de Internet a un observatorio de fauna en el Parque Nacional de Cabañeros. El sistema elegido es una conexión a Internet a través de satélite, mediante un módem VSAT. Asimismo, en la caseta se ubicará una emisora de comunicaciones en la banda de VHF, para poder enlazar con la base situada en el centro de interpretación del parque.

La instalación se ubica cerca de la localidad de Retuerta del Bullaque (Ciudad Real), y la localización geográfica de esta es de 39° 22' de latitud norte y 4° 28' de longitud oeste.

El equipamiento del observatorio y que se debe considerar para el diseño del sistema de alimentación será el siguiente:

- Un módem VSAT Satlink 1000.
- Una emisora de VHF Teltronic MDT-400.
- Dos luminarias de corriente continua.
- Un ordenador personal.

Solución

Análisis previo de la instalación

1. **Ubicación de los equipos:** los paneles solares se van a ubicar en el suelo, y el resto de elementos, dentro de la caseta, en una habitación preparada especialmente para tal fin.
2. **Cálculo de los consumos** (datos obtenidos de las hojas de características de los equipos): la emisora y las luminarias van conectadas directamente a la corriente continua. El ordenador y el módem precisan de una alimentación de 230 V de corriente alterna.

Los consumos previstos son los de la siguiente tabla:

Elemento		Potencia	Consumo (Wh)		
			En reposo	En uso	Total estimado
Elementos de continua	Luminarias	15 mW cada una		2 · 15 · 8 = 240	240
	Emisora	500 mW en espera 5 W en transmisión	20 · 0,5 = 10 W	4 · 5 = 20	30
				Total	**270**
Elementos de alterna	Ordenador	80 W		80 · 6	480
	Módem	8 W en reposo 30 W en transmisión	18 · 3 = 54	6 · 30 = 180	234
				Total	**634**
				Total considerando el rendimiento del inversor (90 %)	**793,$\hat{3}$**
				Total previsto	**1063,$\hat{3}$**

3. **Decidir la tensión continua** a la que vamos a trabajar: por el valor de la energía consumida decidimos fijar la tensión nominal en 12 voltios.
4. **Días de autonomía de la instalación:** en este caso, por acuerdo entre el proyectista de la instalación y el dueño de esta, se ha pensado que sean cinco días.
5. **Generador auxiliar:** para el uso que se va a dar a la instalación, el cliente no ha solicitado añadir un generador auxiliar.
6. **Uso de elementos que consumen corriente alterna:** el consumo en corriente alterna siempre debe considerar el rendimiento del inversor (90 %).

Aunque de forma general consideramos que el rendimiento del inversor es del 90%, siempre hay que asegurarse de dicho valor consultando la hoja de características del fabricante del equipo. Para realizar los cálculos es necesario utilizar el valor real del rendimiento del inversor.

CASO PRÁCTICO 1 *(Continuación)*

7. Dimensionado de la instalación: es importante empezar realizando el estudio de la radiación recibida. Debemos obtener, tal y como vimos en la Unidad 2, la cantidad de radiación recibida en el lugar donde va a estar colocada la instalación (según la latitud) y para el ángulo de inclinación óptimo. En este estudio ya hemos tenido en cuenta el cálculo de la radiación recibida sobre superficie inclinada con el ángulo óptimo. Como vamos a aplicar el método del mes peor, tomaremos el valor de la radiación de diciembre. Hay que partir de que estamos considerando que el uso de la instalación es el mismo a lo largo de todos los meses del año.

En una tabla se pueden reflejar los datos más significativos, que nos pueden ayudar a la hora de continuar realizando el diseño. Cada proyectista tendrá diseñada, seguramente, una herramienta de este tipo. Nosotros aquí vamos a proponer una posible solución, que nos facilitará todo el seguimiento de la instalación.

Consulta el Caso Práctico 1 de la Unidad 2 para ver cómo se realiza el cálculo de la radiación sobre superficie inclinada.

Datos previos para la instalación												
Latitud del lugar	39,22°											
Radiación recibida (con β óptimo) en Wh/m² día	ENE	FEB	MAR	ABR	MAY	JUN	JUL	AGO	SEP	OCT	NOV	DIC
	2 447	3 131	4 726	5 028	5 975	6 326	6 484	6 162	5 168	3 814	2 390	1 976
Energía consumida por los equipos	Corriente continua						Corriente alterna					
	270 Wh						793 Wh					
Consumo total	1063 Wh											
Tensión nominal de la instalación	12											
Días de autonomía	5											

No olvidemos que la instalación se ve sometida a unas pérdidas, por lo que debemos fijar un factor de seguridad que las contemple a la hora de realizar el diseño. En la Unidad 2 vimos cómo se utiliza este parámetro. Normalmente, es un valor elegido por el proyectista de la instalación. En nuestro ejemplo, se ha decidido utilizar un factor de seguridad de 1,3.

Las pérdidas siempre reducen la potencia (los vatios) que puede entregar la instalación, y en este caso el elemento fundamental será el generador fotovoltaico, y la cantidad de módulos que debemos colocar en él.

ACTIVIDADES

2. Una de las estaciones del SAIH (Sistema Automático de Información Hidrológica) del Segura tiene una instalación fotovoltaica para alimentar los equipos mediante los cuales se obtienen los valores de la presa que está controlando. Estos equipos son los siguientes:

a) Sensores de toma de datos, los cuales mandan la información cada dos horas al sistema de registro, y que tienen un consumo total de 10 W en *stand-by,* y 20 W cuando transmiten la información.

b) El ordenador central conectado durante las veinticuatro horas del día, y que se estima tiene un consumo de 80 W a la hora.

c) El transmisor que alimenta la antena, que tiene un consumo en *stand-by* de 0,5 W, y en transmisión, de 10 W.

En verano, el transmisor manda la información cada seis horas, pero en primavera y otoño, la información es enviada cada dos horas.

Realiza un gráfico que muestre el consumo de la instalación en el mes de mayo y en el mes de agosto. El tiempo de transmisión es de 10 minutos.

Fig. 3.6. Caseta en La Venta del Castillo (cortesía de la Confederación Hidrológica del Segura).

2.3. Elección de la tensión de trabajo de la instalación

La elección de la tensión de trabajo es una decisión del proyectista de la instalación, y se determina en función del consumo de esta. Nos podemos encontrar con dos situaciones, según se refleja en la Tabla 3.2.

Tipo de instalación	Consumo	Tensión de trabajo
Pequeña	Menor de 3 kW	Puede utilizarse 12 V o 24 V
Grande	Mayor de 3 kW	Se utilizará 48 V o 120 V

Tabla 3.2. Elección de la tensión de trabajo en función de su consumo.

UN RETO

Busca el lugar de España donde sería necesario dotar de mayor cantidad de días de autonomía a una instalación solar fotovoltaica en función de las condiciones climáticas de dicho lugar.

2.4. Días de autonomía de la instalación

Los días de autonomía de la instalación se fijan en función de la climatología del lugar y del uso de la instalación —si es una instalación que no se puede quedar sin servicio (por ejemplo, un repetidor), deberá tener una autonomía mayor—. A pesar de ello, suele ser una decisión tomada entre el proyectista de la instalación y el cliente.

La determinación de los días de autonomía condiciona el tamaño del acumulador de la instalación, que debe ser mayor a medida que queremos más días. Ha de hacerse un estudio exhaustivo de la zona para prever condiciones adversas de la climatología que puedan influir en la producción de energía del generador fotovoltaico de la instalación, ya que determinará la cantidad de días mínimos que debemos considerar como autonomía.

Desde el punto de vista de la legislación, el pliego de condiciones técnicas (PCT) del Instituto para la Diversificación y Ahorro de la Energía (IDAE) fija un valor de autonomía de la instalación de tres días, como mínimo.

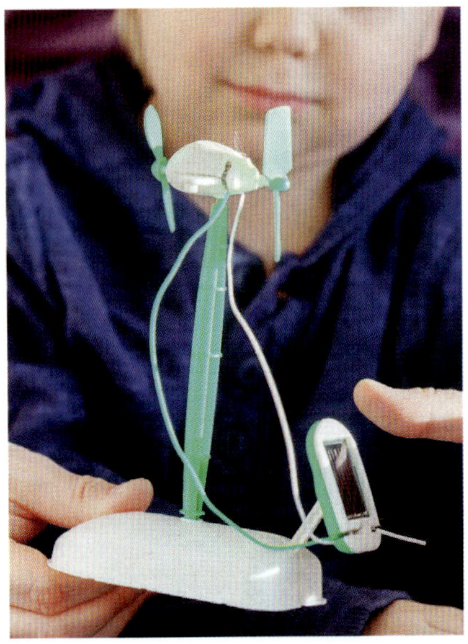

Fig. 3.7. Los juguetes que llevan paneles solares trabajarán siempre con corriente continua.

2.5. Decisión de trabajar en corriente continua, alterna o ambas

Esta decisión viene marcada por el tipo de equipos que se van a conectar a la instalación.

En instalaciones como la que venimos desarrollando a lo largo de la unidad, nos podemos encontrar con los dos tipos de consumo. A modo de ejemplo, vamos a dar diferentes posibilidades:

- Instalaciones en viviendas: depende del uso que se les vaya a dar.
  - Si se trata de viviendas habituales, lo normal es que la instalación trabaje en corriente alterna, por el uso de electrodomésticos.
  - En viviendas de uso ocasional (como, por ejemplo, pequeños refugios de montaña), la situación habitual es que solo tengan equipos de iluminación, y conectados a corriente continua.
- En instalaciones como las usadas en señalización de tráfico, solamente tendremos elementos de corriente continua, por lo que no será necesario el uso de inversores.
- En instalaciones del tipo de repetidores de comunicaciones, lo normal será encontrar instalaciones mixtas, con equipos conectados a corriente continua y equipos conectados a corriente alterna.
- Las instalaciones de bombeo suelen trabajar en corriente continua.
- Otros tipos de instalaciones (las que denominábamos en la Unidad 1 como divertimentos solares) trabajarán también en corriente continua.

En definitiva, siempre que los equipos de consumo puedan ser en corriente continua, se decidirá realizar la instalación solo en corriente continua. Si, por el contrario, alguno de los equipos que se va a conectar debe consumir en corriente alterna, la solución será instalar un inversor.

2.6. Colocación de un generador auxiliar

La utilización o no de un generador auxiliar siempre viene determinada por el uso de la instalación, y por la necesidad de que esta no deje de funcionar bajo ninguna circunstancia. Este hecho se puede dar en viviendas (en las que muchas veces será una petición del propietario) y en instalaciones en las que quedarse sin electricidad pueda suponer una situación grave.

Los generadores auxiliares más utilizados habitualmente son pequeños generadores eólicos, y sobre todo los denominados grupos electrógenos, que funcionan mediante combustible. Hay que asegurarse siempre de que dichos generadores se encuentren a punto para poder funcionar cuando sea necesario. Lo ideal es que entren a funcionar automáticamente ante un fallo de corte de corriente en la instalación.

Uno de los fallos más habituales que se suelen producir en estos generadores es la falta de combustible cuando tienen que ponerse en funcionamiento. Por eso, es muy importante revisar el depósito de vez en cuando para evitar situaciones como la descrita.

Fig. 3.8. Los generadores auxiliares suelen ser grupos electrógenos de combustible (gasolina o diésel), como el mostrado en la figura. En la instalación fotovoltaica, entran a funcionar automáticamente cuando se supera el tiempo de autonomía.

2.7. Dimensionado de la instalación

Vamos a ver en este punto los cálculos necesarios para determinar cada uno de los elementos de la instalación, y cómo debemos elegirlos.

A. Elección de los paneles solares

Los factores que debemos considerar son los siguientes:

- Potencia de pico que puede entregar el panel.
- Tensión en sus extremos mayor que la tensión nominal del sistema.
- En algunos casos, dependiendo del lugar donde se vaya a hacer la instalación, conviene ver las pérdidas por efecto de la temperatura. Normalmente no suele ser un valor demasiado importante, porque las temperaturas más altas se dan justamente en las épocas en que se recibe mayor cantidad de radiación.
- Dimensiones físicas del panel (tamaño, peso, etc.).
- Sistemas de sujeción a los soportes.
- Conectores eléctricos, etc.

@ WEB

En este mapa interactivo podrás hacer el cálculo de una instalación para una vivienda en función del municipio y del tipo de energía que elijas:

https://goo.gl/cp699i

CASO PRÁCTICO 2

Elección de los paneles solares

A partir de los datos del caso práctico 1, calcula y elige el número de paneles solares que necesitamos para la configuración del generador fotovoltaico. A modo de resumen, los datos que tenemos en la instalación son los siguientes:

- Factor de seguridad (F_{SG}) = 1,3 (elegido por el proyectista para compensar las pérdidas).
- Consumo diario medio previsto (L_{dm}) = 975 Wh/día.
- Irradiación recibida (mes de diciembre) = 1063 Wh/m^2.
- Número de días de autonomía de la batería = 5.
- Sistema a 12 V.

Solución

Antes de pasar a elegir los paneles, debemos determinar la potencia nominal del generador fotovoltaico. Este valor lo obtenemos a través de la siguiente fórmula:

$$P_{G,\,nom} = \frac{F_{SG}\, L_{dm}}{(G_{dm}(\beta) / I_{STC})} = \frac{1{,}3 \cdot 1063}{1976 / 1000} = 701{,}47 \text{ Wp}$$

CASO PRÁCTICO 2 *(Continuación)*

Con el valor de la potencia nominal, recurrimos a un catálogo para elegir los paneles que queremos montar en la instalación. Para ello tenemos que considerar los parámetros que hemos comentado al principio del apartado. Este es un ejemplo de catálogo:

EX250P(B)-60 - Polycrystalline I Policristalino

	TYPO I TIPO	EX250P-60	EX255P-60	EX260P-60	EX265P-60	EX270P-60
STC 1000 W/M² Module Temperature 25ºC A.M.1,5	Power Output	250	255	260	265	270
	Max Power Tolerance | Tolerancia potencia máx.			+5 (%)		
	Module Efficiency | Eficiencia Módulo	15.5 (%)	15.9 (%)	16.2 (%)	16.5 (%)	16.8 (%)
	Voltage | Máximo voltage, VMP	30.2 (V)	30.4 (V)	30.7 (V)	30.9 (V)	31.1 (V)
	Current | Tensión máxima actual, IMP	8.27 (A)	8.38 (A)	8.47 (A)	8.56 (A)	8.68 (A)
	Voltage Open Circuit | Tensióncircuito abierto, VOC	37.8 (V)	38.0 (V)	38.2 (V)	38.4 (V)	38.6 (V)
	Short Circuit Current | Corriente de cortocircuito, ISC	8.75 (A)	8.83 (A)	8.91 (A)	8.98 (A)	9.07 (A)
NOCT 800W/M² Environment Temperature 20ºC A.M. 1,5	Power Output	189.3	193.1	196.9	200.7	204.4
	Voltage | Máximo voltage, VMP	27.6 (V)	27.8 (V)	28.0 (V)	28.2 (V)	28.4 (V)
	Current | Strom, IMP	6.87 (A)	6.96 (A)	7.03 (A)	7.11 (A)	7.21 (A)
	Current | Tensión máxima actual, IMP	34.3 (V)	34.5 (V)	34.7 (V)	34.9 (V)	35.1 (V)
	Short Circuit Current | Corriente de cortocircuito, ISC	7.50 (A)	7.57 (A)	7.63 (A)	7.69 (A)	7.77 (A)

Elegimos este panel.

En el recuadro aparecen las características técnicas en cuanto a potencia de pico, tensión, etc.

Es importante leer detenidamente toda la información de las fichas técnicas de los elementos de la instalación.

(Cortesía de Exium Solution SA)

En la hoja del catálogo del fabricante, también obtenemos información sobre las dimensiones del panel (datos importantes a la hora de elegir los soportes para la instalación) y datos sobre las condiciones de trabajo.

MECHANICAL DATA I DATOS MECÁNICOS
Dimensions | Dimensiones: 1640*992
Weight | Peso (kg): 20
Cable | Cable: TUV Certified 4mm²
Glass | Cristal: High transmission glass 3.2mm
Junction Box | Caja de conexiones: 6 Bypass-Diode

WORKING CONDITIONS I CONDICIONES DE TRABAJO
Max. System Voltage | Max. Voltaje Sistema: 1.000 V
Series Fuse Rating | Fusible en serie: 15 A
Mechanical Load | Carga mecánica: ≥5.400 Pa
Operating Temperature | Temp. funcionamiento: -40~+85
Aplication class | Aplicación clase: A

Decidido el modelo que se va a utilizar, tenemos que calcular el número de paneles necesarios para conformar el generador fotovoltaico.

$$N_p = \frac{\text{Potencia de pico necesaria}}{\text{Potencia de pico del panel}} = \frac{701\ \text{W}}{250\ \text{W}} = 2{,}8 = 3 \text{ paneles}$$

Cuando nos sale un valor decimal en el número de paneles, siempre lo aproximamos al número entero que se encuentre por encima.

Como la instalación es a 12 V, solamente tendremos que colocar los tres paneles en paralelo para obtener la potencia necesaria. Siempre que haya que asociar paneles, es importante recordar que deben ser iguales en cuanto a las características eléctricas.

Cualquiera de los modelos que aparecen en la hoja hubiera sido perfectamente válido desde el punto de vista técnico, por lo que, si fuese necesario, a la hora de decidirse por uno de ellos podemos considerar otros factores (diferencias de precio, si hay diferencias en las dimensiones, etc.).

ACTIVIDADES

3. En el caso práctico anterior hemos elegido un panel policristalino. Busca en un catálogo de fabricante un modelo de tipo monocristalino que se adecue a las características expuestas y realiza los cálculos anteriores. Luego, realiza la comparativa con un módulo comercial cuyas células sean de silicio amorfo.

B. Elección de las baterías para el acumulador

A la hora de elegir las baterías, debemos tener en cuenta los siguientes puntos:

- Tensión nominal de la instalación.
- Días de autonomía que va a tener la instalación (F_{SB}).
- Capacidad en amperios hora que debe tener el acumulador.
- Profundidad de descarga máxima (fijada por quien diseña la instalación).
- Energía diaria que consume la instalación (L_{dm}).

IMPORTANTE

Según el PCT del IDEA, para asegurar una adecuada recarga de las baterías, la capacidad nominal del acumulador (en Ah) no excederá en 25 veces la corriente (en A) de cortocircuito en CEM del generador fotovoltaico.

CASO PRÁCTICO 3

Cálculo del acumulador de la instalación

Siguiendo con la instalación que estamos diseñando desde el principio de la unidad, vamos a ver cómo se calculan y eligen las baterías necesarias para configurar el acumulador.

Recordamos los datos más importantes:

- Consumo diario medio previsto (L_{dm}) = 1063 Wh.
- Número de días de autonomía de la batería = 5.
- Profundidad de descarga máxima: 80 %.
- Irradiación recibida (mes de diciembre) = 1976 Wh/m².
- Sistema a 12 V.

Solución

Lo primero que debemos hacer es determinar la capacidad de batería necesaria con las condiciones de la instalación. De esta forma:

$$C_{B,\,nom} = \frac{L_{dm} F_{SB}}{PD_{máx}} = \frac{1063 \cdot 5}{0,8} = 6\,643,75 \text{ Wp}$$

$$\text{como } P = VI \Rightarrow I = \frac{P}{V} = \frac{6\,643,75}{12} = 553,64 \text{ Ah}$$

Modelo	Tensión (V)	Capacidad Nominal en C10 (A/h)	Capacidad Nominal en C120 (A/h)	Dimensiones (largo, ancho, alto)	Peso sin electrolito (Kg)	Peso con electrolito (Kg)
2OPzS100	2	100	162	105x206x420	8.5	13.5
3OPzS150	2	150	243	105x206x420	11	16
4OPzS200	2	200	324	105x206x420	14	19
5OPzS250	2	250	405	125x206x420	16.5	22
6OPzS300	2	300	486	145x206x420	20.5	26.5
5OPzS350	2	350	567	125x206x505	21	29
6OPzS420	2	420	680	145x206x535	24.5	33.5
7OPzS490 ←	2	490	793	165x206x535	27.5	38
6OPzS600	2	600	972	145x206x710	34	47
7OPzS700	2	700	1134	193x215x710	42	60
8OPzS800	2	800	1296	193x215x710	46.5	63.5
9OPzS900	2	900	1458	235x215x710	50	74
10OPzS1000	2	1000	1620	235x215x710	54.5	77
11OPzS1100	2	1100	1782	277x215x710	61	88
12OPzS1200	2	1200	1944	277x215x710	65	91

(Soleme Soluciones Energéticas SL)

Elegimos este modelo para configurar el acumulador de la instalación. Habrá que colocar seis baterías en serie, puesto que cada una tiene como tensión nominal 2 V, para que nos den los 12 V (el número de amperios hora es mayor que el que hemos calculado).

C. Elección del regulador

Para la elección del regulador, tenemos que calcular la corriente de carga necesaria a fin de que funcione correctamente.

Con tal objetivo, debemos tomar el valor de la corriente de cortocircuito (I_{SC}) del panel solar que hayamos elegido para la configuración del generador fotovoltaico.

El regulador es el encargado de fijar la tensión nominal de la instalación. Este será uno de los parámetros que se deben considerar a la hora de elegirlo.

CASO PRÁCTICO 4

Elección del regulador para la instalación

Elige un modelo de regulador comercial adecuado para la instalación que estamos diseñando a lo largo de la unidad.

Solución

Consultando las características del panel solar elegido en el caso práctico 2, vemos que el valor de I_{SC} es de 8,75 A. Para calcular la corriente de carga del regulador, aplicamos la siguiente fórmula:

$$I_{G,máx} = N_p \cdot I_{SC} = 3 \cdot 8{,}75 = 26{,}25 \text{ A}$$

Modelo elegido en función del valor de la corriente calculado en la fórmula anterior. El modelo es Steca PR3030.

	PR 1010	PR 1515	PR 2020	PR 3030
Funcionamiento				
Tensión del sistema	12 V (24 V)			
Consumo propio	12.5 mA			
Datos de entrada CC				
Tensión de circuito abierto del módulo solar (con temperatura de servicio mínima)	< 47 V			
Corriente del módulo	10 A	15 A	20 A	30 A
Datos de salida CC				
Corriente de consumo	10 A	15 A	20 A	30 A
Tension de reconexión (SOC / LVR)	> 50 % / 12,6 V (25,2 V)			
Protección contra descarga profunda < 30 % (SOC / LVD)	< 30 % / 11,1 V (22,2 V)			
Datos de la bateria				
Tensión final de carga	13,9 V (27,8 V)			
Tensión de carga reforzada	14,4 V (28,8 V)			
Carga de compensación	14,7 V (29,4 V)			
Ajuste del tipo de batería	líquido (ajustable a través menú)			
Condiciones de uso				
Temperatura ambiente	-10 °C ... +50 °C			
Equipamiento y dieseño				
Terminal (cable fino / único)	16 mm² / 25 mm² - AWG 6 / 4			
Grado de protección	IP 31			
Dimensiones (X x Y x Z)	187 x 96 x 44 mm			
Peso	350 g			

Nos tenemos que asegurar de que se cumple con los paneles que hemos elegido (el valor de tensión en circuito abierto de los paneles).

¡Cuidado con este dato! La instalación, en nuestro caso, va a estar en el campo. Hay que asegurarse de que en ningún momento se alcanzan estas temperaturas en el recinto donde va a estar colocado el regulador, ya que podría no funcionar correctamente.

(Cortesía de Steca Elektronik GmbH)

3. Elección del inversor

A la hora de elegir el inversor, en caso de que la instalación necesite corriente alterna, nos tenemos que fijar en el consumo que hemos previsto para esta parte de la instalación como parámetro fundamental. Se recomienda elegir un inversor que proporcione a la salida una onda sinusoidal como la que nos da la red eléctrica, aunque para algunas aplicaciones (luces incandescentes, pequeños motores, etc.) puede valernos un inversor de onda cuadrada.

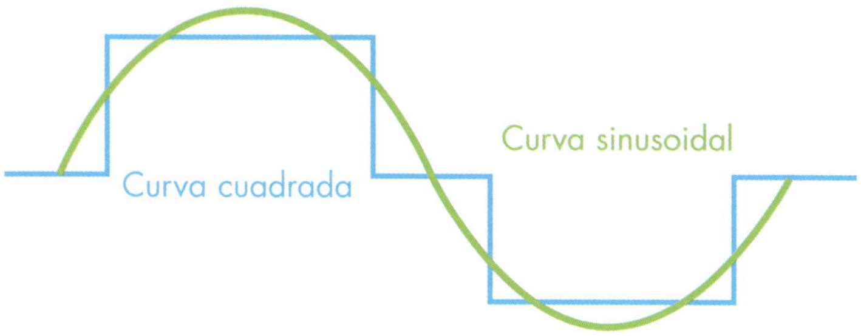

Fig. 3.9. Tipos de onda que suelen proporcionar los inversores. En el caso de la onda cuadrada, si conectamos, por ejemplo, un aparato de radio, se oiría un zumbido debido a la forma de la señal, por lo que no sería aconsejable su uso para esa aplicación.

Además de la forma de onda, otro parámetro que hay que tener en cuenta es el rendimiento, que, como hemos visto en el cálculo de los consumos, suele ser en torno al 90-95 %.

CASO PRÁCTICO 5

Elección del inversor para la instalación

Vamos a elegir un inversor para la instalación que venimos desarrollando a lo largo de los casos prácticos anteriores. Para ello, recordamos el consumo de los equipos en corriente alterna dentro de la instalación:

Elemento	Potencia	Consumo (Wh)		
		En reposo	En uso	Total estimado
Ordenador	80 W		80 · 6	480
Módem	8 W en reposo 30 W en transmisión	18 · 3 = 54	6 · 30 = 180	234
			Total	**634**
			Total considerando el rendimiento del inversor (90 %)	**793,$\hat{3}$**

Solución

Tenemos que elegir un equipo que nos proporcione una potencia mayor de 110 W (este es el valor de la potencia nominal). Por el tipo de equipos que se van a conectar en él, nos interesa que sea un inversor de onda sinusoidal, para no tener problemas. Si se ha previsto un aumento del consumo, conviene sobredimensionar el inversor.

Estos 110 W corresponden a la suma de las potencias nominales de cada uno de los componentes de la instalación: 80 W del ordenador y 30 W del módem. En este caso, elegimos el valor del módem en transmisión, al ser menor la potencia en reposo. Por tanto, si se cumple para el primer valor, también se cumplirá para el segundo.

Otro aspecto que se ha de considerar es si nos interesa elegir un inversor que incorpore también el regulador de la carga de las baterías. La decisión de elegir un equipo compacto o dos equipos por separado se tomará teniendo en cuenta los consumos de la instalación, el precio de ambas soluciones, etc.

UN RETO

Investiga si existe alguna aplicación para tu *smartphone* que te sirva para hacer los cálculos para el dimensionado de una instalación fotovoltaica autónoma.

VÍDEO

En el siguiente enlace puedes ver cómo se comprueba el tipo de onda que da un inversor mediante el uso de un osciloscopio y un polímetro:

https://goo.gl/e6pVjn

CASO PRÁCTICO 5. *(Continuación)*

De un catálogo de fabricante obtenemos el siguiente equipo:

Inversor Phoenix **12 Volt** **24 Volt** **48 Volt**	**C 12/1200** **C 24/1200**	**C 12/1600** **C 24/1600**	**C 12/2000** **C 24/2000**	**12/3000** (3) **24/3000** (3) **48/3000** (3)	**12/5000** (3) **24/5000** (3) **48/5000** (3)
Rango de tensión de entrada (V CC)	9,5 - 17,0 19,5 – 33,0	9,5 - 17,0 19,5 - 33,0	9,5 - 17,0 19,5 - 33,0	9,5 - 17,0 19,5 - 33,0 38,0 - 66,0	9,5 - 17,0 19,5 - 33,0 38,0 - 66,0
Potencia cont. de salida 25 °C (VA) (4)	1200 1200	1600 1600	2000 2000	3000 3000 3000	5000 5000 5000
Potencia cont. a 25 °C / 40 °C (W)	1000 / 900 1000 / 900	1300 / 1200 1300 / 1200	1600 / 1450 1600 / 1450	2500 / 2000 2500 / 2000 2500 / 2000	4000 / 3000 4000 / 3000 4000 / 3000
Pico de potencia (W)	2400 2400	3000 3000	4000 4000	6000 6000 6000	8000 9000 9000
Eficacia máx. 12 / 24 / 48 V (%)	92 / 94	92 / 94	92 / 94	92 / 94 / 95	92 / 94 / 95
Consumo en vacío 12 / 24 / 48 V (W)	8 / 10	8 / 10	9 / 11	15 / 15 / 16	20 / 25 / 25
Consumo en vacío en modo AES	5 / 8	5 / 8	7 / 9	10 / 10 / 12	15 / 20 / 20
Consumo en vacío modo Search (W)	2 / 3	2 / 3	3 / 4	4 / 5 / 5	5 / 5 / 6
Relé programable	Sí				
Interfaz RS485	Sí				
Protección (2)	a - g				
Características comunes (1)	Salida: 230V ± 2% / 50/60Hz ± 0,2% (seleccionable por interruptor) Temperatura de funcionamiento: -20 a +50 °C (refrigerado por ventilador) Humedad (sin condensación): Máx. 95%				
CARCASA					
Material y color	aluminio (azul RAL 5012)				
Conexiones de la batería	cables de batería de 1,5 metros		Pernos M8	2+2 Pernos M8	2+2 Pernos M8
Conexiones 230 V CA	Enchufe G-ST18i	Enchufe G-ST18i	Abrazadera-resorte	Bornes atornillados	Bornes atornillados
Tipo de protección	IP 21				
Peso (kg)	10	10	12	18	30
Dimensiones (al x an x p en mm.)	375x214x110	375x214x110	520x255x125	362x258x218	444 x 328 x 240
ACCESORIOS					
Panel remoto	Panel de control del inversor Phoenix(PIV)				
Interruptor on/off remoto	Conector bifásico				
NORMATIVAS					
Seguridad	EN 60335-1				
Emisiones / Inmunidad	EN 55014-1 / EN 55014-2				
Directiva de automoción	2004/104/EC	2004/104/EC		2004/104/EC	

(Cortesía de Victron Energy BV)

A partir de las características proporcionadas por el fabricante, se elige el inversor Phoenix 12/1 200. El inversor suele llevar indicadores mediante diodos LED del nivel de voltaje de la batería, nivel de la salida para la carga, estado de operación, etc.

También el fabricante da información sobre las protecciones incorporadas: sobrecalentamiento, cortocircuito, sobrecarga, etc.

Muchas características son comunes a todos los modelos, como, por ejemplo, la potencia de salida, las protecciones, etc. Debemos ser cuidadosos a la hora de elegir el modelo y ver cuál es el que se adapta a las necesidades de nuestra instalación.

Otras consideraciones que hay que tener en cuenta a la hora de la elección pueden ser las dimensiones físicas y el rango de temperaturas de funcionamiento.

ACTIVIDADES

4. Investiga cuándo es apropiado utilizar un regulador de tipo MPPT (comentados en la unidad 1). Busca en Internet un modelo comercial y pon un ejemplo de utilización de este tipo de regulador.

5. Hay determinadas instalaciones autónomas en las que es posible utilizar inversores que no sean de onda sinusoidal pura. Busca en qué casos concretos son utilizables y cuándo no pueden serlo.

6. ¿Sería posible configurar con baterías de litio el acumulador visto en el caso práctico 3? Si la respuesta es afirmativa, busca una posible configuración para él.

7. En el enlace **https://goo.gl/hjVRJy** se muestran las características de un regulador solar. Explica sus aspectos más importantes, busca su ficha técnica y señala un posible uso de este en función de sus parámetros.

4. Documentación de la instalación

Una vez que hemos visto los criterios para el dimensionado de la instalación, y cómo se realiza la elección de los materiales a partir de los valores teóricos calculados, mediante la consulta de la documentación de los fabricantes, vamos a analizar cuál es la documentación que debe acompañar a cualquier proyecto de instalación fotovoltaica, con el fin de poder manejarla adecuadamente.

La documentación de cualquier instalación fotovoltaica deberá constar de una memoria, en la que se detalle todo el proceso de cálculo de los parámetros necesarios, la elección de los materiales, etc. Además, llevará los planos y esquemas eléctricos necesarios para poder realizar el montaje de la instalación, y el presupuesto de esta. También es conveniente que se refleje la garantía de la instalación y sus coberturas.

La referencia de toda la documentación que es necesario presentar para la instalación fotovoltaica es el pliego de condiciones técnicas PCT del Instituto para la Diversificación y Ahorro de la Energía (IDAE). La última revisión de este pliego de condiciones para instalaciones autónomas es de febrero de 2009. En él se fijan las condiciones y requisitos que deben cumplir las instalaciones fotovoltaicas autónomas. Se trata de unificar criterios con el fin de que todas las instalaciones se desarrollen bajo el mismo patrón.

A partir de ahora, vamos a hacer alusión a todo aquello que se aconseja en dicho documento.

! IMPORTANTE

La finalidad del pliego de condiciones técnicas del IDAE es «establecer las condiciones técnicas que deben tomarse en consideración en la convocatoria de ayudas para la promoción de instalaciones de energía solar fotovoltaica, en el ámbito del Plan de Fomento de las Energías Renovables correspondiente al periodo 2005-2010».

El pliego no ha sufrido ninguna actualización desde el año 2009.

4.1. Elementos que debe incluir la memoria de la instalación

La memoria descriptiva de la instalación debe incluir los cálculos necesarios para el diseño de esta, así como los materiales elegidos para la ejecución física de la instalación (y la justificación de dicha elección). EL PCT, en su anexo II, indica que la memoria técnica debe contener los elementos que se exponen a continuación.

A. Tabla con la estimación de los consumos diarios

Como hemos visto al principio de la unidad, es conveniente realizar una tabla para comprobar fácilmente los consumos de la instalación, tanto de continua como de alterna.

Elemento	Consumo unitario	Total estimado (Wh)
Luminarias	15 W cada una	240
Emisora	500 mW en espera 5 W en transmisión	30
	Total en continua	**270**
Ordenador	80 W	480
Módem	8 W en reposo 30 W en transmisión	234
	Total en alterna	**705** considerando rendimiento del inversor
	Total previsto (alterna + contínua)	**975 Wh**

Tabla 3.3. Tabla como la recomendada en el PCT para estimar los consumos diarios de la instalación fotovoltaica desarrollada en los casos prácticos.

Es de vital importancia establecer correctamente estos consumos, puesto que condiciona todo el diseño posterior de la instalación. En el apartado 2 hemos explicado con detenimiento cómo se estiman los consumos en función del tipo de instalación que vayamos a realizar.

ACTIVIDADES

8. Investiga si en tu comunidad autónoma existe algún tipo de ayuda para la realización de una instalación fotovoltaica y explica en qué consiste.

B. Dimensionado del generador

El PCT recomienda utilizar una tabla como la siguiente:

Parámetro	Unidades	Valor	Comentario
Localidad		Retuerta del Bullaque	
Latitud	39° 22'		
Tipo de instalación			Consumo constante a lo largo del año
Periodo de diseño		Diciembre	Mes peor
Ángulo óptimo (β)	49°		
Radiación recibida con el ángulo óptimo	$kW\cdot h/m^2\cdot día$	1976	Diciembre
Factor de seguridad		1,3	

Tabla 3.4. Ejemplo extraído del PCT donde se muestran los valores de una instalación concreta.

C. Tabla del dimensionado final del sistema

Los datos necesarios para el dimensionado de todos los elementos de la instalación se pueden recoger en la tabla que vamos a ver a continuación.

Esta tabla resume los valores que vamos obteniendo en los cálculos, y que deben quedar reflejados en el documento memoria que se le entrega al propietario de la instalación.

Parámetro	Unidades	Valor	Comentario
$P_{G,nom}$	W	714	Potencia pico del generador
$C_{B,nom}$	Ah	554	Capacidad nominal del acumulador
$PD_{máx}$		80 %	Profundidad de descarga máxima
Rendimiento del inversor		90 %	
V_{on}	V	12	Tensión nominal de la instalación
L_{dm}	W	975	Consumo diario
Factor de seguridad		1,3	
Días de autonomía		5	

Tabla 3.5. Tabla obtenida del PCT con los valores de los elementos de la instalación.

La elección de los elementos con los que se va a realizar la instalación está condicionada a todos estos valores que acabamos de detallar.

La información que debe contener la memoria es la que acabamos de indicar, pero no tiene por qué seguir este formato, siempre que se incluyan todos los valores aquí pedidos.

ACTIVIDADES

9. Busca en Internet una memoria o proyecto de una instalación fotovoltaica aislada, y analiza los datos dados en ella, comprobando si se ajusta a lo comentado en los puntos anteriores o si existen diferencias. Haz un resumen de los datos obtenidos.

WEB

En el siguiente enlace puedes informarte sobre la documentación necesaria para la legalización de instalaciones para autoconsumo:

https://goo.gl/BHwMvF

RECUERDA

Aunque no es de obligado cumplimiento, es conveniente que la documentación técnica de la instalación se ajuste a lo pedido por el Pliego de Condiciones Técnicas del IDEA, ya que este se usa como referencia a la hora de tramitar subvenciones, etc.

4.2. Planos y esquemas eléctricos de la instalación

Además de los elementos nombrados en el punto anterior, la memoria de la instalación debe contener los planos y esquemas necesarios que faciliten su montaje.

Dependiendo de sus dimensiones, será conveniente añadir también un plano de situación del emplazamiento de la instalación, con leyendas, etc., que pueda ilustrar de la mejor manera posible su realización. A continuación, analizaremos algunos de los tipos de planos y esquemas que podemos manejar en la documentación.

A. Diagrama de bloques

Es una representación de los elementos que incluye la instalación mediante «cajas» que representan a cada uno de ellos. Nos da idea de forma rápida de si hay que poner acumuladores o no, si lleva inversor o no, etc.

Un ejemplo de un diagrama de bloques de una instalación autónoma es el recogido en la Figura 3.10.

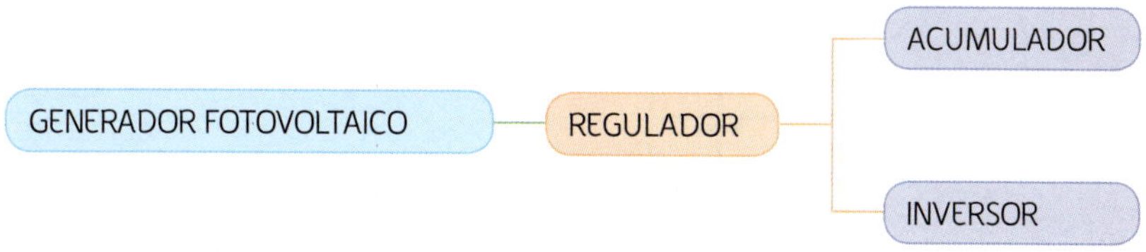

Fig. 3.10. Representación por bloques de una instalación fotovoltaica.

Este tipo de representación no suele ser el habitual; normalmente se dan esquemas de bloques como el que vemos en la Figura 3.11.

UN RETO

¿Eres capaz de averiguar cuál es la instalación autónoma más grande que hay en España y para qué se utiliza?

Fig. 3.11. Otra representación de una instalación autónoma por bloques.

Ninguno de los diagramas de bloques informa sobre el conexionado de la instalación. Para ello es necesario utilizar los esquemas eléctricos.

@ WEB

La mayoría de los instaladores y diseñadores de instalaciones eléctricas utilizan software específico para realizar sus esquemas. Existen soluciones gratuitas y programas de pago para estos fines. Habrá que elegir el que más se adecue a las necesidades de nuestros proyectos.

Puedes consultar algunos de ellos en estos enlaces:

- SmartDraw: **https://goo.gl/nEdfJN**
- ProfiCad: **https://goo.gl/qid6sf**
- Edraw Max Pro: **https://goo.gl/BLn3rL**

! IMPORTANTE

En los esquemas que llevamos mostrados no aparece la toma de tierra, ni el cable amarillo-verde que sirve para su conexión. Solamente se refleja el cableado de los equipos exclusivos de la instalación fotovoltaica propiamente dicha, ya que la toma de tierra requiere de una instalación específica que no forma parte de la instalación fotovoltaica.

B. Esquema unifilar de la instalación

Se realiza utilizando la simbología normalizada para los esquemas eléctricos o, en su defecto, se coloca una leyenda sobre el esquema para indicar qué representa cada uno de los símbolos.

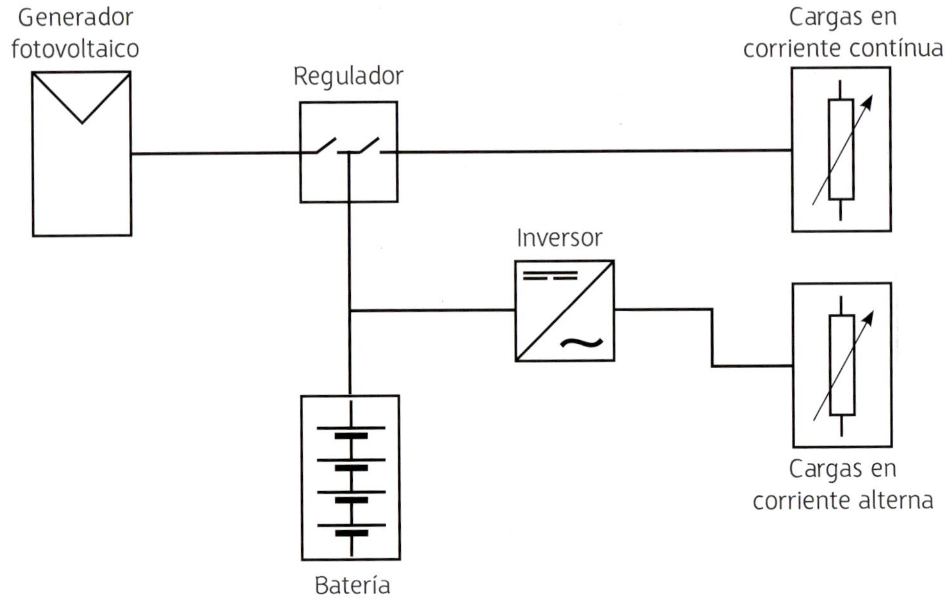

Fig. 3.12. Ejemplo de un esquema unifilar de una instalación con consumos en continua y en alterna. Puede detallarse mucho más, incluyendo los elementos de protección, etc.

C. Esquema eléctrico de la instalación

Este esquema muestra con detalle cómo se conectan los diferentes elementos de la instalación:

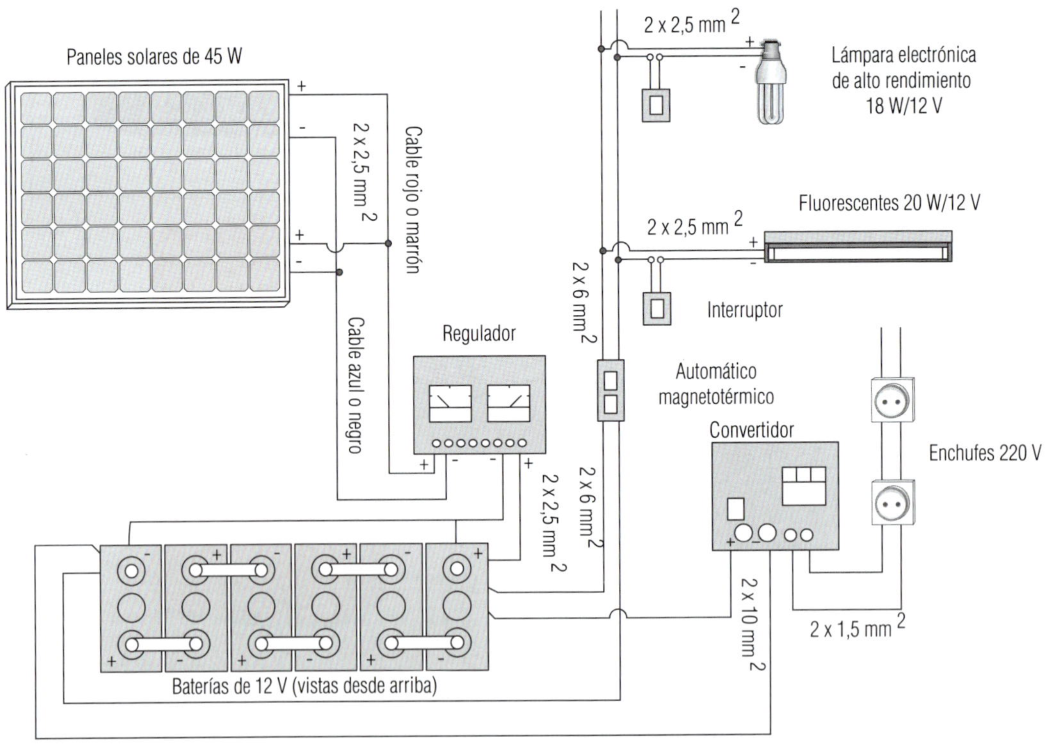

Fig. 3.13. Esquema eléctrico de la instalación.

En el esquema eléctrico se detallan las conexiones de todos los elementos, así como las secciones de los cables, el color que deben llevar, etc. Cuanto más completos sean este tipo de esquemas, más le facilitaremos la labor a la persona que va a realizar el montaje de la instalación.

D. Otros tipos de planos

En algunas ocasiones, como en instalaciones en viviendas, será conveniente contar con un plano en el que se detalle dónde están alojadas otras instalaciones, para no tener problemas a la hora de realizar la nuestra.

También puede ser útil un croquis de la instalación, a ser posible en tres dimensiones, puesto que nos puede ayudar a visualizar cómo se va a realizar el montaje físico.

EJEMPLO 1

Esquemas de la instalación

Entre los posibles esquemas que podemos presentar para realizar la instalación, uno de los que nos aporta una idea muy precisa de los elementos que podemos incluir es el de bloques. Para la instalación que venimos desarrollando a lo largo de la unidad, un ejemplo de un esquema de este tipo sería el siguiente:

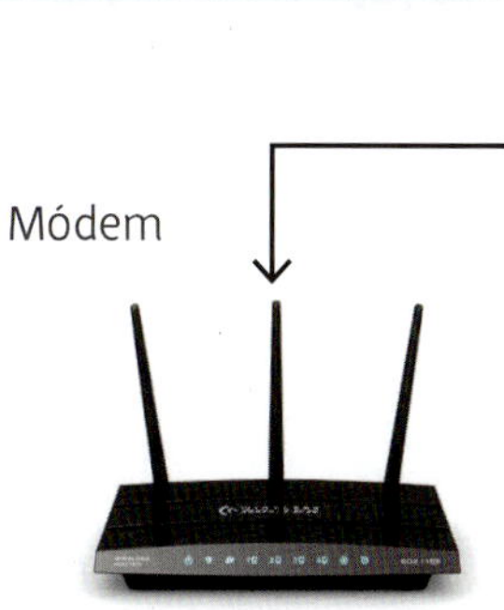

Estos elementos consumen corriente continua y van a estar conectados directamente al regulador.

Elementos de consumo de corriente alterna, conectados a la salida del inversor.

4.3. Presupuesto de la instalación

Además de los documentos comentados anteriormente, en la documentación de la instalación debe figurar también el presupuesto detallado. Los puntos que debe incluir el presupuesto de la instalación son los siguientes:

- Precio unitario de cada uno de los elementos de que consta la instalación.
- Precio del material para el cableado: conductores, conectores, cajas de conexión en función de cómo se va a realizar dicho cableado, etc. Para este punto es importante realizar un buen cálculo de los metros de cable que se van a necesitar (sobre todo en instalaciones de grandes dimensiones).
- Mano de obra, especificando el coste de todo el personal que interviene en la instalación. Otra opción es dar el precio de los elementos de la instalación (paneles, etc.) con el montaje de estos incluido. Si es este el caso, debe especificarse en el presupuesto.
- Precio de las protecciones eléctricas para la instalación eléctrica (magnetotérmicos, interruptores diferenciales, etc.).
- Precio de los soportes y estructuras para el generador fotovoltaico, así como el coste del material fungible que pueda ser necesario en la instalación (tornillería, bridas, etc.). Otros costes asociados, como pueden ser los derivados de la realización de obra civil, etc.

- Precio de los sistemas de seguridad e higiene laboral que se vayan a utilizar en la instalación.
- Precio de la realización de la memoria técnica, y de la tramitación de posibles subvenciones.
- Impuestos que se deban pagar (porcentaje correspondiente de IVA).
- Si la instalación se ofrece con contrato de mantenimiento, coste de este en función de la duración.

No siempre figurarán en el presupuesto todos estos puntos, puesto que dependerá de la envergadura de la instalación que tengamos que realizar (no es lo mismo una instalación para una señal de tráfico que para una vivienda, por ejemplo).

Para la realización de los presupuestos es conveniente contar con algún software que nos ayude a realizarlos de una manera eficiente. Existen programas específicos para ello, pero podemos configurar nosotros una hoja de cálculo (tipo Excel, Open Calac, etc.) que se adecúe a nuestras necesidades y que podamos personalizar para cada caso concreto.

EJEMPLO 2

Presupuesto de la instalación del observatorio de fauna de Cabañeros

En función del diseño de la instalación que hemos venido desarrollando a lo largo del tema, y de los componentes elegidos, vamos a elaborar el presupuesto de esta.

Este es solo un ejemplo de cómo se podría realizar. También se podrían detallar otros aspectos, como la mano de obra (si se incluyen o no las posibles obras de albañilería, etc.).

Elemento	Cantidad	Precio unidad (€)	Total
Panel solar EX 255	3	248	744
Inversor Phoenix 12/24/180	1	482,79	482,79
Regulador Steca Solaris	1	248	248
Batería OPZs 600	12	2 288,65 (6 unidades)	4 577,3
Soportes: generador fotovoltaico, bancada para el acumulador	1	1 500	1 500
Cableado de la instalación (incluidas las conexiones de los paneles solares y la acometida de corriente alterna)	1	500	500
Material fungible (tornillería, bridas, sujeciones, etc.)	1	250	250
Mano de obra			500
Documentación y tramitación de subvenciones, en su caso			200
		Total sin IVA	**9 002,09**
		IVA (21 % sobre el coste total)	**1 890,6**
		Total	**10 862,69**

ACTIVIDADES

10. investiga en Internet cuál es el precio de la mano de obra que se paga (coste por hora) por hacer las instalaciones de las que venimos hablando en la unidad.

11. Enumera los distintos planos, esquemas, etc., que debe llevar una instalación solar dedicada a la depuración de una piscina. Básate en un kit comercial para conocer los componentes que lleva.

12. Busca algún ejemplo de software libre que nos pueda servir para la realización de presupuestos como el mostrado en el caso práctico, y comenta brevemente cómo funciona.

13. Realiza el presupuesto de una instalación formada por dos paneles fotovoltaicos de 50 W, un regulador, una batería de electrolito de gel y un inversor de 100 W. Para ello, busca los componentes necesarios en una tienda *online*.

5. Nuevos usos de instalaciones aisladas

Durante los últimos años, se ha producido un abaratamiento importante de los equipos necesarios para realizar una instalación fotovoltaica. Esto ha hecho que muchas personas, que no se habían planteado el uso de este tipo de energía, hayan accedido a instalaciones que se han venido a sumar a otras más extendidas, como, por ejemplo, la señalización de tráfico, el alumbrado público, etc.

El menor coste de los paneles solares y la realización de instalaciones sin acumulación han hecho surgir diferentes aplicaciones, como las que comentamos a continuación:

- **Bombeo solar sin acumuladores:** la energía solar se aprovecha durante las horas de luz para el llenado de depósitos de agua, que se usará después para el riego de huertas, etc.
- **Depuración del agua de piscinas durante el día:** como en el caso anterior, se realizan instalaciones para depuración de agua de piscinas sin acumuladores, lo que permite abaratar en gran medida la factura en aquellas viviendas que cuentan con dichos elementos.
- **Otras aplicaciones de tipo agrícola:** pastores eléctricos, comederos automatizados, etc.
- **Instalaciones en autocaravanas, embarcaciones, etc.**, con paneles flexibles, con o sin acumuladores.

Con el fin de llegar a la mayor cantidad de público posible, la mayoría de las empresas que se dedican a la venta de materiales para la realización de instalaciones venden kits de montaje que atienden a las necesidades del usuario. En ellos vienen todos los materiales necesarios para realizar la instalación, de tal forma que cualquier persona con unos mínimos conocimientos pueda llevarla a cabo de una manera sencilla, sin necesidad de recurrir a expertos, simplemente atendiendo a las instrucciones de montaje

VÍDEO

En el siguiente enlace puedes comprobar el montaje del kit utilizado en el caso práctico de este apartado:

https://goo.gl/p6YZpg

CASO PRÁCTICO 6

Presupuesto de la instalación del observatorio de fauna de Cabañeros

Una vivienda situada en una finca de la Sierra Norte de Guadalajara posee un huerto que ocupa una extensión de 200 × 300 m. Se da la circunstancia de que, por la abundancia de jabalíes en los bosques cercanos, los propietarios encuentran con gran frecuencia el huerto dañado. Propón una solución, que sea factible, para que los jabalíes no entren en el huerto, utilizando un pastor eléctrico.

Solución:

Como no disponemos de alimentación eléctrica en el lugar donde vamos a colocar el pastor eléctrico, vamos a buscar un kit que tenga todos los elementos para la instalación.

Atendiendo a las dimensiones de la parcela, necesitamos que cubra un perímetro de 1 000 m, y que funcione también por la noche, por lo que será necesario que tenga batería incorporada.

Buscando por Internet, hemos encontrado un modelo que se adapta a nuestras necesidades, un pastor eléctrico que proporcione una elevada potencia para ahuyentar a animales de gran tamaño. Las especificaciones técnicas de este aparato confirman que sirve para este fin.

Puedes consultar la página en el siguiente enlace: **https://goo.gl/kvz3MA**.

Fig. 3.14. Kit preparado para únicamente conectar la línea que servirá de cercado a la parcela (cortesía de Zar Solares SL).

ACTIVIDADES

14. Busca un kit para bombeo solar y elabora un documento en el que analices sus características.

15. Busca tres ejemplos de diferentes usos de instalaciones fotovoltaicas de pequeña potencia y describe brevemente su funcionamiento.

16. Investiga en internet los elementos que requieren las instalaciones fotovoltaicas de las señales de tráfico luminosas que hay instaladas en algunas carreteras (potencia del panel solar, tipo de batería, etc.).

PRÁCTICA FINAL Estudio de tres instalaciones fotovoltaicas

A continuación te proponemos tres instalaciones fotovoltaicas aisladas:

- **Instalación n.º 1: Vivienda unifamiliar**

  Se trata de realizar una instalación para una vivienda de uso habitual, en la que se encuentran los electrodomésticos más habituales (lavadora, lavavajillas, frigorífico, aire acondicionado, etc.) y el alumbrado de toda la vivienda.

- **Instalación n.º 2: Albergue de montaña**

  El albergue consta de 15 habitaciones, en las cuales se instalará una luminaria de led con un consumo estimado de 40 W, una cocina con un congelador y dos neveras, y un comedor donde hay dos televisores de 40 pulgadas, además de la correspondiente iluminación.

- **Instalación n.º 3: Nave agrícola**

  La instalación se va a utilizar para iluminar una nave destinada a la agricultura, con una superficie de 300 m2 y una altura de 5 m. Además, se quiere emplear también para dar servicio a una pequeña estación meteorológica.

Elige la localidad en la que se va a realizar la instalación de entre las siguiente propuestas:

Vivienda unifamiliar	**Albergue de montaña**	**Nave agrícola**
Merida	Cercedilla	Madrigal de la vera
El Ejido	Jaca	Trillo
Salamanca	Potes	Daimiel

Pasos que se deben seguir:

1. Ubicación de los elementos de la instalación: indicar dónde se van a ubicar todos los elementos de la instalación.
2. Estimación del consumo de la instalación.
   - Elaboración de un gráfico en el que se refleje el consumo de la instalación.
3. Tensión nominal del sistema: elegir la más adecuada en función de la instalación.
4. Días de autonomía de la instalación: decidir cuántos días se van a poner.
5. La instalación trabajará en corriente alterna.
6. Decidir si se instala o no generador auxiliar.
7. Dimensionado de la instalación en función de los datos dados, y elección de los elementos a partir de catálogos de fabricantes.
8. Realización de la memoria técnica de la instalación: los elementos que deben incluirse son los que se recomiendan en el PCT del IDAE, y que hemos desarrollado a lo largo de la unidad.

   Al final, se añadirán como anexo las características de los catálogos de fabricante de los elementos seleccionados para la instalación.
9. Presupuesto detallado de la instalación, teniendo en cuenta también la mano de obra.
   - Debe hacerse también la previsión del coste de la elaboración de la memoria técnica.
   - Para hacer el presupuesto, se puede utilizar una hoja de cálculo.
10. Estudiar la posibilidad de obtener una subvención para la instalación. Para ello, se consultará la normativa, tanto de ámbito nacional como autonómico, así como la página web del IDAE, y se detallará lo siguiente:
    - Trámites que se deben seguir para solicitar la subvención.
    - Plazo para poder presentar la solicitud.
    - Documentación que se debe adjuntar a la solicitud: plano de la instalación, memoria técnica, etc.
    - Cuantía máxima de la ayuda.
    - Compatibilidad entre ayudas estatales y autonómicas, si las hubiere.
11. Realizar una previsión de cómo se podría ampliar la instalación en caso de que cambiasen las condiciones de consumo. Explicar cómo se llevarían a cabo las modificaciones en caso de que se produjera tal circunstancia.

SÍNTESIS

- Consideraciones previas al diseño de la instalación
  - Valorar la necesidad de realizar este tipo de instalación
  - Consumo eléctrico de la instalación y espacio disponible para el generador fotovoltaico
  - Elección de los componentes (disponibilidad, calidad, precio, etc.)
  - Facilidad de operación y mantenimiento en la instalación
  - Cantidad de radiación solar recibida
  - Viabilidad económica de la instalación

- Realización de la instalación
  - Ubicación de los equipos
  - Determinación del consumo
  - Elección de la tensión de trabajo y tipo (corriente continua o alterna)
  - Autonomía de la instalación
  - Posibilidad de un generador auxiliar
  - Dimensionado de la instalación
    - Paneles solares
      - 1.º Elegir la orientación
      - 2.º Calcular la radiación solar incidente
      - 3.º Calcular el número de paneles necesarios para el generador fotovoltaico
    - Calcular las baterías necesarias para el acumulador
    - Realizar los cálculos para elegir el regulador
    - Realizar los cálculos para el inversor, en función del consumo de corriente alterna si lo hubiera en la instalación
  - Documentación de la instalación
  - Normativa vigente

TEST DE REPASO

1. **Para el correcto dimensionado de una instalación, necesitamos saber...**
   - a) El total de vatios hora de consumo que va a tener.
   - b) No hace falta saber nada.
   - c) Ninguna de las respuestas anteriores es correcta.
2. **Algunos esquemas que podemos usar en la documentación de una instalacion solar fotovoltaica son...**
   - a) Diagrama de bloques.
   - b) Diagrama unifilar.
   - c) Esquema desarrollado.
   - d) Todas las respuestas anteriores son correctas.
3. **En una vivienda habitual, en la que se ha montado una instalación fotovoltaica, la instalación dará salida para los equipos de consumo...**
   - a) En corriente continua de 24 V.
   - b) En corriente alterna.
   - c) En corriente trifásica.
   - d) En corriente continua de 120 V.
4. **El consumo total de una instalación autónoma que lleva en su equipamiento un inversor depende de...**
   - a) Los aparatos de corriente continua solamente.
   - b) Los aparatos de corriente alterna.
   - c) Los aparatos de corriente continua y corriente alterna.
   - d) Es indiferente.
5. **A la hora de elegir las baterías, debemos tener en cuenta los siguientes puntos:**
   - a) Tensión nominal de la instalación.
   - b) Días de autonomía que va a tener la instalación.
   - c) Capacidad en amperios hora que debe tener el acumulador.
   - d) Todas las respuestas anteriores son correctas.
6. **La tensión nominal del sistema viene fijada por...**
   - a) El generador fotovoltaico.
   - b) El inversor.
   - c) El regulador.
   - d) El consumo de la instalación.
7. **¿Cuáles son los elementos que debe contener la memoria descriptiva de una instalación?**
   - a) Cálculos para el diseño de la instalación.
   - b) Materiales elegidos para la ejecución.
   - c) Dimensionado del generador.
   - d) Todas las respuestas anteriores son correctas.
8. **El pliego de condiciones técnicas del IDAE...**
   - a) Es de obligado cumplimiento en las instalaciones fotovoltaicas.
   - b) No es obligatorio cumplirlo, pero sí aconsejable.
   - c) Se utiliza para calcular el presupuesto de la instalación.
   - d) No existe este documento.
9. **Una instalación solar fotovoltaica destinada al funcionamiento de un sistema de bombeo para riego tendrá un consumo...**
   - a) Mayoritariamente diurno.
   - b) Constante a lo largo del día.
   - c) Mayoritariamente nocturno.
   - d) De tipo doméstico.
10. **El rendimiento de un inversor suele ser del...**
    - a) 40 %.
    - b) 75 %.
    - c) 90 %.
    - d) 150 %.
11. **El tamaño del generador fotovoltaico y las baterías en una instalación autónoma viene determinado por...**
    - a) El espacio disponible en el lugar de la instalación.
    - b) El consumo de la instalación.
    - c) La cantidad de paneles solares que tenga.
    - d) El presupuesto disponible.
12. **A la hora de elegir un inversor fotovoltaico para una instalación autónoma, debemos tener en cuenta...**
    - a) La energía consumida de cada uno de los aparatos que se van a conectar.
    - b) La potencia nominal de cada uno de los aparatos que se van a conectar.
    - c) Las horas de funcionamiento de la instalación.
    - d) La capacidad del acumulador de la instalación.
13. **Una instalación fotovoltaica requiere de un motor eléctrico cuya placa de características indica lo siguiente: 230 Vac - 50 W. ¿Cuál será el inversor más adecuado para colocar en dicha instalación?**
    - a) De onda cuadrada.
    - b) De onda modificada.
    - c) De onda senoidal pura.
    - d) Es indiferente.

COMPRUEBA TU APRENDIZAJE

Interpretar y elaborar la documentación técnica de una instalación

1. Busca en Internet un ejemplo de dimensionado de una instalación. A partir de este ejemplo, y teniendo en cuenta lo que debe reflejar la memoria técnica de una instalación, elabora un documento que contemple todos los aspectos, tal y como se comenta en el pliego de condiciones técnicas del IDEA.

Elegir componentes en catálogos comerciales

2. Se desea electrificar con energía solar fotovoltaica una pequeña casa de campo, en la que solamente se va a permanecer durante unas horas el fin de semana, y en la que únicamente se necesitan tres o cuatro lámparas de led, y poder cargar el móvil y un ordenador que se usará como máximo cuatro horas al día.

   Busca un kit de un catálogo comercial que se adecue a este tipo de instalación, y estudia diferentes opciones intentando encontrar la más barata posible. Pon por escrito tus resultados y compáralos con los obtenidos por el resto de la clase.

3. En una vivienda rural, situada en Aranda de Duero, tenemos instalados los siguientes equipos, cuyo consumo se da a continuación:

Aparato	Potencia	Número de equipos	Horas de uso
Luces de los dormitorios	20 W	10	8
Luces del comedor	50 W	4	6
Nevera	1 830 W/24 h	1	24
Electrodomésticos varios	300 W		1
Lavadora	500 W	1	6 h por semana
Televisión	60 W	1	6

   Elige un kit autoinstalable, que cumpla las condiciones necesarias para que la instalación funcione correctamente. Se desea que tenga cinco días de autonomía y que se pueda contar con un generador auxiliar en caso de que falle la instalación fotovoltaica. Realiza los cálculos necesarios que justifiquen la elección del kit que propongas.

4. En el enlace **https://goo.gl/VHys7T** tienes un kit para montar en una autocaravana. Analiza las características de este y, en función de los valores dados, contesta a las siguientes cuestiones:

   – Posible utilización del kit.

   – Días de autonomía de la instalación propuesta.

5. El dueño de una huerta quiere montar un sistema de riego a través de una instalación fotovoltaica. Para ello, quiere almacenar el agua en un estanque, y no desea tener que utilizar baterías, ya que la idea es llenar el estanque durante el día y por la noche realizar el riego por gravedad. Se estima que necesitará un caudal de al menos 600 l/h para llenar el estanque adecuadamente.

   En función de estos datos, busca en Internet algún tipo de kit autoinstalable que pueda usarse en la instalación propuesta sin ningún tipo de problema. Justifica la elección.

6. Se desea realizar una instalación solar fotovoltaica para la depuración de agua de una piscina de una vivienda unifamiliar. Para ello queremos partir de un kit que tenga los elementos necesarios para su realización.

   Las dimensiones de la piscina son de 10 × 5 × 2 m.

   Consulta una página web donde se puedan comprar estos kits de instalación y elige dos modelos que ofrezcan distintas soluciones y que sean adecuados para la labor que deben realizar en función de las características de la piscina.

   Los propietarios de la piscina no quieren tener baterías en la instalación.

Realizar esquemas de las instalaciones

7. Sobre la instalación de la actividad 2, haz los esquemas siguientes:

   - Diagrama de bloques donde se puedan apreciar los elementos que se van a conectar.
   - Esquema unifilar de la instalación.
   - Esquema desarrollado, teniendo en cuenta los elementos que has seleccionado.

8. Elige en Internet un kit para bombeo solar, de una potencia de unos 2 000 W, y realiza el esquema de la instalación en función de los componentes que vengan en dicho kit y las indicaciones que te dé el fabricante para su montaje.

   En el enlace **https://goo.gl/xGTGua** tienes un kit de una instalación aislada. Realiza el esquema de la instalación en función de los elementos proporcionados en él.

Elaborar el presupuesto para una instalación

9. Diseña la instalación de la actividad 3 para realizarla con componentes individuales, en lugar de elegir un kit, y elabora el presupuesto de esta en función de los componentes elegidos, teniendo en cuenta también la posible mano de obra necesaria para llevar a cabo la instalación.

   Realiza el presupuesto utilizando algún software gratuito que se utilice para tal fin. Para ello, busca alguna aplicación en Internet o configura una hoja de cálculo en la que introduzcas los parámetros y realice todos los cálculos de manera automática.

4
UNIDAD

Montaje e instalación de paneles solares

En esta unidad

APRENDERÁS A

- Calcular los esfuerzos a que se ven sometidos los soportes fotovoltaicos.
- Seleccionar las estructuras de soporte para los paneles.
- Colocar convenientemente los módulos fotovoltaicos.
- Identificar los seguidores solares.

ESTUDIARÁS

- Los tipos de soportes que podemos utilizar.
- El proceso del cálculo de los esfuerzos en las estructuras.
- Los sistemas de seguimiento solar.
- La integración arquitectónica de los paneles solares.

Y SERÁS CAPAZ DE

- Montar los paneles solares fotovoltaicos ensamblando sus elementos y verificando, en su caso, su funcionamiento.

1. Tipos de estructuras de sujeción de paneles solares

La parte más importante de cualquier instalación fotovoltaica es el generador, que, como hemos visto, está formado por un conjunto de paneles solares conectados eléctricamente.

Es necesaria la colocación de estos paneles solares sobre una estructura que acoja el conjunto del generador fotovoltaico.

Los sistemas de sujeción de los paneles solares (las estructuras de soporte) tienen que cumplir una doble misión: por un lado, proporcionar la sujeción adecuada al panel solar propiamente dicho, y por otro, fijar la inclinación óptima para obtener el mayor rendimiento posible del generador fotovoltaico.

Además, tienen que soportar las inclemencias meteorológicas del lugar donde está ubicada la instalación, por lo que es muy importante dimensionar correctamente el soporte, así como elegir acertadamente los materiales que la van a conformar.

Atendiendo al modo de colocación de los paneles, podemos establecer la siguiente clasificación:

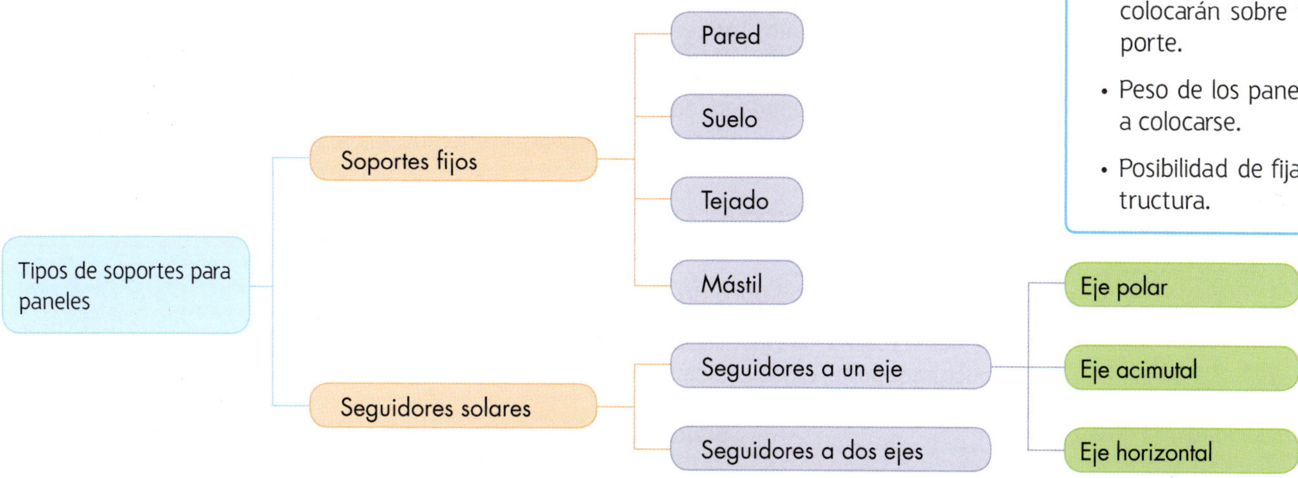

Los soportes fijos deben colocarse con el ángulo de inclinación adecuado, según se trate de una instalación autónoma o de una instalación conectada a red. En el caso de los tejados inclinados, en los que los paneles van paralelos, el ángulo de inclinación viene fijado por el propio tejado, no por el soporte.

- Los **soportes de pared** se usan en instalaciones autónomas y en edificios fotovoltaicos, al igual que ocurre con los soportes para tejados.
- Los **soportes de suelo** se pueden utilizar tanto en instalaciones autónomas como en huertos solares.
- Los **soportes de mástil** se emplean en instalaciones autónomas tales como señales de tráfico, paneles colocados en antenas, etc.

Los **seguidores** se utilizan en los huertos solares con el fin de incrementar la cantidad de energía inyectada a la red.

A lo largo de esta unidad, vamos a ir analizando los parámetros que se deben considerar a la hora de elegir un tipo determinado de soporte, y cómo debe realizarse la instalación de este.

ACTIVIDADES

1. Investiga la diferencia de rendimiento, a la hora de producir energía, entre los diferentes tipos de soportes para huertos solares:

a) Inclinación fija. *b)* Seguidores a un eje. *c)* Seguidores a dos ejes.

Expón por escrito el resultado de tu investigación.

IMPORTANTE

Criterios que deben tenerse en cuenta a la hora de elegir las estructuras para soporte del generador fotovoltaico:

- Viento en la zona: velocidad, frecuencia, etc.
- Posibilidad de nevadas (la nieve aumenta el peso de los paneles).
- Tipo de ambiente (salino, proximidad al mar, etc.).
- Cantidad de módulos que se colocarán sobre un mismo soporte.
- Peso de los paneles que vayan a colocarse.
- Posibilidad de fijación de la estructura.

2. Cálculo de la fuerza del viento sobre el generador fotovoltaico

El generador fotovoltaico está siempre expuesto a las inclemencias meteorológicas de la zona, tales como lluvia, nieve o viento. Normalmente, es un elemento con una amplia superficie, por lo que la fuerza que ejercerá el viento sobre él debe ser tenida en cuenta a la hora de elegir el soporte para dicho generador. Los aspectos que han de considerarse para calcular la fuerza a la que se va a ver sometido el generador son los siguientes:

- Dimensiones del módulo; en concreto, la superficie.
- Velocidad del viento en el emplazamiento de la instalación. La fuerza ejercida por el viento se puede calcular a través de la siguiente fórmula:

$$F = 0{,}11\ v^2\ S \quad \text{(en kp)}$$

Donde v es la velocidad del viento en metros por segundo (m/s), y S, la superficie del generador en metros cuadrados (m^2).

Es importante tener una previsión de las posibles velocidades máximas que puede alcanzar el viento en la zona donde se encuentra ubicada la instalación. Para ello se pueden consultar bases de datos históricas, en donde podemos obtener los valores de las rachas máximas.

IMPORTANTE

Cuando en una misma estructura se montan varios paneles solares, conviene dejar entre los módulos una separación con el fin de que pueda circular el viento entre ellos y el conjunto ofrezca una menor resistencia. Esta separación suele ser de 2 cm.

RECUERDA

Los fabricantes de los soportes para los paneles siempre facilitarán información sobre la carga del viento que soportan. La tendencia general es la de dar el dato de la velocidad máxima del viento que pueden soportar, siempre que se sigan rigurosamente las instrucciones de montaje del soporte.

CASO PRÁCTICO 1

Fuerza del viento sobre un generador fotovoltaico

Se desea realizar una instalación sobre una azotea en Toledo. Para ello, se ha elegido una estructura soporte, cuyas características, dadas por el fabricante vienen indicadas en esta tabla:

Building Heigh	Up to 20 m
Max Wind Speed	Up to 60 m/s
Snow Load	Up to 1,4 kN/m^2

¿Sería adecuado utilizar este soporte? (Ten en cuenta solo la carga del viento).

Solución

El fabricante proporciona la velocidad del viento y la máxima carga de nieve que soporta la estructura. Consultamos la cantidad de viento que se puede recibir en el emplazamiento. Utilizamos la base de datos de AEMET para valores extremos: **goo.gl/2xtX7Z**.

Toledo

Latitud: 39° 53' 5" N - **Longitud:** 4° 2' 43" O
Altitud: 515 m - **Posición:** Ver localización
Intervalos de validez por variables:
Precipitación: 1982-2017 **Temperatura:** 1982-2017 **Viento:** 1982-2017

Variable	Anual
Racha máx. viento: velocidad y direcc...	Vel 138, Dir 280 (25 feb 1989 16:45)

La fuerza de viento máxima que aguanta la estructura es de 216 km/h. Como la racha máxima de viento en el lugar de la instalación ha sido de 138 km/h, según los valores de AEMET, se podría utilizar esta estructura porque no se ha superado el valor máximo proporcionado.

ACTIVIDADES

2. Con los datos proporcionados en el panel del caso práctico 1, calcula la fuerza ejercida por el viento en el caso de instalar este en la localidad abulense de Hoyos del Espino. Utiliza el enlace de AEMET para obtener el valor de la máxima carga del viento.

3. Distancia de filas entre módulos

En grandes instalaciones, como los huertos solares, o en aquellas en que se cuenta con poco espacio para la colocación de los paneles solares, estos se disponen en filas con el fin de ganar espacio. El problema que surge es que, si las filas se colocan demasiado cerca unas de otras, se pueden producir sombras entre los módulos, con las consiguientes pérdidas de rendimiento de la instalación. Este problema es mayor en invierno.

La distancia entre filas de los módulos solares depende de la altura del panel, una vez colocado en el soporte, y de la latitud del lugar donde se realiza la instalación.

Los parámetros que han de considerarse en el cálculo de esta distancia entre filas son los indicados en la Figura 4.1.

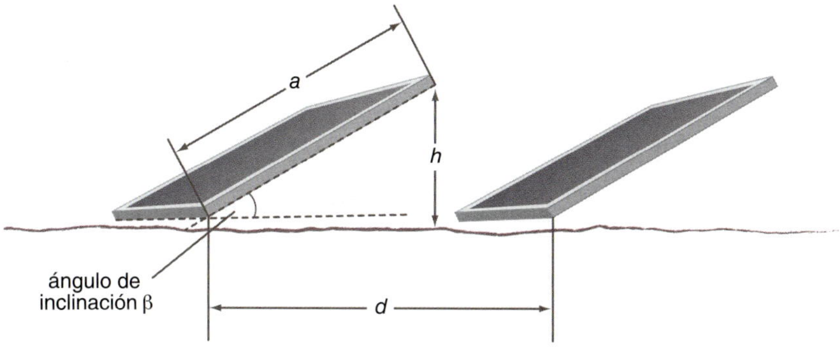

Fig. 4.1. Parámetros que cabe considerar en el cálculo de la distancia entre filas de módulos solares.

En la Figura 4.1, ***h*** es la altura desde la esquina del panel hasta el suelo; ***d***, la distancia entre filas; ***a***, la longitud del panel, y β, el ángulo de inclinación óptimo. A través de la siguiente fórmula podemos calcular el valor de la altura ***h:***

$$\text{sen}\,\beta = \frac{h}{a} \Rightarrow h = a\,\text{sen}\,\beta$$

La distancia entre filas depende de un factor ***k***, que se calcula de la siguiente manera:

$$k = \frac{1}{\text{tg}\,(61° - \text{latitud})};\ d = kh$$

Latitud	29°	37°	39°	41°	43°	45°
k	1,60	2,46	2,475	2,747	3,078	3,487

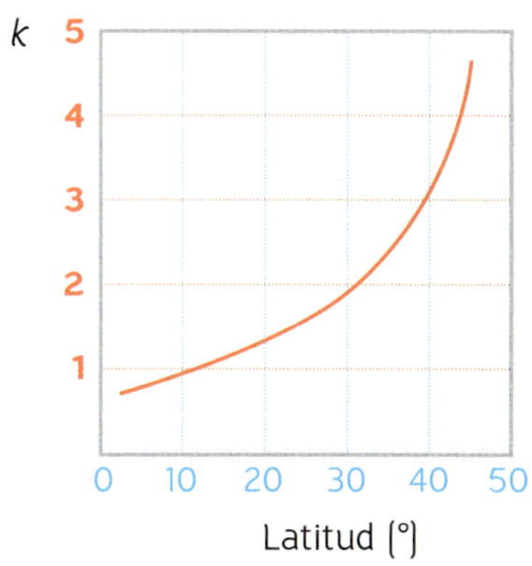

En otras ocasiones, disponemos de una gráfica en la que se muestra el valor de ***k*** en función de la latitud (Figura 4.2).

Fig. 4.2. Gráfica del valor de k en función de la latitud.

El cálculo anterior nos marca la distancia entre el final de una fila y el inicio de la siguiente. Si queremos calcular la distancia entre filas, utilizaremos el siguiente cálculo:

$$K \cdot h + a \cdot \cos\beta$$

IMPORTANTE

Todos los cálculos que se realizan para determinar las distancias entre filas de módulos son siempre los valores mínimos que debemos tener en cuenta. Si se deja una distancia mayor, será incluso mejor.

RECUERDA

Además de los efectos del viento sobre los paneles solares, es importante tener en cuenta la posible carga por acumulación de nieve. Consulta el código técnico de la edificación para obtener información sobre estos cálculos.

CASO PRÁCTICO 2

Determinación de la distancia entre filas de paneles en un huerto solar

Un huerto solar instalado en la localidad de Cogolludo (Guadalajara) tiene configurado el generador fotovoltaico de la manera que se muestra en la figura de la derecha.

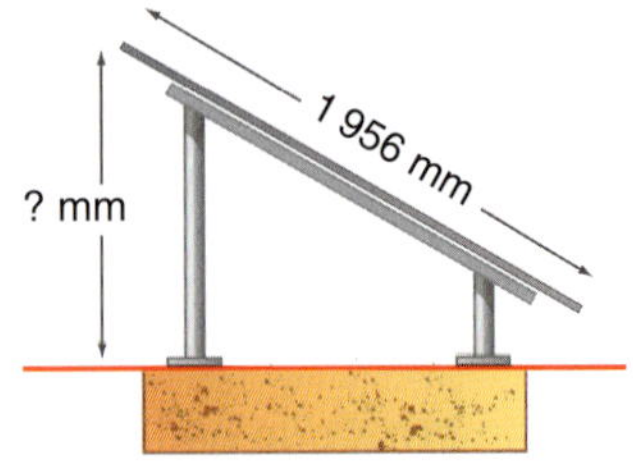

Cada módulo del generador está formado por cuatro paneles cuyas dimensiones son 1 956 × 992 × 45 mm. Determina la distancia mínima a la que hay que colocar los módulos para que no se produzcan problemas de sombreado entre ellos.

Latitud de Cogolludo: 40,9°

Solución

Calculamos la altura a la que deben estar los módulos en función del ángulo óptimo de inclinación, que en este caso, al ser un huerto solar, será de 30,9° (restamos 10 a la latitud del lugar). Según la fórmula vista anteriormente:

$$h = \alpha \cdot \text{sen}\ \beta = 1{,}956 \cdot 0{,}513 = 1 \text{ m}$$

Calculamos el factor k en función de la latitud del lugar:

$$k = \frac{1}{\text{tg}\ (61° - latitud)} = \frac{1}{\text{tg}\ (61° - 40{,}9)} = 2{,}73$$

La distancia entre el final de una fila y el inicio de la siguiente se calcula multiplicando el factor k por la altura calculada anteriormente; luego nos quedará:

$$d = k \cdot h = 2{,}73 \cdot 1 = 2{,}73 \text{ m}$$

$$2{,}73 + 1{,}956 \cdot \cos \beta = 4{,}41 \text{ m}$$

Por lo tanto, se deberá mantener una distancia de 4,41 m entre filas.

@ WEB

En el siguiente enlace puedes ver diferentes estructuras personalizadas para el montaje de paneles fotovoltaicos:

https://goo.gl/B63N8R

Aunque en el caso práctico 2 hemos hecho referencia a los paneles de un huerto solar, el criterio es perfectamente válido si se trata de una instalación autónoma en la que, por el espacio, debamos colocar el generador fotovoltaico en filas de módulos.

En algunas ocasiones, se montan los módulos sobre soportes elevados, para evitar que se ensucien cuando llueve o nieva, por salpicaduras en el suelo. En este caso, la altura del soporte incrementa el valor de **h** que estamos utilizando para el cálculo de la distancia, por lo que será mayor la distancia entre módulos.

Fig. 4.3. Colocación de una estructura soporte elevada sobre el nivel del suelo.

! IMPORTANTE

El terreno de los huertos solares suele tratarse habitualmente con herbicidas para evitar que el crecimiento excesivo de la vegetación pudiera afectar al buen funcionamiento de los paneles fotovoltaicos, sobre todo en el caso de que no se encuentren en estructuras elevadas.

ACTIVIDADES

3. En la localidad de Teruel, se va a montar un huerto solar como el mostrado en la foto anterior. Considerando unas dimensiones del panel como en el caso práctico 2, determina la distancia entre filas de módulos si la altura h_2 es de 1,20 m desde el nivel del suelo. Latitud de Teruel: 40,36°.

4. Montaje de estructuras de soporte fijas

Como comentábamos al principio de la unidad, nos encontramos con cuatro tipos de soportes fijos: de suelo, de pared, para mástil y para tejados o cubiertas. Cada uno de ellos presenta una serie de particularidades que hay que tener en cuenta a la hora de colocarlos. Las iremos analizando a lo largo de este apartado.

4.1. Estructuras para montar sobre mástiles

Están pensadas para paneles pequeños, y se utilizan en aplicaciones como señales de tráfico, farolas, etc. Actualmente hay mástiles que permiten configurar generadores de mayores dimensiones para instalaciones autónomas.

Algunos ejemplos de soportes de este tipo los podemos ver en la Figura 4.4.

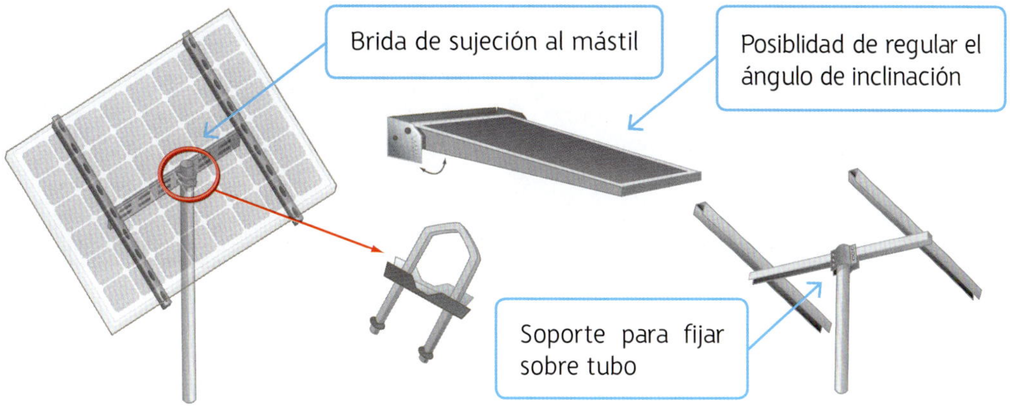

Fig. 4.4. Ejemplos de soportes para colocar sobre mástil.

Estos elementos se fijan al mástil mediante bridas y la tornillería adecuada para su colocación.

RECUERDA

Los montajes sobre mástiles son muy utilizados en pequeñas instalaciones en vehículos (embarcaciones, autocaravanas, etc.).

CASO PRÁCTICO 3

Colocación de panel solar sobre mástil

Para iluminar una caseta en el campo, vamos a utilizar una instalación fotovoltaica que lleva un panel de 80 W. El panel no puede ir adosado a la caseta, por lo que se ha pensado colocar algún soporte tipo mástil o similar. Propón una solución para la instalación de dicho panel solar.

Solución

Vamos a buscar una estructura que se pueda colocar sobre un mástil. Tras consultar a varios fabricantes, encontramos el siguiente soporte:

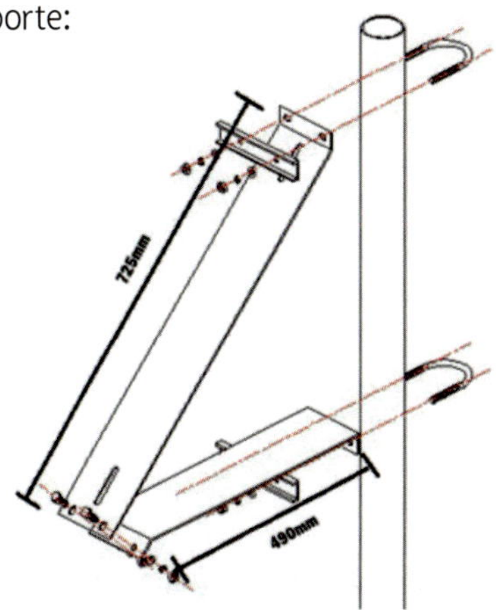

Según el fabricante, sirve para paneles de hasta 80 W, por lo que nos valdría para nuestra aplicación. Se monta sobre un tubo de 60 mm de diámetro, que en nuestro caso lo fijaremos en el suelo sobre una zapata de hormigón. El soporte se fija al mástil de la manera mostrada en el esquema.

(Cortesía de Electrosol Energía SL)

4.2. Estructuras para montar sobre pared

En las instalaciones autónomas en viviendas, una buena posibilidad a la hora de instalar el generador fotovoltaico es colocarlo mediante el soporte adecuado, sobre una pared, siempre y cuando esta esté orientada al sur. Este método también se utiliza en fachadas de edificios fotovoltaicos, en instalaciones conectadas a red.

La elección del tipo de estructura vendrá condicionada por el tamaño del módulo fotovoltaico (dimensiones, peso, etc.). En función de estos valores, habrá que elegir el sistema de fijación de la estructura a la pared.

Existen diferentes posibilidades a la hora de elegir la estructura que se colocará en la pared, como se puede ver en la Figura 4.5.

Fig. 4.5. Ejemplo de soportes para fijación de paneles solares sobre pared.

Como norma general, para la instalación de este tipo de soportes, se deben seguir estas recomendaciones:

- Consultar detalladamente el manual de montaje proporcionado por el fabricante de soporte.
- Alinear y nivelar los soportes en la primera fase de la instalación, antes de colocar los paneles. Para ello, la mejor solución es colocar al mismo nivel los dos soportes que van a ir en los extremos de la estructura, mediante la utilización de una cuerda, una regla, etc., y un nivel de burbuja, de los utilizados en albañilería (Figura 4.6). También se puede utilizar un nivel de láser para la colocación de los primeros soportes.

El resto de los soportes deberán ir alineados con los primeros que hemos colocado.

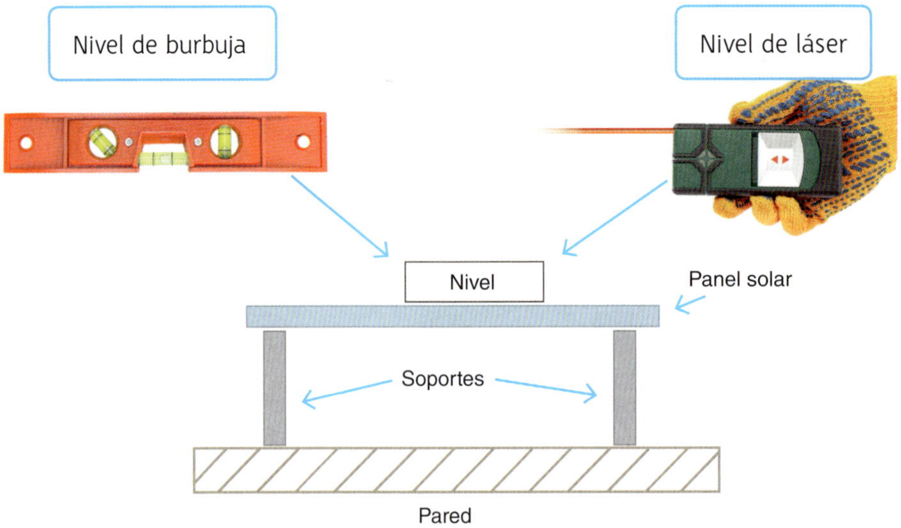

Fig. 4.6. Niveles utilizados para la fijación de soportes.

UN RETO

¿Cuántos tipos de soporte para suelo eres capaz de encontrar? Haz un breve documento con todos ellos.

WEB

En el siguiente enlace puedes ver una simulación del montaje de diferentes soportes para paneles fotovoltaicos:

https://goo.gl/VRdmTy

ACTIVIDADES

4. Los niveles de burbuja tienen tres tubos con un líquido coloreado dispuestos en tres posiciones distintas. Explica para qué sirve cada uno de ellos.

CASO PRÁCTICO 4

Colocación de un generador fotovolatico para una instalación autónoma

En una vivienda unifamiliar se ha realizado una instalación fotovoltaica de tal forma que una parte del generador se ha fijado sobre el tejado de un porche y otra, sobre la pared. Determina los pasos que se deben seguir para la correcta colocación del generador sobre la pared.

Solución

La secuencia de acciones para la colocación del generador es la siguiente:

- Elegir el soporte adecuado en función del tamaño de los paneles que tenemos que instalar y de la cantidad de módulos que llevará el generador. En este caso, el tipo de fijación elegida es el que vemos en la figura:

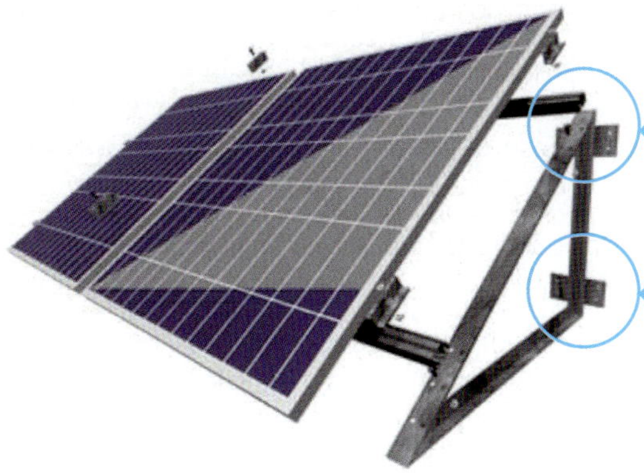

Esta es la parte de apoyo del soporte sobre la pared. Lleva ocho taladros, que deberán alojar otros tantos tornillos.

Antes de colocar los paneles, procederemos a la colocación de la estructura sobre la pared.

Hay que tener en cuenta que el soporte se coloca a la intemperie y que va a estar sometido a grandes esfuerzos dinámicos, por lo que deberemos elegir el taco adecuado a estas características.

Además, debemos tomar en consideración el material con el que está construida la pared: ladrillo macizo, hueco, bloque de hormigón hueco, piedra, etc.

(Cortesía: Schletter España SL)

En nuestro caso, la pared sobre la que se van a fijar los soportes es de ladrillo macizo, por lo que el proceso de colocación será el siguiente:

Utilizar un taco con sellado químico. Para ello, realizar un taladro con una broca 2 mm superior al taco que se va a utilizar.	Inyectar el producto de fijación del taco con la pistola desde el fondo del orificio hasta la mitad, aproximadamente.	Introducir el taco y la varilla roscada. Esperar a que se seque el producto.	Fijar el soporte con las tuercas roscándolas en la varilla.
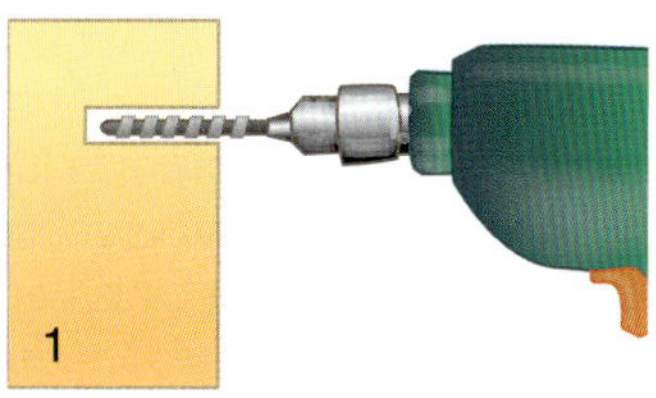 1	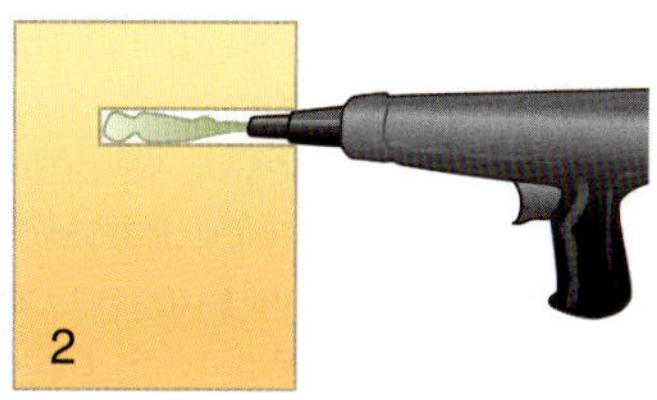 2	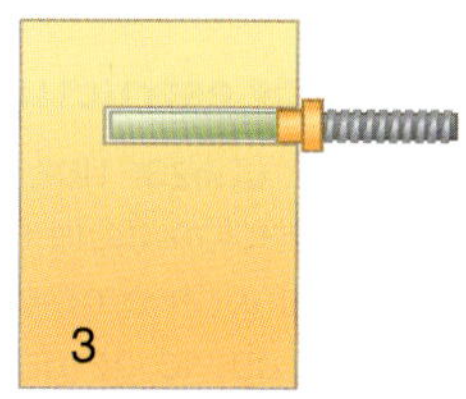 3	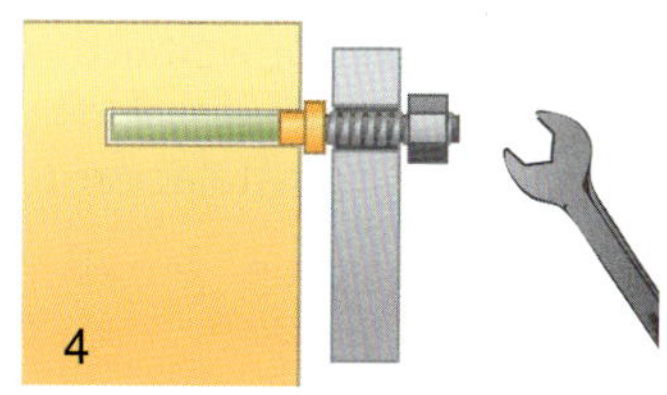 4

- Una vez fijados los soportes sobre la pared, procedemos a la colocación de los paneles sobre estos. Para ello, utilizaremos las piezas suministradas con los soportes para tal fin.

El resultado final es el siguiente:

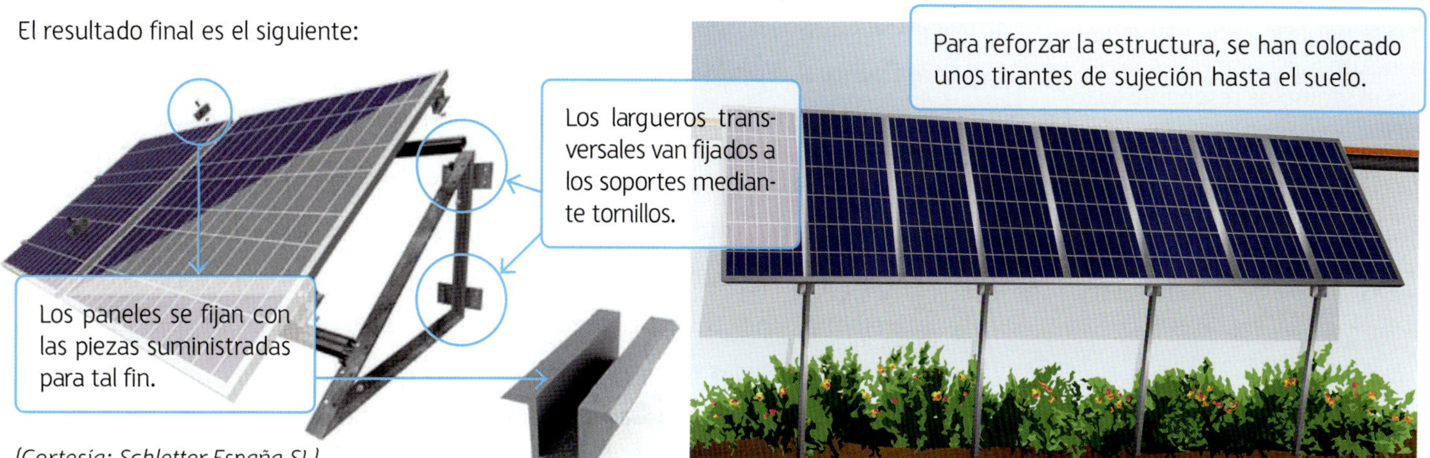

(Cortesía: Schletter España SL)

RECUERDA

A la hora de trabajar sobre tejados, y especialmente sobre los inclinados, es imprescindible utilizar las medidas de seguridad adecuadas para trabajos en altura: arnés y elementos de sujeción para evitar daños en caso de caída, etc.

4.3. Estructuras para montar sobre tejado

Las estructuras que se utilizan para la colocación de generadores fotovoltaicos en tejados y cubiertas dependen siempre de los siguientes aspectos:

- **Tipo de cubierta:** Tejado plano (tipo azotea) o tejado inclinado.
- **Material sobre el que hay que instalar el generador:** Podemos distinguir varios tipos de materiales, que condicionarán la elección de los soportes:
  - Cubiertas realizadas con chapa ondulada.
  - Cubiertas realizadas con fibrocemento.
  - Cubiertas realizadas con teja de cerámica.
  - Cubiertas planas.
- **Sistema de fijación que se va a utilizar:** Nos podemos encontrar dos tipos fundamentales:
  - Estructura fijada por gravedad, mediante contrapesos. En este caso, la estructura no va anclada a la del tejado. Hay que tener en cuenta el peso que supone sobre la cubierta la instalación de los contrapesos y el propio peso del sistema (los paneles solares más la propia estructura).
  - Estructura fijada a la estructura del tejado: para ello habrá que utilizar los sistemas de anclaje adecuados a cada tipo de cubierta.

Cualquier trabajo que se realice sobre el tejado de un edificio debe asegurar que no hay ningún deterioro sobre la cubierta que pueda ocasionar la entrada de agua al interior del edificio. Hay que ser muy cuidadosos en la colocación de soportes, etc. Cuando se termine la instalación, habrá de verificarse que no existe ningún problema como el citado.

A. Colocación de estructuras sobre tejados planos

La fijación de soportes en este tipo de cubiertas se puede hacer de dos formas fundamentalmente:

- Por gravedad, mediante contrapesos en los módulos.
- Por sujeción de los soportes a la cubierta.

Analizaremos a continuación los aspectos que hay que tener en cuenta a la hora de utilizar cualquiera de estas dos soluciones:

1. Fijación de estructuras por gravedad

A la hora de utilizar una fijación por contrapesos, se debe valorar si es la solución más idónea para la realización de la estructura. Hay que asegurarse de que la adición del peso en el tejado no supone ningún problema para el edificio, ya que, en caso de una sobrecarga a causa de cargas de contrapeso demasiado altas, incluso existe el peligro de derrumbe del tejado. Además, un diseño defectuoso de cargas de contrapeso puede dar lugar a la caída de la estructura en caso de grandes vientos u otras inclemencias, con el potencial peligro de vida para las personas.

Veamos algunos aspectos importantes que debemos considerar a la hora de realizar el diseño de una estructura soportada por contrapesos:

a) **Carga puntual admitida**

Es la máxima carga que la cubierta puede soportar en el punto donde van a ir colocados los contrapesos. Es importante no superar este valor de carga puntual en el dimensionado de los contrapesos. Los problemas que pueden surgir son los siguientes:

- Cesión de aislamiento de la cubierta.
- Hundimiento de contrapeso.
- Sobretensión en la cubierta, lo que conduce a una mayor fragilidad de esta.
- Producción de fugas en el aislamiento.

La distribución superficial de las cargas puntuales evitará problemas de sobrecarga.

IMPORTANTE

El diseño del sistema de fijación del generador fotovoltaico es responsabilidad del instalador o proyectista de la instalación.

Una colocación de piezas de hormigón en un tejado plano sin una comprobación previa de la resistencia a carga estática puede ser considerada una imprudencia grave en caso de un accidente por fallo en la estructura, e incluso que no se esté cubierto por el seguro de responsabilidad civil que se tenga contratado.

b) **Carga superficial admitida**

Esta carga se refiere generalmente a la superficie del tejado completa o a partes de ella. Es un valor predeterminado por la capacidad de carga de la construcción. Se ha de tener en cuenta que, aparte del peso de los módulos, de la subestructura y de los posibles contrapesos, también se tienen que observar las normas locales de cargas por nieve, ya que en caso de una nevada supone un peso adicional para la estructura. En caso de superar la carga superficial admitida, existen los siguientes riesgos:

– Que el tejado ceda completamente.

– Que se derrumbe el edificio.

– Daños a personas.

Para limitar la carga superficial, podemos optar por colocar las filas de módulos sobre las vigas del tejado. Si el edificio es de nueva construcción y se prevé que lleve una instalación de este tipo, conviene que se tenga en cuenta a la hora de diseñarlo.

Como muchas veces los tejados no están preparados para soportar cargas de este tipo, se proponen diferentes soluciones con el fin de aligerar el sistema de contrapesos:

- **Unión de diferentes filas de módulos:** con un soporte de reparto de cargas se puede evitar el vuelco de una fila de módulos.

Fig. 4.7. Filas de módulos colocadas en una cubierta, unidas por un soporte de reparto de cargas.

- **Colocación de cortavientos para evitar el vuelco:** un obstáculo sólido colocado en la base de los paneles evita que las rachas fuertes de viento levanten la estructura.

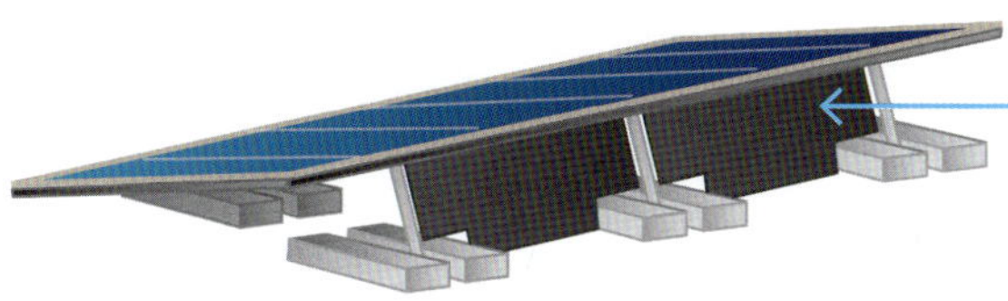

Fig. 4.8. Cortaviento en la estructura soporte del panel.

ACTIVIDADES

5. Busca en Internet algún ejemplo de estructuras de sujeción de paneles solares por gravedad y explica su proceso de montaje.

6. Haz una lista con los elementos necesarios para instalar los paneles solares en el soporte elegido en el apartado anterior.

7. Elige, a partir de catálogos de fabricante, un soporte tipo mástil adecuado para montar un generador fotovoltaico con ocho paneles solares de una potencia aproximada de 150 W (obtén las dimensiones de los paneles a partir de un modelo comercial que elijas en un catálogo).

8. ¿Qué elementos se utilizan como cortavientos en las estructuras de soporte para las azoteas?

WEB

Es fundamental el correcto diseño del cálculo de las cargas sobre las cubiertas. Algunos fabricantes facilitan software de diseño profesional para este tipo de cálculos.

En el siguiente enlace web, tienes un ejemplo de ello:

goo.gl/74C8eQ

Fig. 4.9. Cortavientos colocado en la parte trasera de la estructura del generador fotovoltaico.

CASO PRÁCTICO 5

Colocación de una estructura soportada por gravedad

En la azotea de un edificio de oficinas situado en Alcalá de Henares, se quiere instalar un generador fotovoltaico soportado por gravedad. Esta azotea es transitable y está cubierta por grava. Explica los pasos para su correcto montaje.

Solución

Lo primero que tenemos que hacer es analizar las soluciones que se nos ofrecen en el mercado en la actualidad. Los sistemas por gravedad se sujetan por el propio peso de la estructura soporte. De las posibles soluciones ofrecidas, nos hemos decantado por Solarbloc®.

Del catálogo del fabricante obtenemos la información necesaria para su utilización y montaje:

Solarbloc® es un soporte prefabricado de hormigón, diseñado para simplificar el montaje de instalaciones solares y abaratar los costes al reducir en el resto de materiales necesarios. El soporte Solarbloc® está desarrollado con una geometría y una masa que permiten fijar los paneles directamente a él; esta masa es necesaria para contrarrestar la fuerza del viento y los agentes externos. Solarbloc® elimina el proceso de montaje de estructura metálica y lastrado o anclaje de esta. No se tiene que anclar el soporte a la cubierta, por lo que no afecta a su impermeabilización. Simplifique todo al máximo, solo tiene que colocar los soportes en la zona designada y fijar los paneles al soporte Solarbloc®.

Puede encontrarse toda la información en **goo.gl/BxqAYY.**

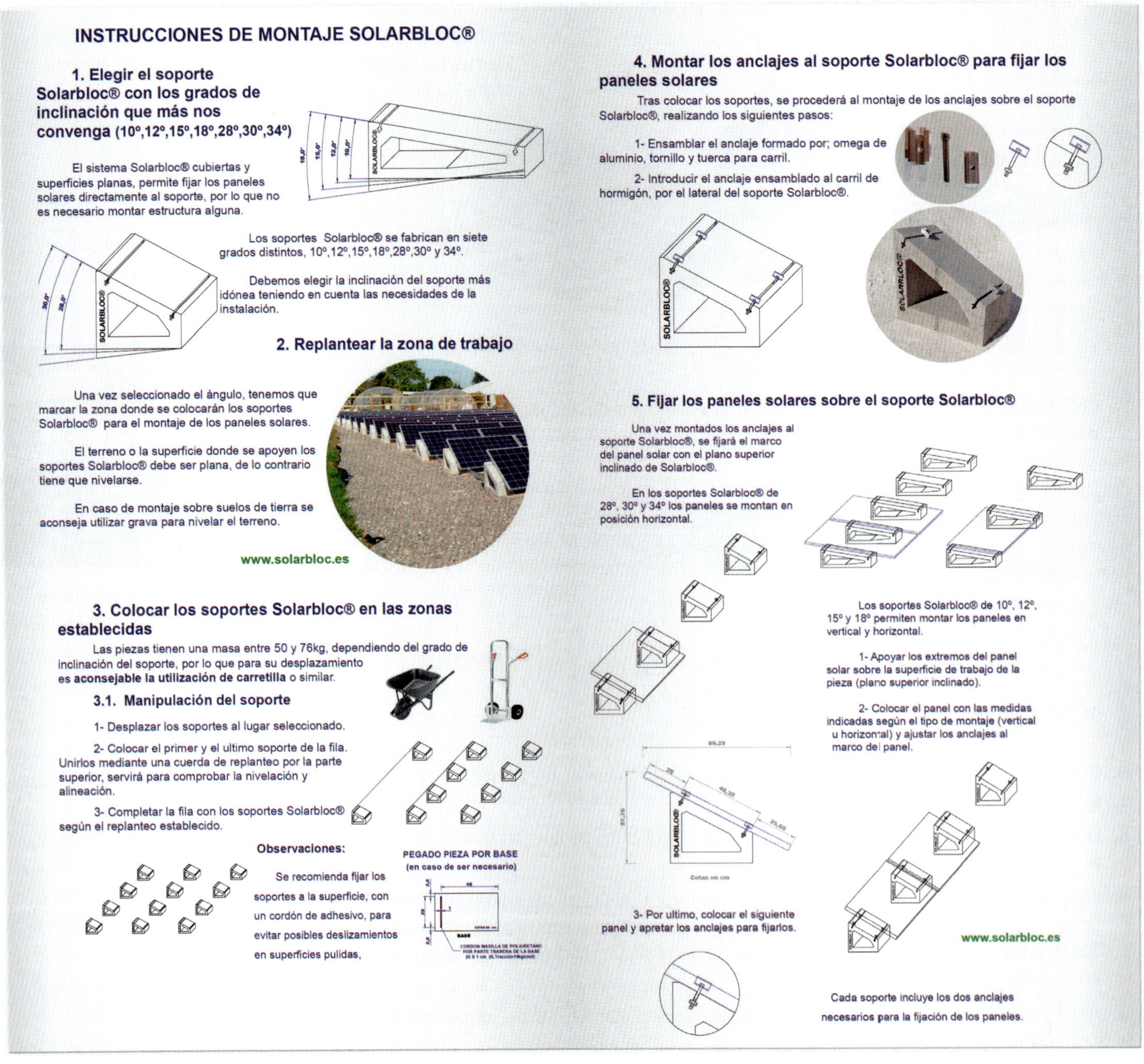

INSTRUCCIONES DE MONTAJE SOLARBLOC®

1. Elegir el soporte Solarbloc® con los grados de inclinación que más nos convenga (10°,12°,15°,18°,28°,30°,34°)

El sistema Solarbloc® cubiertas y superficies planas, permite fijar los paneles solares directamente al soporte, por lo que no es necesario montar estructura alguna.

Los soportes Solarbloc® se fabrican en siete grados distintos, 10°,12°,15°,18°,28°,30° y 34°.

Debemos elegir la inclinación del soporte más idónea teniendo en cuenta las necesidades de la instalación.

2. Replantear la zona de trabajo

Una vez seleccionado el ángulo, tenemos que marcar la zona donde se colocarán los soportes Solarbloc® para el montaje de los paneles solares.

El terreno o la superficie donde se apoyen los soportes Solarbloc® debe ser plana, de lo contrario tiene que nivelarse.

En caso de montaje sobre suelos de tierra se aconseja utilizar grava para nivelar el terreno.

www.solarbloc.es

3. Colocar los soportes Solarbloc® en las zonas establecidas

Las piezas tienen una masa entre 50 y 76kg, dependiendo del grado de inclinación del soporte, por lo que para su desplazamiento es **aconsejable la utilización de carretilla** o similar.

3.1. Manipulación del soporte

1- Desplazar los soportes al lugar seleccionado.

2- Colocar el primer y el ultimo soporte de la fila. Unirlos mediante una cuerda de replanteo por la parte superior, servirá para comprobar la nivelación y alineación.

3- Completar la fila con los soportes Solarbloc® según el replanteo establecido.

Observaciones:

Se recomienda fijar los soportes a la superficie, con un cordón de adhesivo, para evitar posibles deslizamientos en superficies pulidas,

PEGADO PIEZA POR BASE (en caso de ser necesario)

4. Montar los anclajes al soporte Solarbloc® para fijar los paneles solares

Tras colocar los soportes, se procederá al montaje de los anclajes sobre el soporte Solarbloc®, realizando los siguientes pasos:

1- Ensamblar el anclaje formado por; omega de aluminio, tornillo y tuerca para carril.

2- Introducir el anclaje ensamblado al carril de hormigón, por el lateral del soporte Solarbloc®.

5. Fijar los paneles solares sobre el soporte Solarbloc®

Una vez montados los anclajes al soporte Solarbloc®, se fijará el marco del panel solar con el plano superior inclinado de Solarbloc®.

En los soportes Solarbloc® de 28°, 30° y 34° los paneles se montan en posición horizontal.

Los soportes Solarbloc® de 10°, 12°, 15° y 18° permiten montar los paneles en vertical y horizontal.

1- Apoyar los extremos del panel solar sobre la superficie de trabajo de la pieza (plano superior inclinado).

2- Colocar el panel con las medidas indicadas según el tipo de montaje (vertical u horizontal) y ajustar los anclajes al marco del panel.

3- Por ultimo, colocar el siguiente panel y apretar los anclajes para fijarlos.

www.solarbloc.es

Cada soporte incluye los dos anclajes necesarios para la fijación de los paneles.

2. Fijación de la estructura a la cubierta

La otra posibilidad de colocar la estructura para los paneles solares sobre la cubierta es anclarla sobre ella. Normalmente, este tipo de fijaciones obliga a hacer taladros sobre la cubierta, por lo que habrá que prestar especial atención a las posibles entradas de agua a consecuencia de estos. Al finalizar el proceso de instalación, deberemos comprobar que no se ha producido ningún deterioro sobre el tejado del edificio.

Como en el resto de los sistemas que venimos comentando, deberemos prestar especial atención a las indicaciones del fabricante de la estructura que vayamos a colocar, y utilizar todos los elementos de fijación (grapas para paneles, tornillos para la estructura, etc.) que sean adecuados para el sistema elegido.

EJEMPLO 1

Análisis de las características dadas por el fabricante para una estructura que se va a colocar en tejado plano

En el edificio del caso práctico 5, se está estudiando colocar otro tipo de estructura, anclada a la cubierta en lugar de que esté soportada por gravedad. Analiza las características que nos ha proporcionado el fabricante de una estructura de este tipo.

La vista de la estructura y el sistema de fijación sobre la cubierta la tenemos en la siguiente imagen, que corresponde a la hoja de características del fabricante:

SUNFER ENERGY STRUCTURES

Instalación en cubierta o suelo

Instalación 1 línea — **Artículo nº CVE915**

Soporte diseñado para instalar 1 fila de módulos fotovoltaicos en vertical sobre cubiertas modificando la inclinación. Inclinación 30º.

Artículo	Capacidad	Tamaño de módulo	Materiales
CVE915 [1x4]	4 Módulos Fotovoltaicos Disponible de 1 a 20 módulos.	1650x1000x[35,40,45,50]	Aluminio EN AW 6005A T6

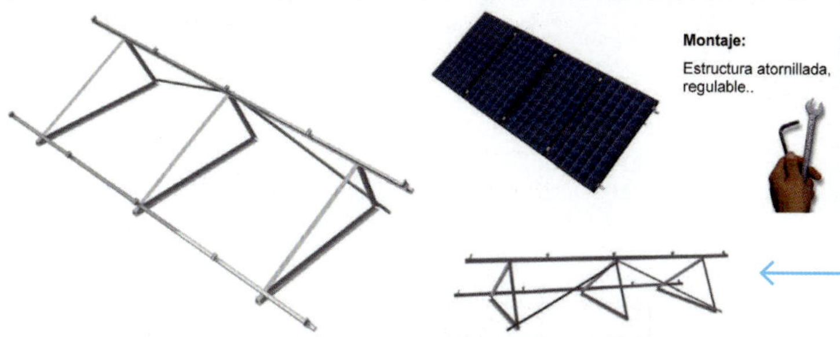

El soporte va anclado a la cubierta, sujeto mediante tornillos en sus extremos.

El ángulo de inclinación ha de encargarse al fabricante si es distinto de 30°.

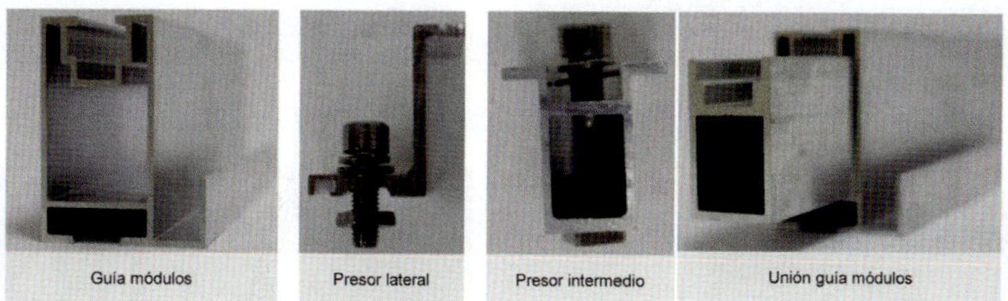

Este soporte está disponible en dos versiones:

CVE915. 15 º

CVE915. 30 º

Condiciones de diseño:
UNE-EN 1991-1-3:2004 Cargas de nieve. 200 N/m²
UNE-EN 1991-1-4:2007 Cargas de viento. V_b: 29 m/s
Consultar la normativa vigente en el punto de instalación.

Nota:
Previamente, se tiene que comprobar que la subestructura de la cubierta es suficientemente rígida para soportar los paneles fotovoltaicos.

Especial atención a las características mecánicas de la estructura.

(Cortesía de Fernangas SL)

B. Estructuras para tejados inclinados

En el caso de que el generador fotovoltaico se vaya a colocar sobre un tejado inclinado, la elección de la estructura y los sistemas de fijación de esta vienen condicionados por el tipo de material con el que está hecha la cubierta: tejas, chapa, etc.

Analizaremos a continuación las diferentes posibilidades que nos podemos encontrar al respecto.

1. Tejados con cubiertas de chapa

Es la situación típica de construcciones como las naves industriales. La mayoría llevan una cubierta tipo sándwich, que se caracteriza por tener unos perfiles trapezoidales sobre la cara superior. Es en estos perfiles donde fijaremos la estructura que sujetará el generador fotovoltaico. Para ello se necesitan sistemas especiales de fijación a estos perfiles.

VÍDEO

En el siguiente enlace puedes ver diferentes montajes de paneles solares sobre tejados:

goo.gl/r7Wkmk

Fig. 4.10. Detalle de la sujeción de los paneles solares a la estructura de los soportes.

Fig. 4.11. Detalle de la sujeción de los paneles solares sobre una cubierta de chapa tipo sandwich.

CASO PRÁCTICO 6

Colocación de un generador fotovoltaico para una cubierta de chapa

En una nave industrial se ha decidido colocar una instalación solar conectada a red. Para ello, se opta por ubicar el generador fotovoltaico sobre la cubierta, que está realizada con chapa tipo sándwich. Explicar el proceso de montaje para dicho generador.

Solución

Generalmente, en las cubiertas inclinadas el generador se monta paralelo a la propia cubierta, dejando un espacio de separación entre las chapas y los módulos solares.

Se puede montar una estructura para todos los paneles o montar fijaciones para los paneles individuales. El aspecto que tendrá el generador instalado de esta manera será el siguiente:

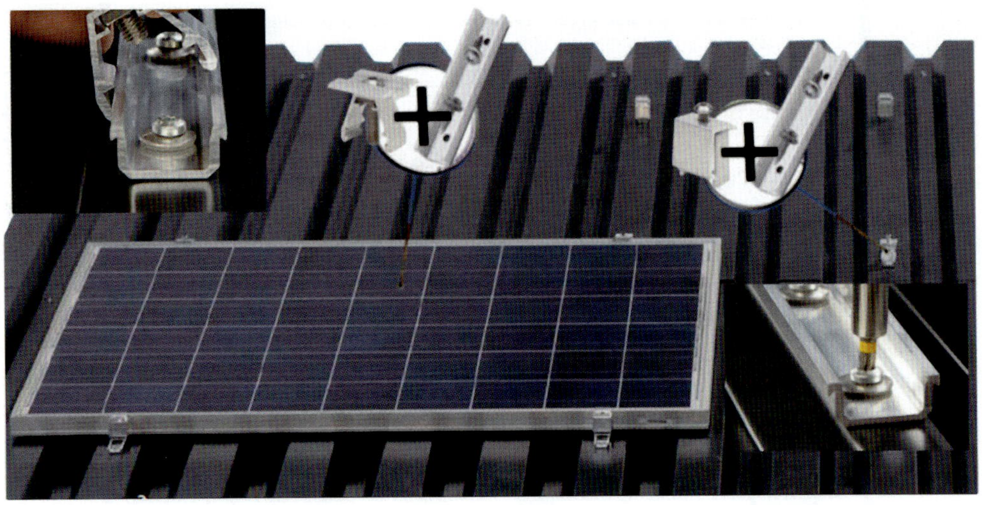

Fijación de los paneles de manera individual sobre la cubierta del tejado.

(Cortesía de Cambio Energético)

2. Tejados con cubiertas de teja

En los tejados cubiertos con teja, es necesario utilizar unos ganchos especiales, que se anclan a la propia estructura del tejado. Todos los fabricantes tienen algún sistema para la realización de este tipo de montaje, pero la base de todos ellos es la misma. Los ganchos de sujeción tienen el aspecto de la Figura 4.12.

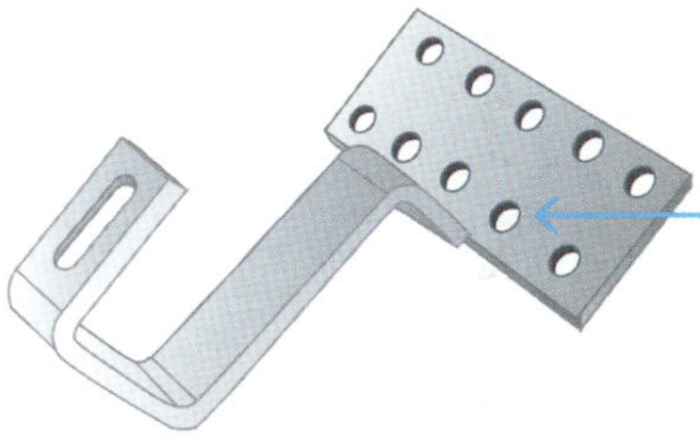

Parte que se atornilla a la estructura del propio tejado. Especialmente indicado en aquellos tejados en los que el armazón es de madera.

Fig. 4.12. Gancho especial de sujeción para cubiertas de teja.

IMPORTANTE

En los tejados de teja árabe (la que es curvada) se debe tener especial cuidado al pisar sobre ellos para no ocasionar la rotura de las tejas.

El proceso de instalación de una estructura de este tipo lo podemos ver en la secuencia de imágenes de la Figura 4.13.

1. Instalo los ganchos GT - GC - GTP.

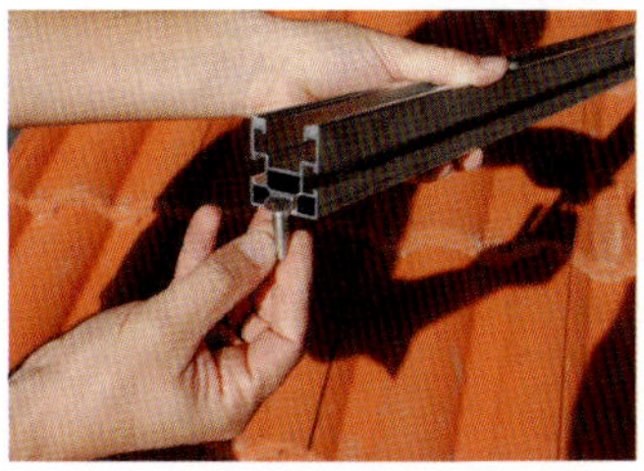

2. Inserto los tornillos en el perfil Solar-Plus.

3. Posiciono el perfil Solar-Plus sobre el gancho.

4. Fijo el perfil Solar-Plus al gancho.

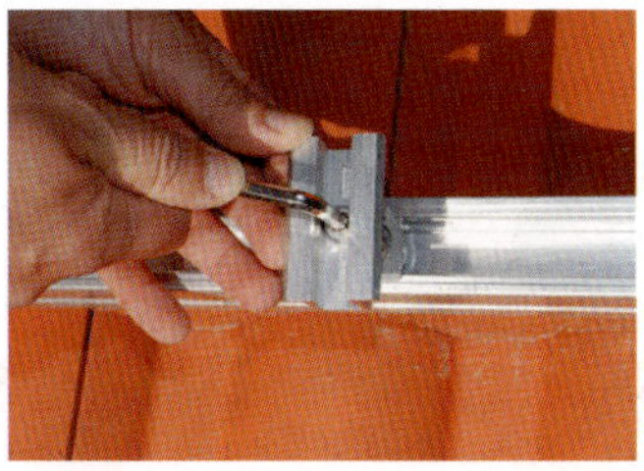

5. Inserto las abrazaderas PMF y PMC.

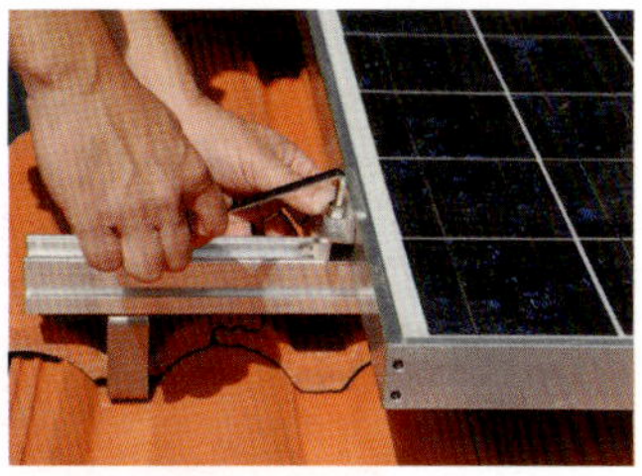

6. Fijo el panel.

Fig. 4.13. Proceso de fijación de una estructura para cubierta con tejas (cortesía de Fischer Ibérica).

El proceso de montaje implica retirar las tejas para fijar los ganchos al bastidor del tejado. Una vez colocado el gancho, volveremos a colocar la teja en su lugar (aunque será necesario realizarle una muesca con una amoladora con disco de diamante). Es imprescindible asegurarnos de la estanqueidad de la junta donde hemos colocado el gancho reforzando la zona, si es necesario, con algún elemento que mantenga la impermeabilización de la cubierta.

En zonas de montaña, donde la cantidad de nieve que puede caer sobre el tejado es importante, hay que dimensionar muy bien el tamaño de los ganchos para que aguanten sin problemas el sobrepeso que pueda soportar el generador. La carga del viento sobre la zona determinará la cantidad de ganchos de sujeción que debemos colocar por metro cuadrado del generador. Aun así, los laterales del generador llevarán más cantidad de ganchos de sujeción para reforzar la carga originada por turbulencias del viento.

Fig. 4.14. Aspecto final del generador fotovoltaico sobre el tejado inclinado.

ACTIVIDADES

9. Elije un soporte adecuado para montar un generador fotovoltaico con ocho paneles de 250 W y explica cómo se realizará el montaje:

a) En una vivienda rural cuyo tejado es de teja curva sobre estructura de madera.

b) En un tejado de fibrocemento.

3. Otros tipos de cubiertas inclinadas

En algunas ocasiones, la cubiertas están formadas por planchas de fibrocemento.

Esto hace que tengamos que utilizar fijaciones especiales para poder colocar el generador fotovoltaico sobre dicha cubierta. Los elementos más utilizados para estas fijaciones son los ganchos, como los mostrados en la Figura 4.15.

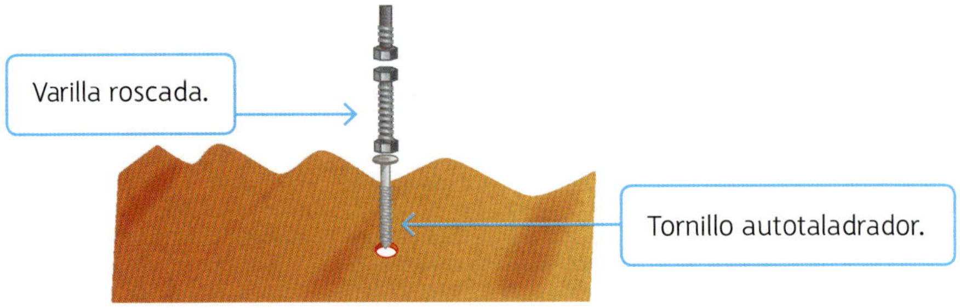

Fig. 4.15. Gancho para fijación sobre fibrocemento.

El gancho consta de dos partes diferenciadas: la parte inferior es un tornillo autotaladrador que se fijará a la estructura del tejado (que podrá ser de madera o metálica, y, por tanto, condicionará el tipo de gancho a elegir). Este tornillo lleva una junta estanca en la zona de apriete sobre la plancha de fibrocemento, para evitar la entrada de agua.

La parte superior es una varilla roscada, sobre la que se fijarán los perfiles que soportarán los módulos fotovoltaicos, mediante las tuercas adecuadas.

Este sistema también es válido para cubiertas de chapa tipo sándwich.

En la Figura 4.16, podemos ver un detalle del montaje de este tipo de enganches.

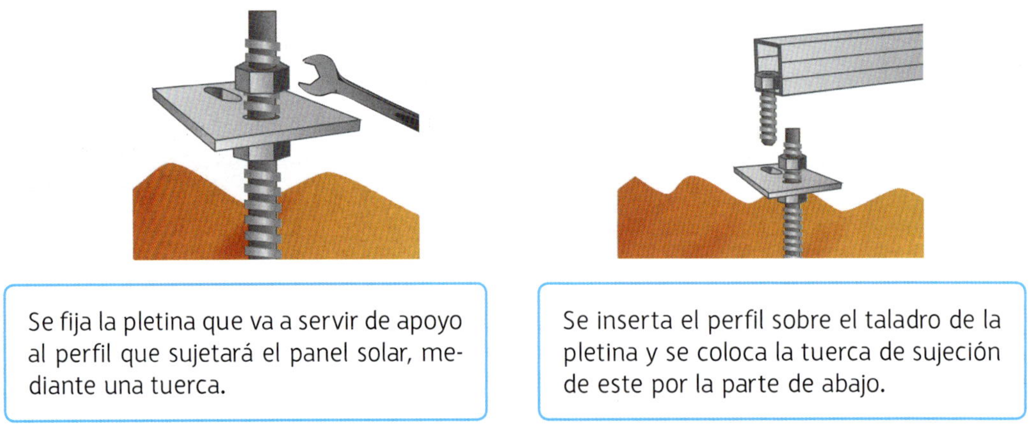

Fig. 4.16. Secuencia de montaje de los ganchos sobre fibrocemento.

Otro tipo de anclaje que se puede utilizar en este tipo de cubiertas es el mostrado en la Figura 4.17:

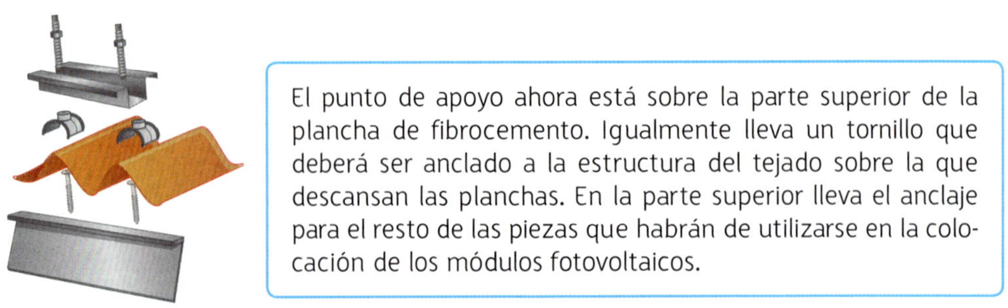

Fig. 4.17. Anclaje para utilizar en tejados de fibrocemento y chapa ondulada.

Es importante señalar que el fibrocemento, conocido hasta hace poco tiempo como su marca comercial (Uralita), no debe contener, según la legislación vigente actual, fibras de amianto, ya que está prohibido el uso de esta sustancia en la fabricación de cubiertas para tejados por ser cancerígena.

! IMPORTANTE

Herramientas que se van a utilizar en el montaje de paneles sobre tejado:

- Taladradora con batería y brocas para el material que se vaya a taladrar.
- Destornillador para ranura normal y ranura cruzada.
- Martillo.
- Llaves fijas de tamaño 10, 13, 16 y 24.
- Llave para tornillos de cabeza con hexágono interior en tamaño 5.
- Cúter.
- Polímetro.

Fig. 4.18. Instalación de un generador fotovoltaico sobre un tejado de fibrocemento (cortesía de Sopsolar SL).

4.4. Estructuras para montaje sobre suelo

Las estructuras de montaje sobre suelo son ampliamente utilizadas en la realización de huertos solares, aunque su montaje en instalaciones autónomas se realiza de la misma manera.

A la hora de montar un generador fotovoltaico sobre soportes en el suelo, debemos tener en cuenta las siguientes consideraciones:

- La distancia desde el suelo hasta los paneles solares debe ser tal que el posible crecimiento de vegetación no afecte al rendimiento de los módulos. Si es necesario, se elevará la estructura para que no se produzca tal efecto. En la Figura 4.19 se pueden ver diferentes técnicas para conseguir la elevación de la estructura.

Fig. 4.19. Elevación del hormigón y elevación del propio soporte.

  La elevación de la estructura sobre el suelo tiene como ventaja adicional que no se tapen los módulos fotovoltaicos en caso de una abundante nevada.

- El replanteo de las filas de módulos del generador fotovoltaico se hará respetando las distancias, para que no se produzcan sombras entre los módulos.

  Dos son los sistemas de fijación que se utilizan a la hora de colocar los soportes sobre el suelo: la fabricación de zapatas de hormigón armado, y los tornillos directos para anclar en el suelo (Fig. 4.20).

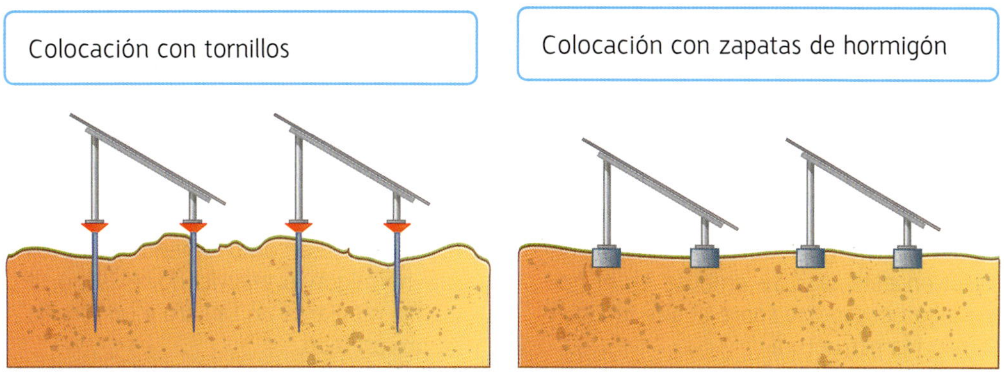

Fig. 4.20. Sistemas de fijación para las estructuras sobre suelo.

El sistema de fijación sobre tornillos hace que la estructura pueda seguir el perfil del terreno, al poder ser regulados a diferentes alturas, sin necesidad de un allanado previo del lugar donde se va a colocar la instalación. Sin embargo, en el caso de las zapatas de hormigón, deberá nivelarse el terreno adecuadamente para conseguir la alineación de las estructuras sobre las zapatas (Fig. 4.20).

Generalmente, el proceso de colocación de zapatas de hormigón precisa de una obra civil grande, y es necesaria la presencia de maquinaria pesada en la preparación del terreno, para lo que se utilizan motoniveladoras, retroexcavadoras, etc.

Las instalaciones con tornillos directos (denominados micropilotes por alguna de las empresas fabricantes) necesitan generalmente de maquinaria especial para su clavado en el suelo.

@ WEB

En el siguiente enlace puedes ver cómo se realiza el montaje de un tornillo para suelo para fijar un generador fotovoltaico:

https://goo.gl/jYDuag

El esquema de una estructura para montaje sobre suelo lo podemos ver en la Figura 4.21.

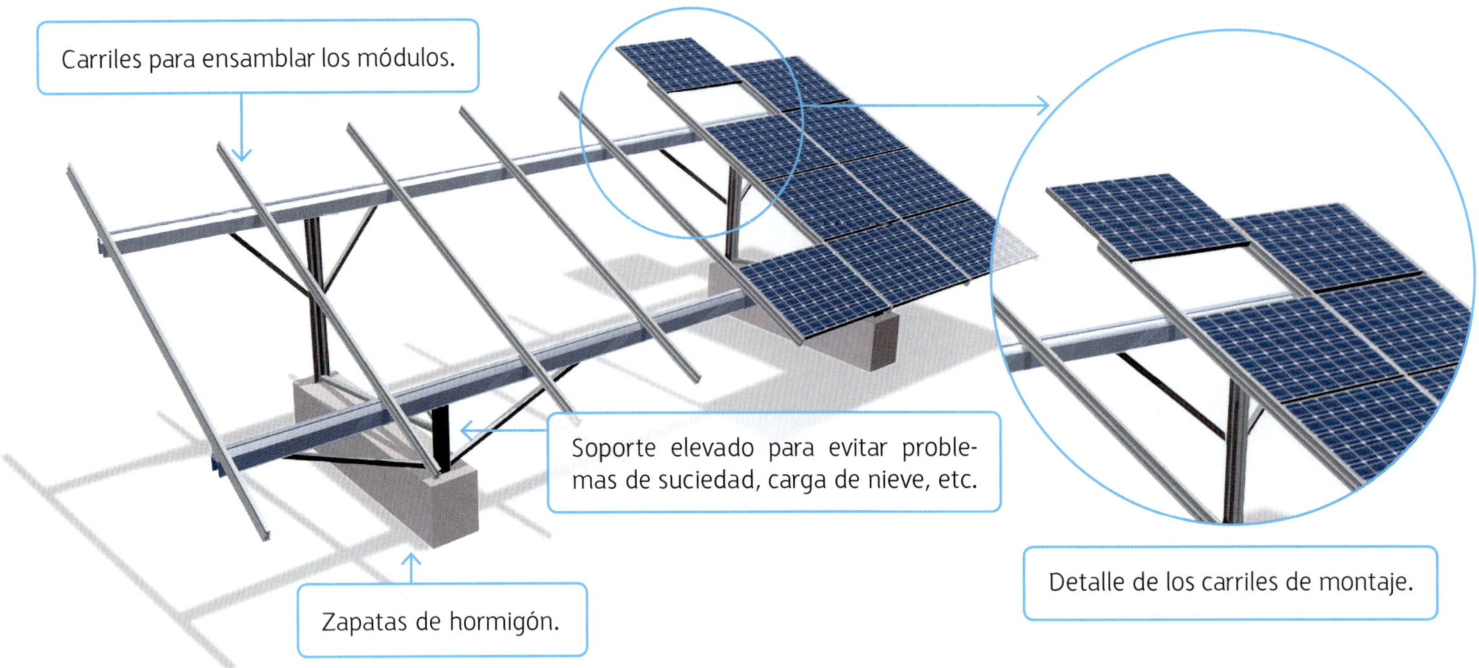

Fig. 4.21. Detalle de una estructura para montaje sobre suelo.

Los tipos de cimentación para las estructuras de suelo los podemos ver en la Figura 4.22.

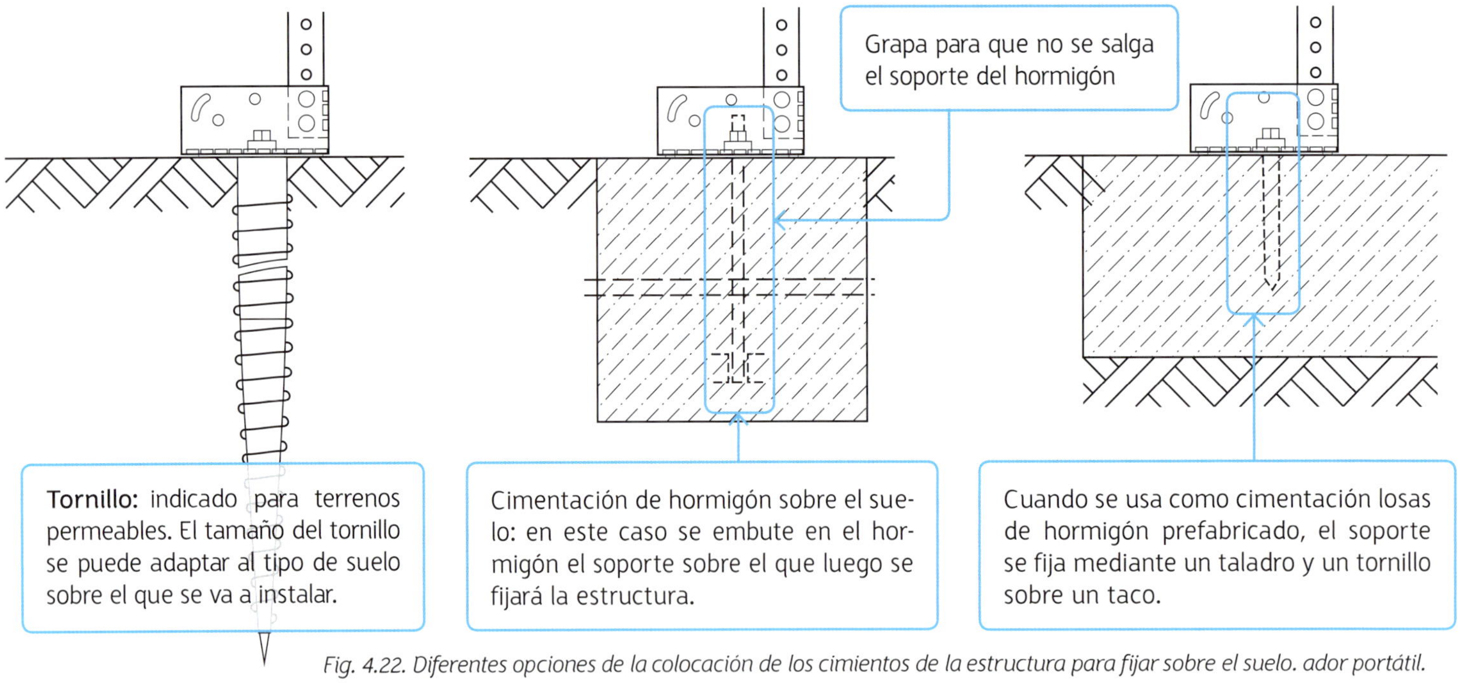

Fig. 4.22. Diferentes opciones de la colocación de los cimientos de la estructura para fijar sobre el suelo. ador portátil.

ACTIVIDADES

10. A la hora de realizar la instalación de un huerto solar, nos encontramos con el problema de que, debido a los desniveles del terreno, no se puede explanar. Elige de un catálogo de fabricante un soporte adecuado para hacer esta instalación, y explica el montaje de este.

11. Para un huerto solar, elige de un catálogo de un fabricante una estructura para montar sobre el suelo diez módulos fotovoltaicos. Explica por escrito las razones que han determinado la elección del modelo elegido.

5. Integración de paneles solares en edificios

Las últimas tecnologías en el desarrollo de los módulos fotovoltaicos han permitido la utilización de los paneles solares en sustitución de los elementos de construcción. De esta forma, se están utilizando en la realización de fachadas, así como de cubiertas de edificios, pérgolas, etc.

El panel solar como elemento constructivo se encuentra diseñado para cumplir las mismas funciones que cualquier otro elemento de construcción, en cuanto a seguridad, protección solar, aislamiento térmico y protección acústica. Además, es considerado un elemento ecológico y contribuye a cambiar la estética tradicional de los edificios.

Este tipo de paneles suelen fabricarse a la medida del emplazamiento donde van a ir colocados y se puede elegir la gama de acabados que van a tener, su forma y sus características eléctricas. Como aplicaciones típicas, destacan las siguientes:

- **Realización de cubiertas acristaladas:** aquí se cumple el doble fin de utilizar los paneles como sustitutos de los materiales tradicionales de construcción, para realizar la cubierta y, además, producir electricidad.
- **Construcción de pérgolas:** últimamente, se están utilizando mucho los paneles solares para la realización de pérgolas, cubiertas de aparcamientos para vehículos y otros usos similares. Es una buena forma de rentabilizar este tipo de construcciones, en cuanto a la producción de electricidad y en cuanto a la posibilidad de propiciar nuevas estéticas.
- **Construcción de fachadas (muros cortina):** quizás ha sido una de las primeras utilizaciones de los paneles solares como elementos constructivos, sustituyendo a los materiales tradicionales, como el ladrillo y el vidrio.
- **Otros usos** de los paneles fotovoltaicos como materiales de construcción son los lucernarios, las barandillas de terrazas o el mobiliario urbano.

En las imágenes siguientes podemos ver algunos ejemplos de estas aplicaciones:

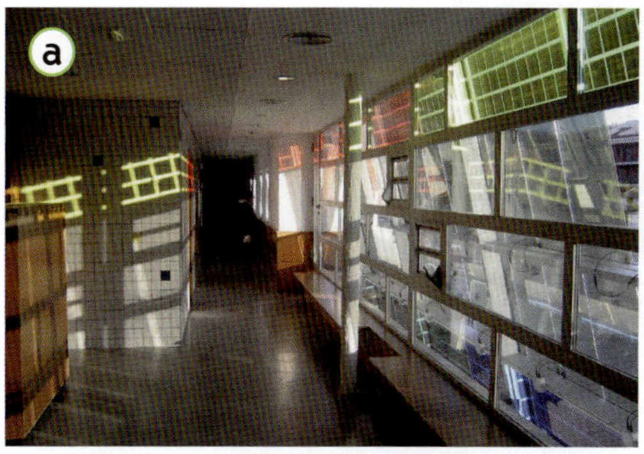

Fig. 4.23. a) Fachada ventilada inclinada de una guardería en Sant Celoni (Barcelona); b) barandillas de terrazas en el Hotel Aguas de Ibiza; c) pérgolas en un parque de Sant Just Desvern (Barcelona); d) fachada de un edificio de Siero (Asturias) (cortesía de VidurSolar).

VÍDEO

En el siguiente enlace tienes diferentes ejemplos de cómo se puede integrar la energía fotovoltaica en los edificios:

https://goo.gl/NZUa2u

UN RETO

¿Eres capaz de averiguar cuál es el edificio solar más grande del mundo y quién lo ha construido?

ACTIVIDADES

12. Consulta un catálogo de estructuras en internet para determinar cómo se puede realizar un aparcamiento para vehículos con un techado de paneles fotovoltaicos.

13. ¿Qué uso se te ocurre dar a un panel fotovoltaico flexible? Busca algún ejemplo de utilización de este tipo de paneles y señala alguna de sus características principales.

6. Montaje de seguidores solares

Además de las estructuras fijas, como las que acabamos de ver, existen sistemas móviles, de seguimiento solar, cuyo fin es aumentar el rendimiento de la instalación fotovoltaica.

Estos sistemas se utilizan principalmente en grandes instalaciones conectadas a red, concretamente en los huertos solares, y se estima que, según el modelo, se puede aumentar el rendimiento en torno a un 30-40 % sobre los sistemas fijos.

La función de los seguidores es mantener los paneles en posición perpendicular con respecto al sol. En función del desplazamiento del generador fotovoltaico que realizan, podemos distinguir dos tipos de seguidores:

- **Seguidores a un eje:** aquellos en los que el movimiento del generador se realiza en una sola dirección. Podemos distinguir:
  - Seguidores de la altura solar: el panel se encuentra colocado sobre un eje en la dirección este-oeste, y el giro lo realiza para seguir la altura del sol.
  - Seguidores del acimut solar: en este caso, el eje del generador fotovoltaico está orientado en la dirección norte-sur, y los paneles giran siguiendo la trayectoria acimutal del sol.

Generalmente, en los sistemas de seguimiento a un eje, se suele utilizar una combinación de ambas opciones, colocando el eje con una inclinación igual a la latitud del lugar, y realizando el seguimiento del acimut del sol.

El aspecto de un seguidor de un eje es el recogido en la Figura 4.24.

> **@ WEB**
>
> Información detallada sobre seguidores solares:
>
> **http://www.grupoclavijo.net**

Fig. 4.24. Elementos de un seguidor solar a un eje.

Fig. 4.25. Ejemplo de un seguidor solar a un eje.

Los motores de actuación sobre los seguidores pueden ser de muy diversos tipos, desde accionadores hidráulicos, por extensión, a sistemas rotatorios con reductoras.

El fabricante del sistema será el encargado de proporcionar las instrucciones adecuadas para el correcto montaje de los elementos. Lo más habitual es que sean motores eléctricos y que se aproveche la energía producida en la propia instalación para proporcionar su movimiento.

En este tipo de montaje hay que tener en cuenta que los movimientos son muy lentos, ya que siguen la trayectoria solar.

- **Seguidores a dos ejes:** son sistemas más sofisticados que los anteriores, ya que realizan el seguimiento tanto de la altura solar como del acimut. Son los que presentan mayor eficiencia en cuanto al rendimiento de la producción energética.

En la Figura 4.26, se puede observar un seguidor solar de este tipo.

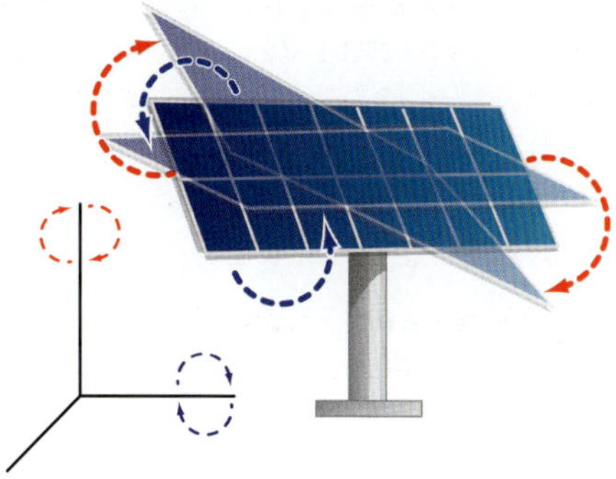

Fig. 4.26. Movimientos de un seguidor solar a dos ejes.

Los sistemas de montaje de este tipo de seguidores son muy diversos, y hay que atender siempre a las recomendaciones del fabricante para la instalación correcta.

La instalación de seguidores solares en un huerto solar suele optimizar el terreno, al evitarse más sombras con el movimiento de los generadores.

A modo de ejemplo, vamos a ver las dimensiones del terreno que se necesita para montar una planta fotovoltaica con una generación de 1 MW, utilizando paneles de silicio:

Seguidores a un eje	4,6 ha x = 215 m y = 215 m
Seguidores a dos ejes	5 ha x = 225 y = 225

Fig. 4.27. Dimensionado de un huerto solar según el generador que se va a instalar.

¿SABÍAS QUE...?

Generalmente, los seguidores solares a dos ejes se quedan en posición horizontal por la noche, a la espera de la salida del sol.

ACTIVIDADES

14. En el enlace **https://goo.gl/gxdg6R** puedes consultar información sobre un seguidor solar. Contesta a las siguientes preguntas:

a) ¿De qué tipo es el seguidor según la clasificación dada en la unidad?

b) ¿Qué potencia consumen sus motores? ¿Cuántos lleva? ¿Por qué?

c) ¿Cuáles son los ángulos de giro que tiene el seguidor?

d) ¿Podría montarse sobre un terreno irregular imposible de allanar? Justifica la respuesta.

15. Busca algunas aplicaciones de seguidores solares para ser utilizados en instalaciones autónomas. Pon al menos dos ejemplos comerciales.

16. Explica cómo se mueve un seguidor solar, detallando el número de motores que debe llevar en función del tipo de seguidor, la potencia de estos, etc.

Preparación e instalación de un huerto solar

1. **Elección del terreno** donde se va a ubicar el huerto solar. Se habrán tenido en cuenta todos los factores relativos a la ubicación, etc.

2. **Desbroce del terreno.** Eliminación de la vegetación para su posterior aplanamiento. Para ello se emplean desbrozadoras con cadenas, tractores con traíllas, etc.

3. **Explanación del terreno.** Se realiza mediante máquinas motoniveladoras, con el fin de que quede lo más horizontal posible.

4. **Comienzo de la excavación.** Se hacen los agujeros para los cimientos de los soportes, zanjas para el cableado, etc.

5. **Excavación para los cimientos** de los seguidores solares. Es imprescindible que estén dimensionados correctamente, en función del peso del soporte.

6. **Preparación de los postes** que servirán de soporte a los seguidores. También se prepara el mallazo para el hormigón armado.

(Cortesía de Soliclima; fotografía 2, Aldimak, SL)

7. **Hormigonado de los cimientos.** Es importante que sea lo más uniforme posible, sin que queden huecos en la estructura.

8. **Colocación del cableado** del huerto solar. Tendido de los cables desde los generadores fotovoltaicos a los inversores, el punto de conexión a red, etc.

9. **Instalación del generador fotovoltaico.** Colocación de los paneles solares sobre la estructura del seguidor.

10. **Instalación del transformador** del huerto solar.

11. **Instalación de la torre en el punto de conexión a red.**

12. **Instalación finalizada.**

Para la realización de esta práctica, necesitamos contar con un kit como el de la figura:

Se trata de un pequeño mecanismo que sigue el sol mediante dos servomotores. Está diseñado para acoplar células fotovoltaicas y generar corriente al exponerlo al sol.

Incluye una serie de componentes, y otros son opcionales.

Material incluido:

- Programa explicado paso a paso.
- Manual de montaje.

2 servomotores.

Estructuras para servos.

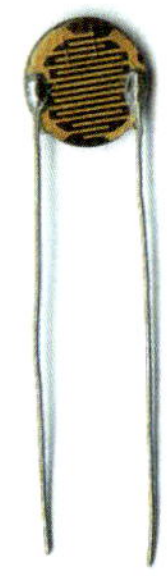

4 LDR (sensores de luz).

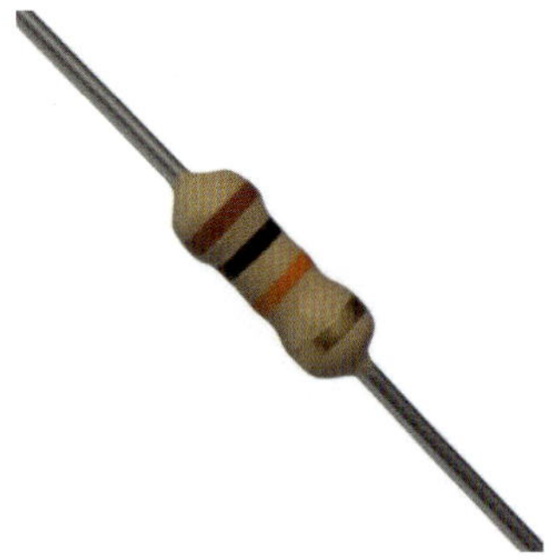

4 resistencias de 10 kΩ.

Material opcional (necesario para montar el seguidor al 100 %):

Arduino UNO.

Placa para conexiones.

Cables de conexión.

2 células solares.

Para poder analizar correctamente su funcionamiento, se propone la siguiente práctica:

- Montar el kit y prepararlo para su funcionamiento.
- Colocar el equipo en un emplazamiento en el cual podamos tenerlo funcionando durante varias horas sin que lo pueda tocar alguien ajeno a la práctica.
- Colocar un amperímetro de manera que podamos ver la variación de la corriente de las células en función de la luminosidad.
- Colocar una cámara de vídeo o una webcam de manera que podamos hacer el seguimiento a través de una grabación.
- Analizar la grabación y exponer las conclusiones en una memoria de la práctica (ángulos girados, posiciones en función de la hora, etc.).
- Repetir la práctica con un nivel de luz diferente y comparar los resultados.

El kit necesario para poder realizar la práctica lo podemos encontrar en el siguiente enlace: **https://goo.gl/AyLnSv**.

En esa web, también podremos ver un vídeo de demostración de su funcionamiento.

- Tipos de soportes para paneles
  - Soportes fijos
    - Pared
    - Suelo
    - Tejado
    - Mástil
  - Seguidores solares
    - Seguidores a un eje
      - Eje polar
      - Eje acimutal
      - Eje horizontal
    - Seguidores a dos ejes

- Cálculos para el montaje de los soportes
  - Carga de viento
  - Carga por nieve
  - Distancias entre filas de módulos

- Montajes de soportes
  - Estructuras de soportes fijos
    - Montaje sobre cubiertas
    - Montaje sobre suelo
  - Seguidores solares
    - Seguidores a un eje
    - Seguidores a dos ejes
  - Integración en edificios

TEST DE REPASO

1. Para evitar el vuelco de los paneles solares en los soportes sobre un tejado, se pueden colocar...

(a) Cortavientos en la parte inferior del panel.
(b) Cortavientos en la parte superior del panel.
(c) Los paneles de forma horizontal.
(d) Los paneles verticalmente.

2. A la hora de elegir un soporte para formar un generador fotovoltaico, hay que tener en cuenta...

(a) El viento presente en la zona de la instalación.
(b) La posibilidad de nevadas en la zona.
(c) El tipo de ambiente (salino, etc.).
(d) Todos los factores anteriores.

3. Los paneles solares sobre tejados con cubierta de chapa tipo sándwich se fijan con...

(a) Grapas y tornillos autotaladradores (autorroscantes).
(b) Bridas.
(c) Tacos de plástico.
(d) Tornillos de métrica 10.

4. Un panel solar que se va a colocar sobre una señal de tráfico llevará un soporte...

(a) Para pared.
(b) Para mástil.
(c) Para suelo.
(d) Para tejado.

5. Los seguidores solares de dos ejes siguen...

(a) La altura solar.
(b) El acimut solar.
(c) La altura y el acimut solar.
(d) La inclinación solar.

6. La carga superficial de un tejado se refiere a...

(a) El máximo peso que puede soportar el tejado en un punto concreto.
(b) El peso que puede aguantar todo el tejado en su superfície.
(c) La carga de la cubierta.
(d) Los soportes de los paneles.

7. En las fachadas fotovoltaicas en los edificios, los paneles solares utilizados son...

(a) Igual que en cualquier otra instalación.
(b) De doble vidrio.
(c) De vidrio simple.
(d) De doble capa.

8. Se denomina *fijación por gravedad* a los soportes...

(a) Fijados por contrapesos.
(b) Fijados por elementos móviles.
(c) Fijados con tortillería.
(d) Fijados por zapatas de hormigón.

9. El problema del sombreado entre filas de módulos de un generador fotovoltaico es más grave en...

(a) Primavera.
(b) Verano.
(c) Otoño.
(d) Invierno.

10. En un seguidor solar de altura del sol, el panel se encuentra colocado en dirección...

(a) Norte-sur.
(b) Este-oeste.
(c) Este-sur.
(d) Este-norte.

11. Para colocar en la fachada de un edificio paneles fotovoltaicos como toldos en las ventanas, la orientación de dicha fachada debe ser...

(a) Norte.
(b) Sur.
(c) Este.
(d) Oeste.

12. La orientación de los paneles solares en un soporte para mástil, en cuanto al ángulo de elevación, se tiene que hacer...

(a) Encargando previamente el soporte con el ángulo adecuado.
(b) Mediante el ángulo móvil del soporte.
(c) No se puede hacer.
(d) Las respuestas *a* y *b* son correctas.

13. Las cubiertas llamadas *sándwich* están hechas de...

(a) Chapa.
(b) Teja plana.
(c) Pizarra.
(d) Uralita.

14. Los tornillos para suelo en los huertos solares se usan...

(a) En terrenos ligeramente ondulados.
(b) En terrenos perfectamente llanos.
(c) En terrenos difíciles de explanar.
(d) En terrenos arenosos.

COMPRUEBA TU APRENDIZAJE

Calcular los esfuerzos a que se ven sometidos los soportes fotovoltaicos

1. Se desea realizar una instalación de un generador fotovoltaico en la localidad de Molina de Aragón (Guadalajara) y se va a utilizar una estructura cuyas características se pueden ver en la siguiente tabla:

Información técnica	
Instalar en...	Techo de bajo perfil o campo abierto
Ángulo de inclinación	10°-50°
Altura del edificio	Hasta 20 m
Velocidad máxima del viento	Hasta 60 m/s
Carga de nieve	Hasta 1,4 kN/m^2
Estándares	AS/NZS 1170, DIN1050, otros
Material	Aleación de aluminio y acero inoxidable
Color	Natural
Anticorrosivo	Adonizado
Garantía	10 años de garantía
Duración	Más de 20 años

a) Decide si la estructura aguantará las inclemencias meteorológicas, en cuanto a viento y nieve, consultando los datos que nos ofrece al respecto la Agencia Estatal de Meteorología (AEMET). Justifica la respuesta.

b) Realiza el cálculo de la carga del viento que soportará la estructura si se van a utilizar paneles cuyas dimensiones son 1600 × 800 × 45 mm.

Seleccionar las estructuras de soporte para los paneles

2. El dueño de esta vivienda quiere realizar la instalación de un generador fotovoltaico, paralelo al tejado, formado por cuatro paneles solares de 250 Wp.

Consulta un catálogo de fabricante de estructuras para paneles solares y elige los elementos más adecuados para realizar la instalación, de acuerdo con las peculiaridades del tejado mostrado.

3. En una huerta, ser desea montar un pequeño generador fotovoltaico formado por seis paneles fotovoltaicos de 80 Wp de potencia aproximadamente.

La instalación se va a realizar sobre un poste adecuado, puesto que no hay posibilidad de fijarlos en ningún lugar.

Se pide:

a) Elegir los paneles solares para poder determinar sus dimensiones a partir de un catálogo comercial.

b) Elegir la estructura de soporte adecuada en función de los elementos del apartado anterior.

Colocar convenientemente los módulos fotovoltaicos

4. Consulta en el enlace **https://goo.gl/LUfAhM** el manual de instalación de una estructura para paneles fotovoltaicos. A partir de la información obtenida, explica detalladamente cuál es el proceso de montaje de dicha estructura y los elementos necesarios para realizar su instalación.

5. Explica el proceso que se debe seguir para la colocación de un generador fotovoltaico sobre la fachada de una vivienda unifamiliar. Detalla los siguientes puntos:

- Estructura elegida para la colocación de los paneles. Indica diferentes opciones.
- Tipos de fijación para los soportes que se van a colocar y herramientas necesarias.
- Medidas de seguridad que se deben adoptar.

Identificar los seguidores solares

6. La siguiente imagen se corresponde con un seguidor solar:

(Cortesía de Soluciones Energéticas SA)

a) Identifica de qué tipo de seguidor se trata, y cuáles son las ventajas que aporta sobre otros sistemas de estructura.

b) Describe para qué sería adecuado utilizar este tipo de soporte.

Puedes consultar la información en el siguiente enlace: **https://goo.gl/yifUCL**.

5 UNIDAD

Montaje de instalaciones fotovoltaicas

En esta unidad

APRENDERÁS A

- Identificar los elementos necesarios para la realización de las instalaciones fotovoltaicas.
- Ubicar los acumuladores en las instalaciones autónomas.
- Colocar los elementos que conforman la instalación.
- Conectar eléctricamente los elementos de la instalación.
- Realizar la puesta en marcha de la instalación.

ESTUDIARÁS

- Los elementos de fijación de los diferentes equipos.
- El conexionado de los paneles solares.
- El conexionado de las baterías.
- La instrumentación necesaria y las herramientas para la realización del montaje y la puesta en servicio de la instalación.

Y SERÁS CAPAZ DE

- Montar instalaciones solares fotovoltaicas interpretando documentación técnica y verificando su funcionamiento.

1. Fases en el montaje de una instalación

A lo largo de esta unidad vamos a ver cuáles son los procedimientos que hay que seguir a la hora de realizar el montaje y puesta en servicio de una instalación fotovoltaica, tanto autónoma como conectada a red.

El punto de partida para realizar la instalación siempre es la documentación técnica de esta, donde estarán detallados los planos correspondientes a los diferentes elementos, la colocación de las estructuras soporte del generador fotovoltaico y los esquemas de conexión eléctrica de la instalación, tanto para la configuración del generador como para la realización del conexionado de los diferentes elementos.

Las fases en el proceso de montaje de una instalación pueden resumirse de la siguiente manera:

- Estudio de la documentación técnica de la instalación
- Aprovisionamiento de los materiales necesarios para realizar la instalación: herramientas, instrumentación y todos los elementos que han de colocarse
- Realización de obra civil (si es necesario) y canalizaciones para la colocación de los soportes del campo fotovoltaico
- Montaje y conexionado de los paneles fotovoltaicos para conformar el generador
  - En el caso de las instalaciones autónomas
    - Colocación del acumulador (en el caso de que lo hubiese)
    - Montaje del regulador en su ubicación
    - Colocación del inversor (en el caso de que lo hubiese)
  - En el caso de las instalaciones conectadas a red
    - Montaje de los inversores
    - Montaje del punto de conexión a red
- Cableado final de la instalación
- Puesta en servicio y entrega de la instalación

En las unidades anteriores hemos visto cómo se hacía la selección de estos elementos, y cómo es el proceso de selección y montaje de los diferentes tipos de soportes para el generador fotovoltaico que podemos encontrar en el mercado (Unidad 4). En esta unidad nos centraremos en la colocación de cada uno de los elementos, atendiendo a las instrucciones del fabricante del equipo y al conexionado de todos ellos para que funcionen correctamente.

IMPORTANTE

La primera recomendación a la hora de realizar la instalación fotovoltaica es estudiar detalladamente el manual de montaje de cada uno de los equipos. Estos manuales los proporcionan los fabricantes.

Cualquier manipulación errónea, o cualquier instalación que se haga sin seguir estas recomendaciones, anulará la garantía.

1.1. Primera toma de contacto con el lugar de la instalación

Antes de realizar la instalación, es importante llevar a cabo una primera visita al lugar donde se va montar todo el equipamiento. Esto nos dará una idea de los diferentes medios que necesitaremos para llegar hasta el lugar, las posibles rutas, etc. Esto puede ser importante en el caso de instalaciones ubicadas en lugares de difícil acceso, sobre todo en instalaciones realizadas en zonas rurales, repetidores de telecomunicaciones ubicados en zonas de montaña, refugios, etc. Mediante planos, uso del GPS y otros medios, trazaremos la forma de llegar de la mejor manera posible.

Una vez que estemos en la ubicación, deberemos prever cómo se va a realizar el almacenamiento de todo el material que necesitaremos en la instalación —en cuanto a herramientas, equipos de seguridad y elementos propios del montaje (paneles fotovoltaicos, etc.)—. Es conveniente que el material pueda almacenarse bajo llave en algún edificio preparado para tal fin. En caso de que no sea posible, conviene que el terreno de la instalación esté vallado y vigilado en todo momento, con el fin de evitar robos (Figura 5.1).

RECUERDA

No siempre es necesario tener un lugar para almacenar el material, hay instalaciones pequeñas que pueden ser montadas en un día.

IMPORTANTE

Antes de realizar el traslado de los materiales necesarios al lugar de la instalación, asegúrate de que cuentas con todos ellos.

Utiliza para ese fin la lista de materiales proporcionada en la documentación técnica del proyecto de la instalación, y prepárate una ficha de comprobación (lista de control) para verificar que no faltará nada una vez que se esté en el lugar donde haya que realizar el montaje.

VOCABULARIO

Grado de protección IP: se trata de un efectivo sistema para clasificar los diferentes grados de protección que ofrecen los contenedores que resguardan los componentes que constituyen el equipo o los aparatos, y los elementos eléctricos o electrónicos.

Este estándar califica de manera alfanumérica los equipamientos en función del grado de protección que proporcionan los contenedores contra la entrada de materiales extraños.

Mediante la asignación de diferentes códigos numéricos, el grado de protección del equipamiento puede ser identificado de manera más o menos rápida y con mayor o menor facilidad.

Ejemplo: IP69

Fig. 5.1. El vallado del recinto suele ser el primer paso en las grandes instalaciones.

Hay que tener especial cuidado con el almacenamiento del material a la intemperie, ya que, si no está preparado para ello y no cumple con el correspondiente grado de protección IP para este tipo de funcionamiento, puede estropearse.

Debemos prever también contingencias tales como el uso de generadores auxiliares (grupos electrógenos) para la conexión de las máquinas necesarias para el montaje de la instalación, y otras funciones, o la utilización de máquinas con baterías recargables, en caso que en el lugar no se disponga de suministro eléctrico.

También tenemos que considerar la posibilidad de contar con agua potable para el uso en la instalación (no olvidemos que se está trabajando a la intemperie, y debemos garantizar la correcta hidratación del personal que participe en la instalación), así como la mayor o menor facilidad de acceso a algún núcleo de población cercano.

La primera acción que habrá que realizar sobre el terreno (sobre todo en las grandes instalaciones, como los huertos solares) será el replanteo del lugar donde va a ir ubicado cada uno de los elementos de la instalación (estructuras de los generadores, las baterías en el caso de instalaciones autónomas, etc.) y el marcado posterior de estos lugares, así como de las zanjas de canalización que sean necesarias.

Si es preciso, por el tipo de instalación que se vaya a realizar, será el momento de hacer accesos a la zona, o bien trazar, dentro del recinto, caminos (con maquinaria pesada, tipo motoniveladora) que faciliten el tránsito de otros vehículos, como, por ejemplo, los camiones hormigonera, los vehículos que lleven el material al lugar de la instalación, etc. (Figura 5.2).

Fig. 5.2. En el caso de las grandes instalaciones, se necesitan caminos por el interior del recinto.

ACTIVIDADES

1. Busca en internet los diferentes tipos de vallados que se pueden utilizar a la hora de realizar el cerramiento de un huerto solar. Haz una lista y explica brevemente las ventajas de cada uno de ellos.
2. Indica qué tipo de maquinaria se puede utilizar, y para qué, si tenemos que hacer un acceso para montar una instalación que proporcionará alimentación a un repetidor de telefonía que estará ubicado en lo alto de una montaña.

2. Cables y conectores utilizados en las instalaciones fotovoltaicas

Las particularidades que tienen las instalaciones fotovoltaicas (ubicación a la intemperie, posible presencia de roedores, etc.) hacen que sea necesario utilizar cableado acorde con las condiciones de funcionamiento de estas.

Existen una serie de normas que deben cumplir los cables para poder ser utilizados en este tipo de instalaciones. En la Figura 5.3, vemos un resumen de esta normativa, extraído del catálogo de un fabricante de estos cables.

Fig. 5.3. Símbolos utilizados por el fabricante para indicar las características del cable y normativa que cumple (Cortesía de Top Cable SA).

El fabricante también informa sobre el uso idóneo de este cable y sobre la normativa al respecto, como puede verse en la siguiente figura:

Fig. 5.4. Información sobre el cable aportada por el fabricante (Cortesía de Top Cable SA).

El tendido del cableado puede hacerse de diferentes formas: mediante bandejas, en las que los cables van a la intemperie, usando canalizaciones (tubos, etc.) bajo tierra, o soterrando el propio cable si está preparado para tal fin. En las instalaciones autónomas, se utilizarán también los medios empleados en cualquier otro tipo de instalación eléctrica en el interior (tendido por canaletas, etc.). Es especialmente importante que los cables que vayan a ir a la intemperie estén protegidos contra la acción de los roedores.

> **! IMPORTANTE**
>
> A la hora de dimensionar los cables se deben tener en cuenta:
>
> - Las caídas de tensión máximas admisibles según el tipo de instalación descritas en los pliegos de condiciones técnicas (PCT) del IDAE.
> - Las condiciones de instalación (canalizaciones, temperatura de funcionamiento, etc.) que harán necesario aumentar la sección de los conductores sobre la inicialmente calculada. Para ello debe consultarse el Reglamento Electrotécnico para Baja Tensión (REBT). La norma UNE vigente para el cálculo de sección por el método de intensidad máxima admisible es la UNE-HD 60364-5-52, de 2014.

EJEMPLO 1

Análisis del cableado de un huerto solar

En la siguiente figura se muestra una instalación típica de un huerto solar en la que se han marcado los diferentes tramos del cableado. Vamos a analizar los distintos tipos de cable que deben usarse a partir de la información que ofrece un catálogo de un fabricante.

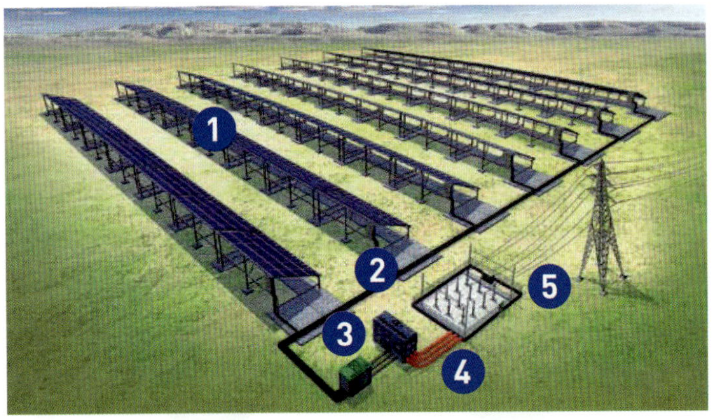

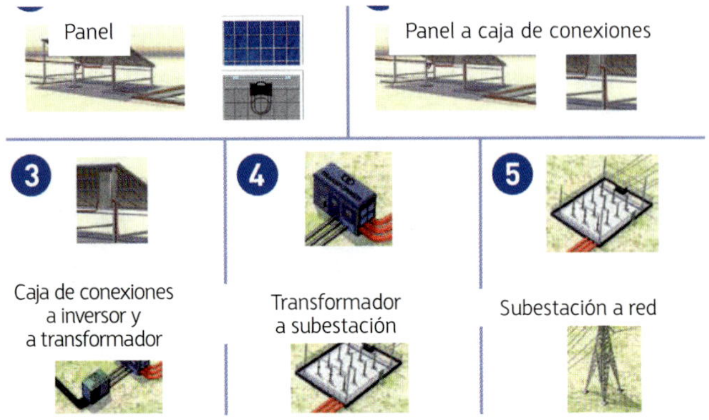

GRADO DE TENSIÓN	NÚMERO EN LA FIGURA	APLICACIÓN	LÍNEA DE PRODUCTO	RANGO DE TAMAÑO TÍPICO	ESPECIFICACIONES
BAJA TENSIÓN	1	Cableado de paneles	SunGen® 600 V o 2000 V, UL 4703 Type PV	14 AWG a 6 AWG	Cobre, hilo de flexión, doble capa
			SunGen® 600 V, UL 4703 Type PV	14 AWG a 6 AWG	Cobre, Clase C multihilo, XLPE
			SunGen® 2000 V, UL 4703 Type PV o 2000 V c(UL) Type RPVU	14 AWG a 6 AWG	Cobre, Class C multihilo, XLPE
	2	Cableado desde el panel a la caja de conexión	SunGen® 600 V, UL 4703 Type PV	14 AWG a 6 AWG	Cobre, Class B o C multihilo , XLPE
			SunGen® 2000 V, UL 4703 Type PV o 2000 V c(UL) Type RPVU	14 AWG a 6 AWG	Cobre, Class B o C multihilo , XLPE
			Exzhellent® Solar 1500 V, TÜV 2 Pfg 1169/08 Photovoltaic	4 mm^2 a 10 mm^2	Cobre estañado, hilo de flexión, doble capa, LSZH
	3	Caja de conexión / inversor/ transformador	SunGen® 2000 V, UL 4703 Type PV o 2000 V c(UL) Type RPVU	6 AWG a 1 000 kcmil	Aluminio, Class B multiconductor, XLPE
MEDIA TENSIÓN	4	Transformador / subestación	Uniblend® 5 kV a 35 kV, UL Type MV-105	2 AWG a 1 000 kcmil	Aluminio o cobre, EPR blindaje por cinta de cobre, cubierta de PVC
			EmPowr® Link CL™ o CL™ Advantage 5 kV a 35 kV, UL Type MV-105	2 AWG a 1 250 kcmil	Aluminio, TRXLPE aislamiento, conductores redondos o de cinta plana con neutro concéntrico, cubierta de XLPE
ALTA Y EXTRA-ALTA TENSIÓN	5	Subestación / red	Silec® High- and Extra-High-Voltage Cables para transmisión bajo tierra, 69 kV a 500 kV	Hasta 5 000 kcmil	Aluminio o cobre, sistemas con cables de dieléctrico sólido
			TransPowr® ACSR y ACSS Bare Overhead Aluminum Conductor, hasta 765 kV. E3X™ Tecnología de recubrimiento disponible bajo requerimiento	Hasta 2 515 kcmil	ACSR con núcleo de acero resistente es /GA2 con opciones /GA3, /GA4 y /GA5 ACSS núcleo de acero resistente es /MA2 con opciones /MA3, /MA4 y /MA5
MISCELÁNEA	Aplicaciones específicas		Cables para aplicaciones específicas de pruebas e instrumentación	22 AWG a 500 kcmil	300 V y 600 V, UL tipo TC o ITC
			Doble cubierta, cable holgado, OSP NextGen® Cable de fibra óptica	12-48 fibra monomodo	G-652 GR-20

(Cortesía de Grupo General Cable Sistemas SL)

2.1. Conectores utilizados en el cableado de las instalaciones fotovoltaicas

Vamos a detallar a continuación algunos de los conectores especiales para instalaciones fotovoltaicas que más comúnmente se usan. Es importante consultar siempre las especificaciones de los fabricantes para cada uno de los sistemas de conexión que se vayan a utilizar.

La conexión del conector al cable se realiza mediante una crimpadora especial para cada tipo de conector (facilitada en el catálogo del fabricante).

Conectores para instalaciones fotovoltaicas	
Modelo	Características
CONECTOR MC3 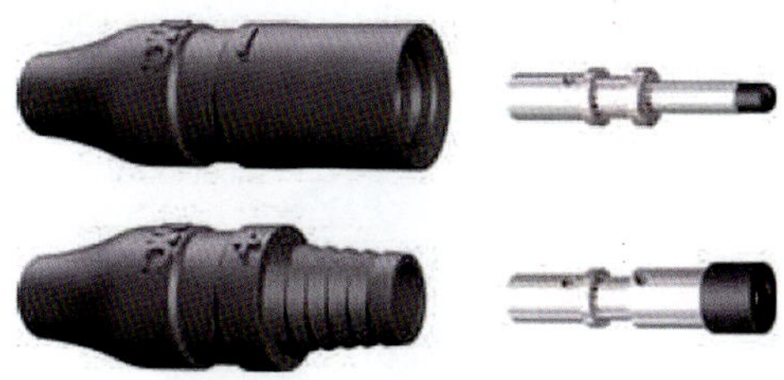 Presentación de conector macho y hembra MC3 con los contactos correspondientes.	• Diámetro: 3 mm • Corriente nominal: – Máx. 30 A para 6 mm^2 – Máx. 20 A para < 4 mm^2 • Tensión de sistema: máx. 1 000 V • Modo de protección enchufado: IP65 • Clase de protección II • Rango de temperatura: –40 °C hasta +90 °C
CONECTOR MC4 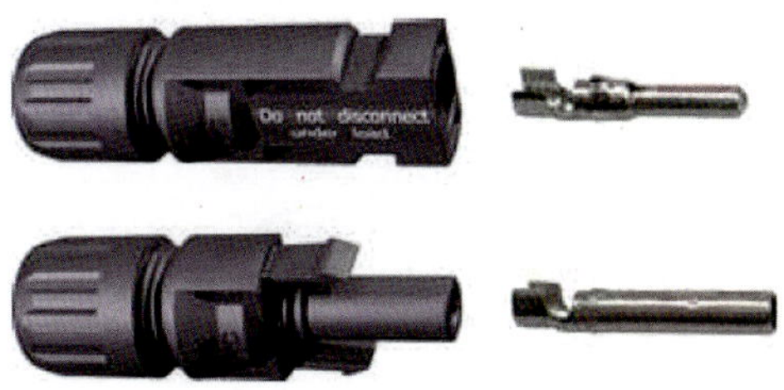 Presentación de conector macho y hembra MC4 con los contactos correspondientes.	• Diámetro: 4 mm • Corriente nominal: máx. 30 A • Tensión de sistema: máx. 1 000 V • Modo de protección enchufado: IP67 • Montaje sencillo • Sistema de bloqueo *snap in* • Clase de protección II • Rango de temperatura: –40 °C hasta +90 °C
TYCO SOLARLOCK 	Existente para positivo y negativo en las dos versiones, macho y hembra.

Tabla 5.1. Ejemplos de conectores usados en instalaciones fotovoltaicas.

Los conectores facilitan el conexionado en serie y en paralelo de los módulos fotovoltaicos, y otras conexiones a lo largo de la instalación. La tabla solo es una muestra, ya que se fabrican otro tipo de conectores. En cualquier caso, consultar la información facilitada por el fabricante hará que se usen de manera adecuada.

Además de estos conectores específicos, en las instalaciones fotovoltaicas se utilizan también sistemas de conexión habituales en otros tipos de instalaciones eléctricas (como los borneros o sistemas similares).

ACTIVIDADES

3. Explica las principales características de un conector solar TYCO. Para ello, busca una ficha técnica de dicho conector y haz una tabla con sus valores más significativos.

4. Busca ejemplos de crimpadoras para los conectores estudiados en el apartado. Analiza las diferencias que existen entre ellas, y el porqué de este hecho.

IMPORTANTE

Algunos fabricantes de cables recomiendan usar un determinado tipo de conector para sus conductores. Es conveniente atender siempre a estas recomendaciones

VÍDEO

En el siguiente enlace puedes ver el montaje de un conector de tipo MC4:

https://goo.gl/TZHHkd

3. Montaje de los paneles solares

> **RECUERDA**
>
> En la Unidad 4, vimos las estructuras y soportes que se utilizan para la colocación de los paneles solares en las instalaciones. Ante cualquier duda al respecto, consulta esa unidad.

En este apartado se realizará el montaje y la conexión del generador fotovoltaico de la instalación. Partiremos del supuesto de que los soportes ya están colocados, de modo que deberemos montar los paneles sobre dicho soporte y realizar su conexionado eléctrico, en función de los esquemas aportados en la documentación técnica de la instalación.

El tipo de estructura o soporte marca la forma de colocar los módulos fotovoltaicos. Algunos modelos permiten la colocación de los módulos individuales en el soporte, a los que se unen utilizando el sistema de fijación recomendado por el fabricante de dicho soporte. En otros casos, es necesario unir varios módulos fotovoltaicos, mediante perfiles cuadrados o en «U», para colocar después sobre el soporte estos paneles formados de esta manera.

- En el caso de montaje sobre perfiles, deben sujetarse mediante tornillos, usando los taladros que vienen en el marco del módulo fotovoltaico, tal y como se ve en la Figura 5.5.

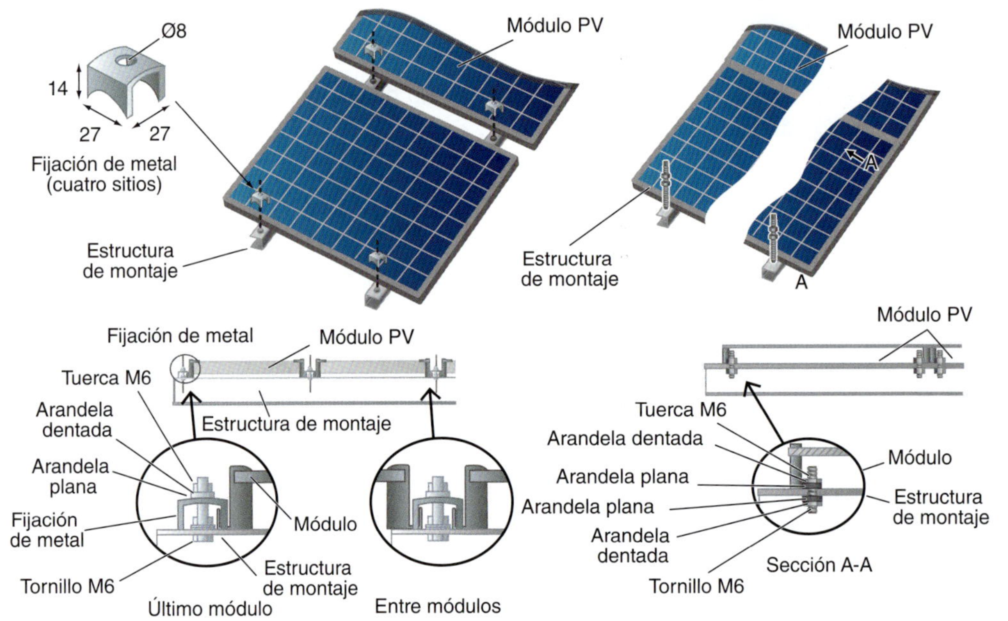

Fig. 5.5. Esquema de la fijación de un panel mediante tornillos.

> **IMPORTANTE**
>
> La mayoría de los marcos de los módulos fotovoltaicos están hechos de aluminio anodizado. Si el módulo entra en contacto con otro metal en un entorno de agua salada (corrosión electrolítica), existe el riesgo de corrosión. Para prever este riesgo, se pueden colocar arandelas de PVC o de acero inoxidable entre el marco del módulo y la estructura.

En toda manipulación que se haga sobre los módulos fotovoltaicos es imprescindible extremar las atenciones a la superficie del vidrio. Deben tomarse las debidas precauciones para que la superficie no se arañe porque podría impedir el correcto funcionamiento del panel, e invalidaría la garantía dada por el fabricante.

- Otras formas de asegurar los paneles solares es mediante la colocación de grapas. Debe evitarse que las grapas creen zonas sombreadas sobre las células del módulo fotovoltaico, por lo que habrá que atender a las indicaciones del fabricante al respecto. En la Figura 5.6 se muestran dos posibilidades de fijación mediante grapas.

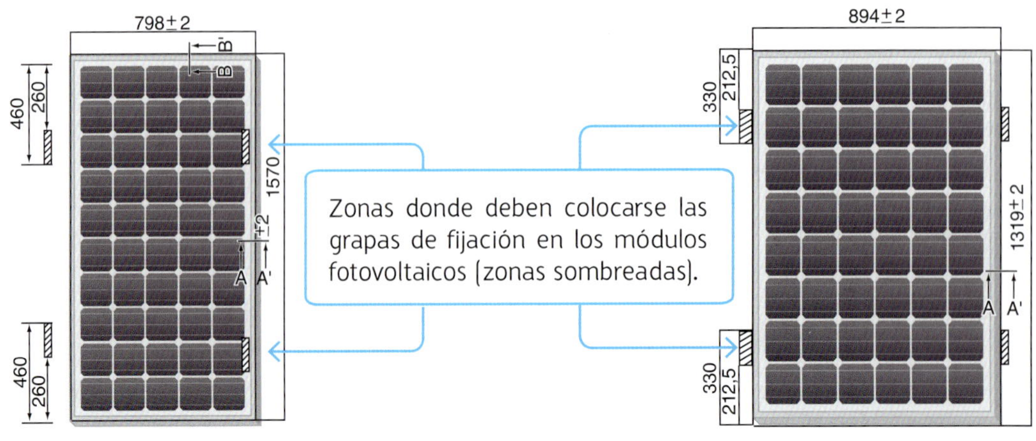

Fig. 5.6. Distintos puntos para anclaje del módulo mediante grapas.

> **SABÍAS QUE...**
>
> Hay que prestar especial atención a todas las indicaciones que nos proporcione el manual de montaje del módulo. La colocación de los módulos premontados sobre las estructuras soporte debe hacerse con los medios adecuados (utilización de poleas, trócolas, etc.), siempre teniendo en cuenta las medidas de seguridad adecuadas para evitar accidentes.

EJEMPLO 2

Análisis del manual de montaje de un módulo fotovoltaico

En la siguiente tabla, vamos a ver alguna de las recomendaciones que proporciona un fabricante de módulos para su instalación.

- Sobre la cantidad de módulos.

  Es muy importante asegurarse de la cantidad de módulos que pueden conectarse en serie en función del modelo de panel que estemos utilizando. Vemos un ejemplo para dos modelos distintos. Esto determina la tensión máxima que podemos obtener en la conexión.

Tipo	Cantidad máxima de módulos en serie
BYD xxxP5-18/M5-18	No más de 37
BYD xxxP5-27/M5-27	No más de 24
BYD xxxP5-36/M5-36	No más de 18

- La forma de realizar el cableado.

  El cable no se debe doblar ni aplastar en la salida directa de la junta roscada del cable, incluidos el conector y la caja. Debe mantenerse un radio mínimo de curvatura de al menos cinco veces el diámetro. El cable se debe canalizar de tal manera que no exista esfuerzo de tracción en el conductor ni en las conexiones.

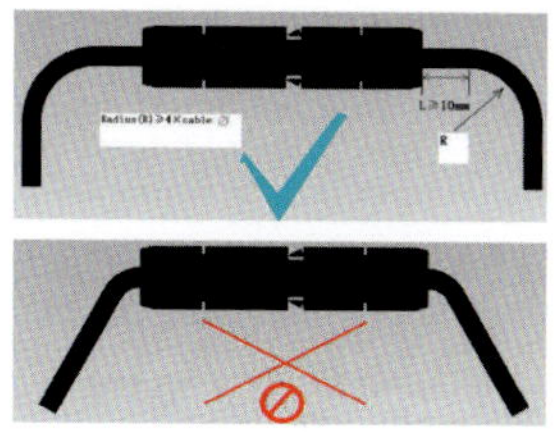

- La forma de conectar los módulos en serie y paralelo utilizando los conectores adecuados.

Conexión de módulos en serie

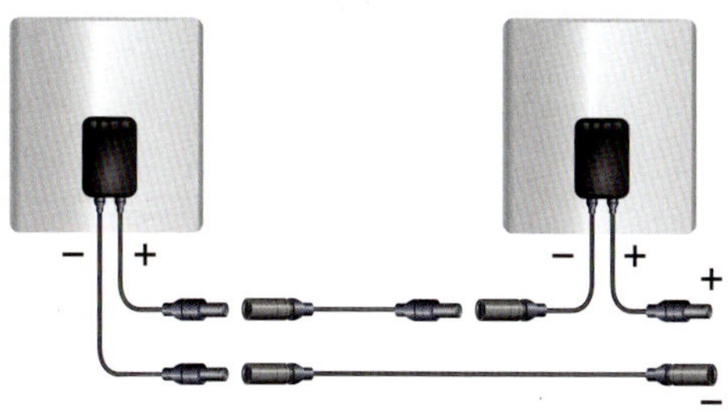

Conexión de módulos en paralelo

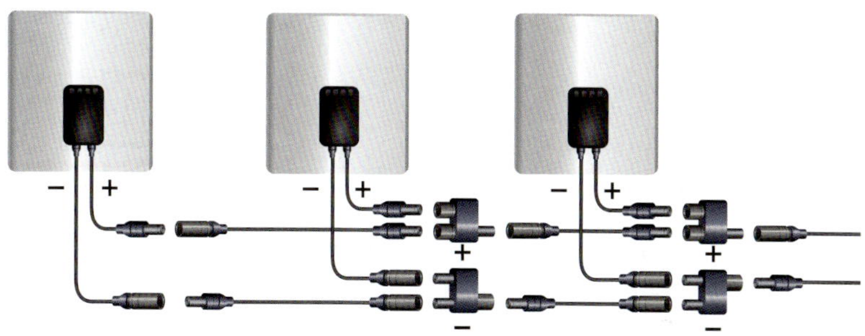

- El método de instalación mecánica de los módulos, con el tipo de sujeción recomendada.

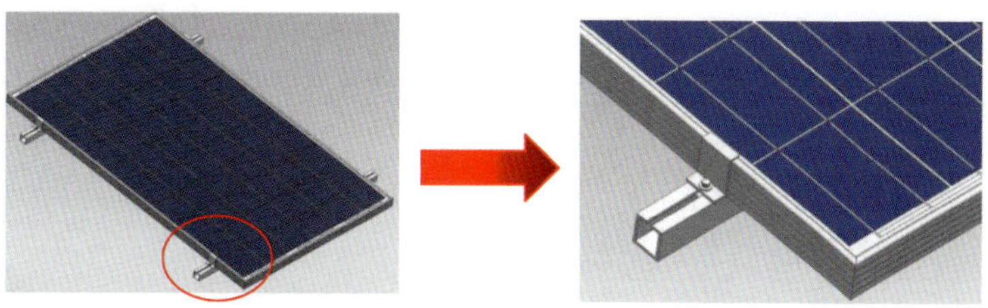

- Las advertencias de seguridad que deberemos seguir para evitar accidentes o deterioros en la instalación. Estas advertencias pueden ser notas de atención, de precaución y de peligro. Por ejemplo:

***ATENCIÓN:* BYD no limita los materiales de la instalación siempre que pueden utilizarse a la intemperie al menos durante 25 años.**

***PRECAUCIÓN:* Desembale el módulo en un entorno adecuado y con las herramientas apropiadas. Los módulos deben mantenerse protegidos del agua y de la humedad.**

***PELIGRO:* Un único módulo puede generar más de 30 V CC cuando su parte frontal se encuentra expuesta directamente a la luz solar. Si los módulos están conectados en serie, el voltaje total es igual a la suma de los voltajes parciales de cada módulo. Si los módulos están conectados en paralelo, la corriente total es igual a la suma de las corrientes parciales de cada módulo. Por tanto, debe evitarse el contacto directo después de instalar un gran número de módulos en serie o en paralelo, para prevenir descargas eléctricas.**

(Cortesía de BYD Company Limited)

Las notas de atención proporcionan información sobre la instalación, el mantenimiento o el funcionamiento del módulo.

Las notas de precaución advierten sobre los comportamientos que pueden causar un deterioro leve del producto.

Las notas de peligro advierten sobre los comportamientos que pueden causar lesiones graves en las personas que manipulan los módulos.

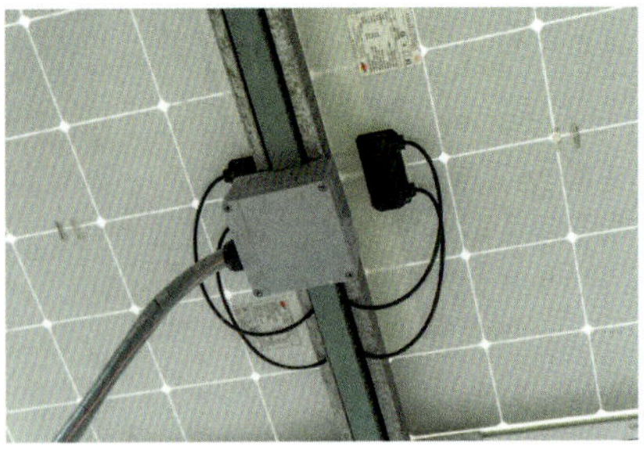

Fig. 5.10. La caja de conexión se encuentra en la parte trasera del módulo fotovoltaico.

3.1. Sistemas de conexión eléctrica de los módulos

Existen diferentes formas de realizar la conexión eléctrica de los módulos en función de la caja de conexión que monta el panel solar. Fundamentalmente, podemos encontrar dos tipos de conexión, representados en la figura 5.7.

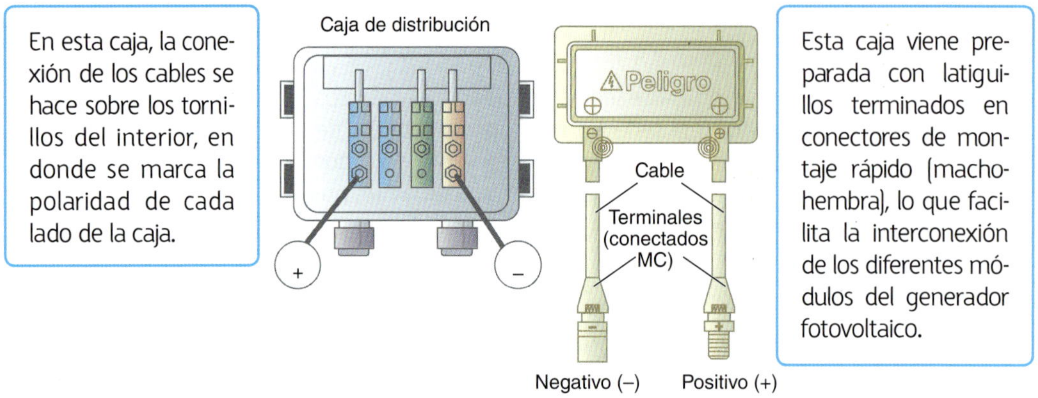

Fig. 5.7. Vista de los dos tipos de cajas de conexión más utilizados.

La conexión de módulos en serie aumenta la tensión del generador fotovoltaico, y la conexión de módulos en paralelo aumenta la intensidad. Los esquemas de conexión en cada uno de los casos quedarían como se aprecia en la Figura 5.8.

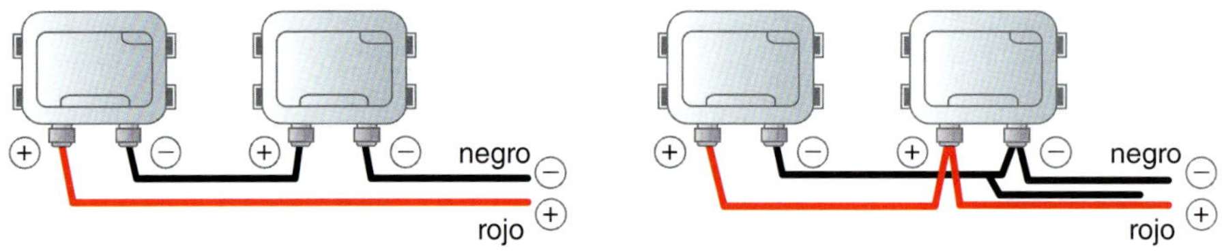

Fig. 5.8. Conexión en serie y en paralelo de dos módulos fotovoltaicos.

Los latiguillos con los que se unen las conexiones en serie de los módulos fotovoltaicos suelen ser de cable flexible, por su facilidad de manejo a la hora del montaje.

Las cajas de conexión de los paneles incluirán normalmente los diodos de protección o de ***bypass***, tal y como se muestra en la Figura 5.9.

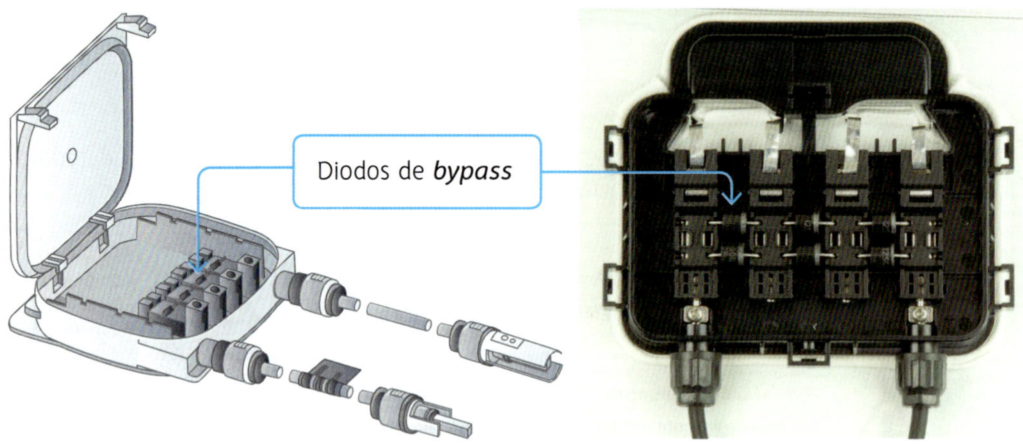

Fig. 5.9. Interior de una caja de conexión de un panel solar.

ACTIVIDADES

5. Queremos conectar dos paneles solares en paralelo, utilizando conectores de tipo MC. Elige de un catálogo de fabricante los elementos necesarios para realizar dicha conexión.

CASO PRÁCTICO 1

Conexionado de un generador fotovoltaico

En el dimensionado de un huerto solar situado en la localidad de Navalmoral de la Mata (Cáceres), se van a utilizar paneles solares cuyas características son las siguientes:

- Potencia nominal: 250 W
- Corriente en el punto de máxima potencia: $I_{pmp} = 7{,}75$ A
- Tensión en el punto de máxima potencia: $V_{pmp} = 27{,}5$ V
- Corriente de cortocircuito: $_{Icc} = 8{,}15$ A

La instalación estará formada por cadenas (*strings*) de 15 paneles fotovoltaicos. Su potencia nominal es de 100 kW. Explica cómo debe hacerse el conexionado de la instalación para poder obtener, al menos, esa potencia nominal.

Solución

– Calculamos la potencia nominal de una de las cadenas: $P_{nom} = 15 \cdot 250 = 3\,750$ W

– Número de *strings*: 100 000/3 750 = 26,66 cadenas

Se requieren 27 cadenas para la instalación en función de los datos dados de los paneles solares. Para que el valor no sea demasiado ajustado al requerido, utilizaremos 30 cadenas de 15 paneles solares cada una.

La instalación se va a dividir en tres zonas de diez cadenas cada una.

Un posible esquema de cómo se va a realizar el conexionado de este generador es el siguiente:

A la caja de conexiones del generador llegarán las tres líneas procedentes de cada una de las zonas en las que se ha dividido la instalación. Desde aquí saldrá la línea principal de continua hacia el inversor.

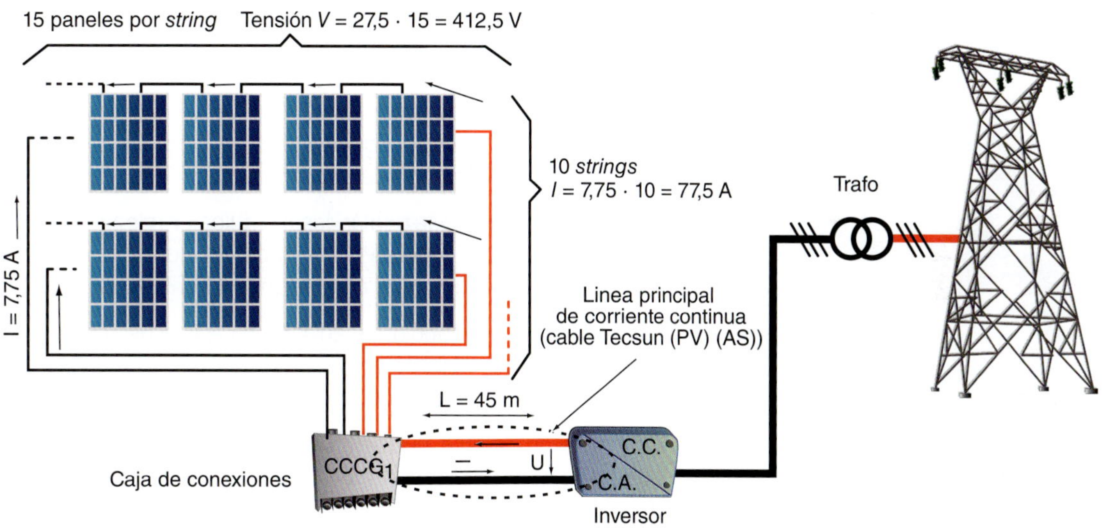

Los módulos están colocados sobre soportes fijos en el suelo. Existe una caja de conexiones en cada zona donde van a parar las líneas de las diez cadenas que forman cada una de las zonas.

Caja de conexión de las diez cadenas de la zona 1 de la instalación.

Llegada de los cables a la caja de conexión.

En la instalación existirán tres cajas como esta, donde se hace la conexión de las diez cadenas en paralelo. Las líneas de salida de cada una de estas tres cajas se agruparán para formar la línea principal que va al conversor.

CASO PRÁCTICO 1 *(Continuación)*

Cada cadena está formada por quince módulos conectados en serie. Estos módulos se conectan mediante latiguillos siguiendo el esquema que hemos visto antes del caso práctico. En la foto se muestra un detalle de la interconexión de los módulos.

Las cajas de conexiones utilizan latiguillos con conectores rápidos de tipo MC, que facilita de gran manera el cableado de la instalación y de la conexión en serie de los módulos en cada una de las cadenas en las que se ha dividido la instalación.

IMPORTANTE

Entre la documentación de la instalación estarán los esquemas eléctricos del conexionado de todos los equipos y de los paneles solares. Es muy importante que te fijes bien en dichos esquemas a la hora de realizar las conexiones.

Fig. 5.11. En las instalaciones sobre tejados es importante mantener un espacio para la ventilación de los paneles solares.

3.2. Otras consideraciones sobre la instalación de los módulos fotovoltaicos

Además de todo lo visto en los apartados anteriores, vamos a dar una serie de recomendaciones para el manejo de los módulos y su colocación en la instalación.

- La colocación de los módulos sobre la estructura se debe hacer de tal forma que pueda circular el aire a través del generador, con el fin de que se refrigeren convenientemente y no tener problemas de sobrecalentamiento.
- En cuanto reciben la luz solar, los módulos empiezan a generar electricidad, por lo que hay que tener especial cuidado en no tocar las conexiones mientras se está realizando la instalación. Si se cubre el panel con algún elemento opaco, evitaremos este riesgo.
- Normalmente, los módulos se envían en cajas especialmente diseñadas para que estén debidamente protegidos durante el transporte. Es conveniente no sacarlos de ellas hasta el momento de la instalación. Se trata de materiales frágiles que debemos manejar con especial cuidado.
- No habrá de dejarse nunca un módulo en un sitio en el que no esté debidamente sujeto, pues, si cae, puede romperse el vidrio. Nunca debe impactar ningún objeto sobre el vidrio del módulo. Un módulo con vidrio roto no se debe usar.
- El conductor de tierra se fijará al taladro correspondiente del marco mediante sistema de fijación mecánica, como tornillo y tuerca.
- Hay que asegurarse de la estanqueidad de la caja de conexión y los elementos por donde pasan los conductores hacia ella. En caso de duda, se procederá a su reparación mediante sellado con los materiales adecuados, ya que la entrada de agua o humedad puede ocasionar desde pérdidas en el rendimiento del módulo fotovoltaico hasta accidentes graves en la instalación, tales como cortocircuitos, etc.

ACTIVIDADES

6. En **https://goo.gl/vAmc3x** tienes el manual de instalación de un panel solar. Haz un resumen con las principales recomendaciones dadas para su instalación desde el punto de vista eléctrico y desde el punto de vista mecánico.

7. Elige de un catálogo los cables y conectores adecuados para instalar el panel de la actividad anterior.

4. Montaje de instalaciones fotovoltaicas autónomas

En el apartado anterior hemos tratado la instalación del generador fotovoltaico de manera general, puesto que es un elemento común en todo tipo de instalaciones, bien sean autónomas o conectadas a la red.

Sin embargo, en cuanto a los equipos necesarios para configurar la instalación, sí existen diferencias entre ambos tipos de instalaciones, como venimos viendo a lo largo de este libro. Por ese motivo, en este apartado nos vamos a centrar en el montaje de elementos tales como las baterías, el regulador y los inversores utilizados en este tipo de instalaciones.

Fig. 5.12. Ejemplo de un montaje de un acumulador para una instalación solar fotovoltaica aislada sobre bancadas a dos niveles.

4.1. Montaje del acumulador de la instalación

En las instalaciones autónomas, uno de los elementos más importantes es el acumulador. Su montaje es una tarea que requiere especial atención, al manejarse elementos peligrosos, como el ácido del electrolito, y tensiones elevadas en continua si el acumulador es de grandes dimensiones.

Vamos a analizar el montaje del acumulador desde dos puntos de vista: la ubicación física de las baterías que conforman el acumulador y la conexión eléctrica del banco de baterías.

A. Ubicación de las baterías

Dependiendo del tipo de instalación, del lugar donde se realice y del tamaño del acumulador, la ubicación de las baterías puede llevarse a cabo de diferentes maneras: en una sala preparada para tal fin, en un contenedor o armario realizado ex profeso para la ubicación de las baterías, etc.

En cualquier caso, el lugar donde se va a ubicar el acumulador debe reunir una serie de requisitos mínimos:

- Las baterías deben ser colocadas siempre en un lugar cerrado, que proteja de la intemperie y de la acción directa del sol.
- Si las baterías utilizadas son abiertas, con electrolito líquido, el lugar donde se coloquen debe contar con una ventilación adecuada, a fin de evitar la acumulación de los gases que se producen durante el funcionamiento. Esta ventilación podrá ser manual o forzada. Además, es conveniente que en este tipo de recintos no haya elementos que puedan producir chispas, para evitar riesgos de explosión. En caso de que las baterías sean de gel, no existe riesgo de explosión, ya que en su funcionamiento no se produce emanación de gases.
- Es conveniente que las baterías se coloquen sobre soportes especiales (bancadas que las aíslen del suelo). Los soportes deberán estar construidos con madera o metales con tratamiento anticorrosión, y protegidos ante la humedad y el ácido, fundamentalmente.
- Para trabajar de forma óptima, el electrolito de las baterías necesita una temperatura de unos 20 °C. Para ello es conveniente que la sala de baterías se encuentre acondicionada térmicamente. Como esto no será posible en todas las ocasiones (por ejemplo, en instalaciones de repetidores de telecomunicaciones en lo alto de montañas), habrá que hacer un estudio de las temperaturas máximas y mínimas del lugar donde se hace la instalación, y elegir las baterías que puedan funcionar adecuadamente en esas condiciones.

> **! IMPORTANTE**
>
> La instalación de todos los elementos que estamos comentando en esta unidad debe hacerse bajo las medidas de protección y seguridad adecuadas a cada uno de los casos.
>
> En la Unidad 8 tienes detallados todos estos equipos de seguridad. Debes consultar en ella lo que necesitarás en cada uno de los casos concretos de instalación.

B. Conexionado eléctrico del acumulador

En la mayoría de las instalaciones autónomas, se utilizan baterías estacionarias, con una tensión nominal por vaso de 2 V. Ello obliga a que, al montar el acumulador definitivo, se realicen conexiones en serie en el banco de baterías, en función de la capacidad total que tenga el acumulador.

Las conexiones entre las baterías se pueden hacer mediante cables flexibles, o mediante pletinas de conexión rígidas. Cada fabricante facilita un sistema de montaje. Siempre se tendrá como referencia en el montaje el esquema eléctrico del acumulador que proporcione la documentación técnica de la instalación.

CASO PRÁCTICO 2

Montaje del acumulador de una instalación fotovoltaica

Analiza diferentes soluciones para la colocación del acumulador de una instalación fotovoltaica.

Solución

En esta actividad vamos a analizar dos situaciones distintas, resueltas con dos posibles soluciones cada una:

Caso 1
Instalación para un repetidor de telecomunicaciones (instalación de baja potencia).

Opción A: Armario con ventilación
En el armario se pueden observar los elementos para ventilación, tanto en la puerta como en los laterales.

Opción B: Empleo de un *rack*
Las baterías pueden ser colocadas también en un *rack* como el mostrado en la figura.

Caso 2
Baterías solares estacionarias para una vivienda.

Opción A: Bancada a dos niveles
A la hora de la colocación en la bancada, conviene empezar desde el centro hacia los extremos, equilibrando siempre el peso por cada nuevo vaso, con el fin de evitar que se vuelque el banco completo.

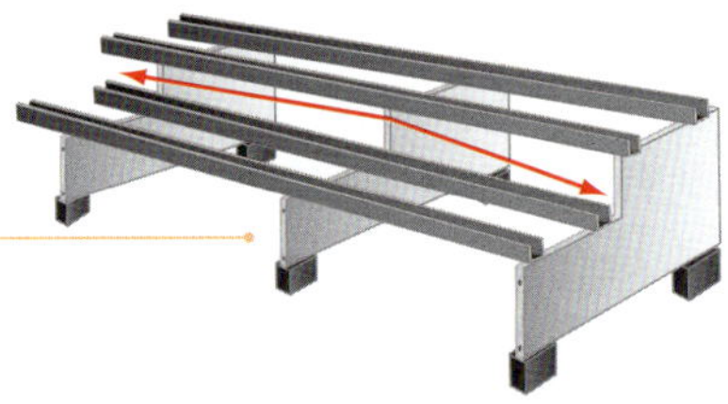

Opción B: *Rack* para el montaje de baterías
Se trata de un soporte metálico mediante el cual las baterías se encuentran unidas desde el punto de vista físico.

Recuerda que hay que tomar una serie de precauciones en el manejo de las baterías, para empezar porque son elementos muy pesados; luego habrá que manejarlas con cuidado, para no hacerse daño, así como por evitar posibles derrames del electrolito.

Detalle del conexionado de las baterías:

Tapón que da acceso al llenado del electrolito.

Pletina rígida de conexión para la unión de dos vasos. Al estar en serie van unidos positivo y negativo.

Los terminales de las baterías vienen preparados para su conexión mediante tuerca roscada.

Cable flexible de conexión para unir la fila de arriba con la de abajo.

C. Montaje de otros tipos de acumuladores

Con electrolito de gel

Estas baterías suelen ser de tipo *monoblock* y admiten un sistema de conexionado estándar (parecido al usado en las baterías de los vehículos). Se suelen encontrar en voltajes de 6 V o 12 V. Son cerradas, por lo que en su funcionamiento no se produce emisión de gases, como ocurre en el caso de las baterías de electrolito líquido.

Los terminales de conexión (Figura 5.13) suelen ser de abrazadera y tornillo, y la colocación de los cables requiere normalmente la utilización de herramientas especiales de crimpado.

Fig. 5.13. Ejemplos de distintos tipos de terminales para las baterías monoblock.

Una vez realizada la conexión del cable y el conector, es conveniente proteger la unión con una funda aislante termofusible o similar, con el fin de evitar posibles contactos eléctricos accidentales.

Baterías de litio

Además de las tecnologías comentadas anteriormente, se están abriendo un hueco en el mercado los acumuladores de litio. En principio están pensados para instalaciones de autoconsumo con conexión a red, pero las trabas burocráticas están provocando que no se utilicen para este fin, y sí en instalaciones aisladas.

Aunque su coste sigue siendo mayor que en las otras opciones, ofrecen una serie de ventajas que pueden hacer que el usuario se decante por este tipo de acumuladores: gran número de ciclados, posibilidad de ampliación de manera sencilla, múltiples configuraciones en función de las necesidades del usuario, etc.

CASO PRÁCTICO 3

Configuración del acumulador de una instalación solar fotovoltaica

Configura el acumulador para una instalación fotovoltaica aislada, montada en un refugio de montaña, con los acumuladores que ocupen el menor espacio posible. La instalación tiene una tensión nominal de 12 V y se necesita una capacidad del acumulador de 60 Ah.

Solución

Las baterías de dimensiones más reducidas son las de litio. Tras consultar diferentes modelos, podemos utilizar el que aparece en la imagen para realizar la instalación.

Conectando dos de estos acumuladores en paralelo, obtenemos la capacidad solicitada en la instalación. Puedes consultar sus características en la siguiente dirección web: **https://goo.gl/iDMZzq**.

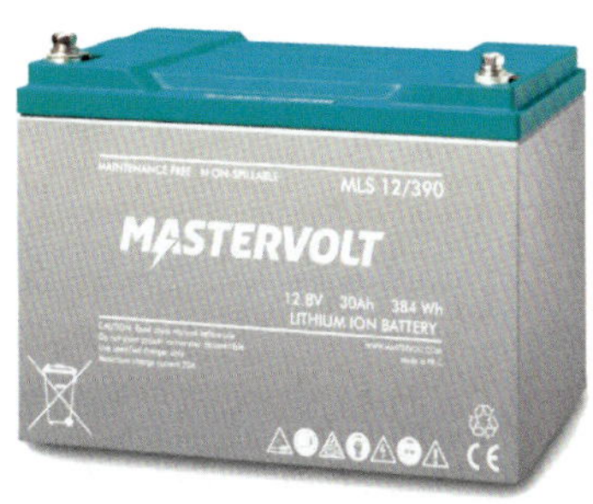

(Cortesía de Mastervolt Ibérica SA)

IMPORTANTE

Utiliza siempre los conectores más adecuados, según la recomendación del fabricante, para el conexionado de las baterías.

VÍDEO

En el siguiente enlace puedes ver un vídeo sobre el funcionamiento de los diferentes tipos de baterías:

https://goo.gl/djaG9a

ACTIVIDADES

8. Consulta un catálogo de fabricante y, en función de las características del acumulador visto en el caso práctico anterior (proporcionadas en la documentación del enlace web), elige los conectores adecuados para el montaje de dicho acumulador.

4.2. Montaje del regulador de la instalación

La colocación del regulador de la instalación suele ser una operación sencilla. Siguiendo las instrucciones del fabricante, no deberíamos tener ningún problema para realizar su conexionado.

El circuito que va desde las baterías hasta el inversor es uno de los más críticos de la instalación en lo que a caídas de tensión se refiere. Por tanto, debe colocarse lo más cerca posible del acumulador, respetando las medidas de seguridad necesarias.

CASO PRÁCTICO 4

Instalación de un regulador en una instalación autónoma

Explica el proceso de instalación de un regulador para una instalación que va a dar alimentación a una caseta que sirve de refugio en una finca.

Solución

El modelo elegido es un regulador solar TECATEL ES LG 4860. Es fundamental seguir las especificaciones que nos ofrece el fabricante. Para ello, se puede consultar el manual de instalación en la web **https://goo.gl/7GcPoA.**

A modo de resumen, podemos destacar las siguientes recomendaciones:

Normas antes de iniciar la instalación del equipo

- No instale el equipo donde haya productos inflamables.
- Asegúrese de instalar el equipo en una superficie sólida.
- La altura a la que se debe instalar el equipo tiene que ser la idónea para poder manipularlo.
- Evite ambientes corrosivos que puedan afectar al correcto funcionamiento del inversor.
- Queda terminantemente prohibido dejar cualquier objeto sobre el equipo.
- No exponga el equipo a la radiación solar directa.
- No instalar los equipos en estancias habitadas.
- La temperatura del lugar de instalación no debe sobrepasar el rango de −35 °C a 45 °C para asegurar el buen funcionamiento del equipo.

Ejemplo de notas de atención, advertencia y peligro

Advertencia Atención Peligro

Proceso para realizar la instalación correctamente

- **Paso 1:** Elija el sitio adecuado para la instalación. No instale el equipo en un lugar expuesto a la luz directa del sol, a altas temperaturas o a una intrusión de agua, y asegúrese de que el ambiente esté bien ventilado.
- **Paso 2:** Coloque el regulador en la posición correcta, marque los cuatro puntos de montaje, luego taladre los cuatro puntos marcados e introduzca los tacos correspondientes.
- **Paso 3:** Coloque el regulador en la pared de forma que coincida con los orificios del taladro para atornillarlos.
- **Paso 4:** Cableado. Fije los cables a los terminales correspondientes del regulador.

Orden de conexionado

1.º Conectar las baterías a los terminales del regulador.
2.º Conectar los paneles fotovoltaicos.
3.º Conectar las cargas de consumo.

Orden de desconexión

1.º Desconexión de las cargas de consumo.
2.º Desconexión de los paneles fotovoltaicos.
3.º Desconexión de la batería.

Datos de configuración del equipo y de las alarmas

Pantalla principal y elementos que aparecen para la configuración del sistema.

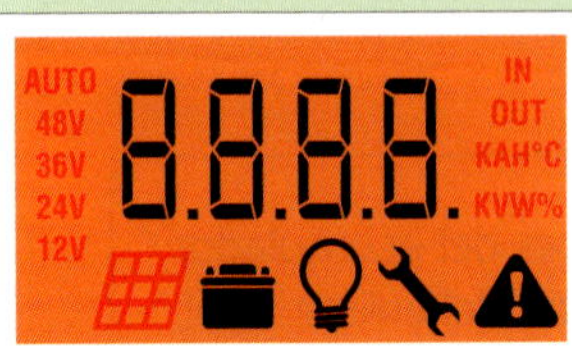

Estado del controlador

Indica que los paneles solares están funcionando.

Indica que la carga está funcionando.

4.3. Montaje del inversor de la instalación

El montaje de un inversor en una instalación autónoma es muy similar al del regulador.

Normalmente, va a ir colocado sobre una pared, de forma vertical, al igual que ocurría con el regulador, con la salvedad de que el peso del inversor es bastante mayor. Debe colocarse cerca del circuito de las baterías para evitar caídas de tensión innecesarias debidas a la longitud de los cables.

El fabricante nos dará la información necesaria para el montaje de este elemento.

CASO PRÁCTICO 5

Instalación de un inversor en una instalación autónoma

Una instalación fotovoltaica autónoma en un refugio de montaña trabaja a una tensión nominal de 12 V. Se necesita montar un inversor. Para tal fin se ha elegido el siguiente modelo: INGECON SUN STORAGE. Explica el proceso de montaje de dicho aparato.

Solución

Recurrimos al manual que nos proporciona el fabricante, del que vamos a destacar alguna de sus recomendaciones:

Montaje sobre la pared

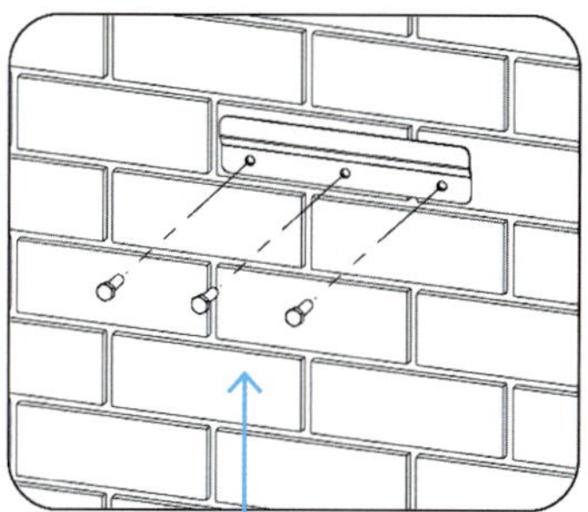

1. Marcar sobre la pared los puntos de arranque de la pletina y realizar los taladros con una broca adecuada a la pared y a los elementos de sujeción que se utilizarán posteriormente para fijar la pletina.

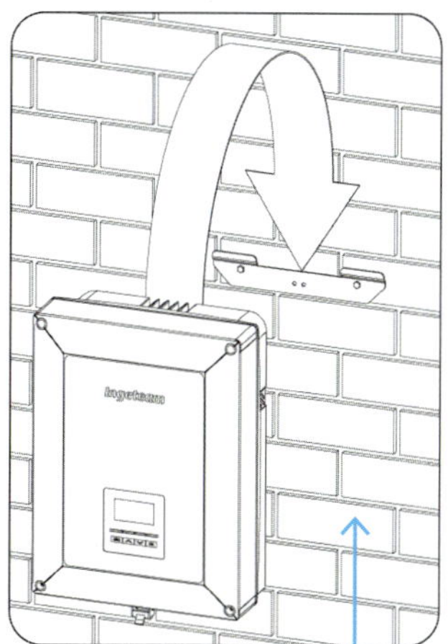

2. Fijar la pletina con elementos de sujeción de acero inoxidable para evitar la corrosión. Colgar el equipo de la pletina encajando las dos pestañas de esta en las aberturas destinadas a tal fin de la trasera del equipo.

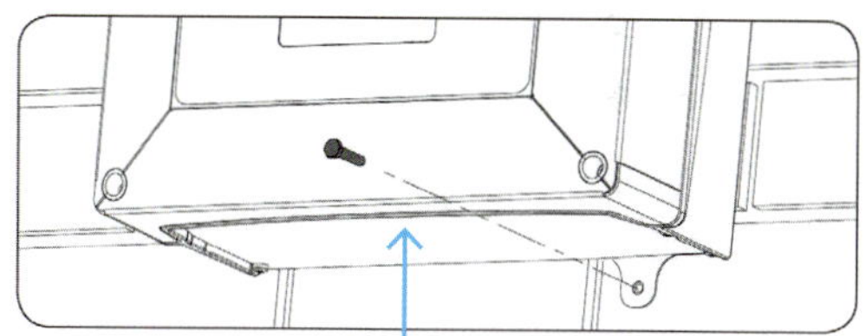

3. Marcar el orificio de amarre inferior. Desinstalar el inversor y practicar el orificio. Volver a instalar el inversor y atornillar el amarre inferior.

4. Verificar que el equipo ha quedado bien asegurado.

Recomendaciones sobre el emplazamiento del inversor

- Colocar los equipos en un lugar accesible a los trabajos de instalación y mantenimiento, y que permita el manejo del teclado y la lectura de los leds indicadores frontales adecuadamente.
- Evitar ambientes corrosivos que puedan afectar al correcto funcionamiento del inversor.
- Queda determinantemente prohibido dejar cualquier objeto sobre el equipo.
- Los inversores no deben exponerse a la radiación solar directa.
- No instalar los equipos en estancias habitadas. El inversor en funcionamiento emite un ligero zumbido.

(Cortesía de Ingeteam Power Technology SA)

(Continúa)

CASO PRÁCTICO 5 *(Continuación)*

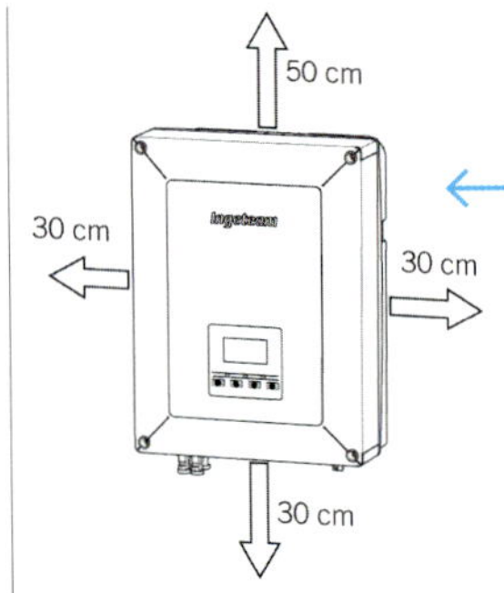

Debe mantenerse libre de obstáculos una zona de 50 cm en la parte superior e inferior del equipo y de 30 cm en sus laterales. Solamente así el sistema de refrigeración del equipo funcionará correctamente.

En el caso de instalar más de un inversor, asegurar que la extracción del aire caliente de unos no interfiera en la correcta ventilación de otros.

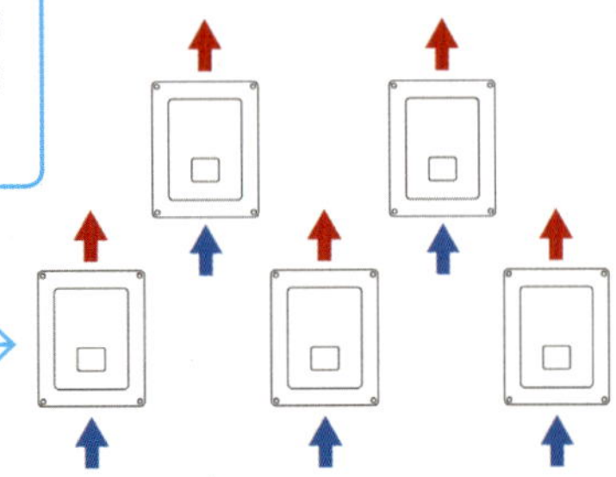

Equipo de protección individual para manipular el elemento

Denominación	Explicación
Calzado de seguridad	Conforme a la norma *UNE-EN-ISO 20345:2012*
Casco	Conforme a la norma *EN 397:2012 + A1:2012*
Casco con pantalla facial	Conforme a la norma *UNE-EN 166:2002*, siempre que existan elementos con tensión directamente accesibles
Gafas de seguridad	Conforme a la norma *UNE-EN 166:2002*
Ropa de trabajo	Ceñida al cuerpo, no inflamable, 100% de algodón
Guantes dieléctricos	Conforme a la norma *EN 60903:2005*

Las herramientas y equipos empleados en trabajos en tensión deben poseer, al menos, aislamiento de categoría III-1000 V.

En caso de que las normativas propias del lugar exijan otro tipo de equipo de protección individual, el equipo recomendado por Ingeteam se deberá completar adecuadamente.

IMPORTANTE

En la Unidad 7 puedes encontrar la información relacionada con la instalación de los inversores de las instalaciones conectadas a la red eléctrica.

4.4. Elementos de protección y desconexión de los circuitos eléctricos

La instalación fotovoltaica no deja de ser una instalación eléctrica, como las montadas habitualmente con otro tipo de energía. Es imprescindible, por tanto, la realización de un cuadro eléctrico donde se instalen los elementos que sirvan para desconectar los diferentes circuitos de la instalación, y todos aquellos elementos que sirvan para protección. Este cuadro debe estar en un lugar de fácil acceso para el personal que realizará después las tareas de mantenimiento de la instalación.

En unidades anteriores hemos detallado cuáles son estos elementos, por lo que en este apartado solamente haremos hincapié en la necesidad del montaje de dicho cuadro eléctrico.

Los circuitos que corresponden a una instalación fotovoltaica son los siguientes:

- Generador fotovoltaico-regulador.
- Baterías-inversor.
- Consumo en corriente alterna.
- Regulador-baterías.
- Consumo en corriente continua.

La elección de los elementos del cuadro se hará en función de los valores de las intensidades presentes en cada uno de los circuitos y cualquier otra consideración necesaria al respecto. El montaje de los cuadros es algo que todo electricista conoce sobradamente, por lo que no vamos a dar más detalles en esta unidad.

4.5. Puesta a tierra de los elementos de la instalación

Dos son las instalaciones de puesta a tierra que nos podemos encontrar en una instalación fotovoltaica:

- **Tierra de protección.** Consiste en la unión eléctrica de las distintas masas metálicas de los elementos de la instalación, y de estas con tierra. De esta forma, conseguiremos varios propósitos:
  - Proteger la instalación contra tormentas y posibles sobrecargas debidas a ellas.
  - Proteger la instalación frente a contactos indirectos.

  Con respecto a la puesta a tierra del generador fotovoltaico, hay que tener en cuenta dos aspectos:
  - La cimentación de la estructura soporte no se considera válida a efectos de conexión a tierra, por lo que será necesario tirar un cable al circuito de tierra para su conexión.
  - Los módulos fotovoltaicos llevan un taladro, que no presenta ningún tipo de tratamiento, en el que se colocará el cable de conexión a la toma de tierra de la instalación. La fijación del panel sobre la estructura no asegura un contacto válido, con respecto a la toma de tierra, debido al tratamiento que llevan ambos elementos, por lo que se debe realizar la conexión citada anteriormente.
- **Tierra de servicio.** Consiste en la unión eléctrica entre un conductor activo y la toma de tierra. En el lado de corriente continua de la instalación, sirve como referencia y mejora el funcionamiento de algunos equipos electrónicos usados en la instalación. En el lado de alterna, protegerá fundamentalmente contra contactos indirectos.

IMPORTANTE

Debido a la exposición a la intemperie de las instalaciones fotovoltaicas, es aconsejable utilizar unos elementos de protección denominados descargadores de corriente de rayos.

En el siguiente enlace web, puedes obtener información sobre estos elementos:

https://goo.gl/xu43eW

4.6. Herramientas que se deben utilizar para la instalación

En la siguiente tabla resumen se enumeran las herramientas más comúnmente utilizadas en los montajes de la instalación fotovoltaica. Estas herramientas son válidas para cualquier tipo de instalación.

Útiles y herramientas empleados en las instalaciones fotovoltaicas	
Función a realizar	Elementos
Movimientos de materiales	Grúas, trócolas, polipastos, cabrestante, gatos hidráulicos.
Aparatos de medición	Polímetro, pinza amperimétrica, GPS, anemómetro, veleta, brújula.
Herramientas de mano	Sierra de arco, destornilladores, llaves fijas, llaves dinamométricas, flexómetro, útiles de marcaje, mazas, nivel, alicates, pelacables, soldador, tijeras, tenazas para terminales, taladradora, atornillador eléctrico, remachadora y útiles de izado.
Equipos de seguridad	Consultar la Unidad 8 del libro.
Sistemas de señalización	

Tabla 5.2. Útiles y herramientas empleados en las instalaciones fotovoltaicas.

Fig. 5.14. Utilización de una plataforma elevadora para el montaje de un generador fotovoltaico en una farola.

ACTIVIDADES

9. En el enlace **https://goo.gl/MtGFFf** puedes encontrar un manual de instalación de un inversor fotovoltaico. Haz un breve resumen con los aspectos más destacados para llevar a cabo su instalación.

10. Basándote en el manual del punto anterior, haz una lista con las herramientas que necesitarías para realizar la instalación del inversor, detallando para qué se emplearía cada una de ellas, en función de las operaciones que habrán de llevarse a cabo según dicho manual.

5. Puesta en marcha de la instalación

La fase final de la instalación es su puesta en marcha y la entrega al cliente.

Con el fin de estandarizar los procedimientos que se deben seguir, es conveniente tener un manual de puesta en marcha de la instalación (que puede formar parte de la documentación del plan de gestión de la calidad de la empresa). Este manual será válido para cualquier tipo de instalación, si bien luego se tendrán en cuenta las particularidades de cada una.

En la siguiente tabla se detalla un ejemplo de los procedimientos que puede recoger un manual como el que estamos comentando. Se ofrece simplemente a modo de orientación, ya que en la práctica cada instalador tendrá sus propios procedimientos definidos.

IMPORTANTE

Si la empresa cuenta con un plan de gestión de la calidad, será conveniente tener un manual de instalación en el que se detallen los procedimientos para cada una de las fases que estamos comentando a lo largo de la unidad.

Manual de puesta en marcha (instalaciones autónomas)		
Alcance	**Elemento que se debe comprobar**	**Número de procedimiento**
Generador fotovoltaico	Comprobación de la tensión e intensidad de salida.	PM01
	Comprobación de las conexiones.	PM02
	Limpieza de los paneles.	PM03
	Revisión de la estructura de soporte y las sujeciones de los paneles.	PM04
Acumulador	Comprobación del conexionado.	PM05
	Limpieza del acumulador.	PM06
	Puesta en marcha.	PM07
Cableado de la instalación	Comprobación del estado del cableado.	PM08
	Medidas de caídas de tensión.	PM09
Puesta en servicio	Comprobación del funcionamiento del regulador.	PM10
	Comprobación del funcionamiento del inversor.	PM11

Tabla 5.3. Manual de puesta en marcha para una instalación fotovoltaica autónoma.

Fig. 5.15. Últimas comprobaciones en la instalación fotovoltaica para su puesta en servicio.

En el caso de las instalaciones conectadas a red, se contará con un manual similar al detallado en la Tabla 5.3.

Cada uno de los procedimientos debe aportar la documentación necesaria para su realización y detallar las herramientas y aparatos de medida necesarios para su ejecución y las operaciones que han de llevarse a cabo, de tal forma que cualquier técnico pueda realizarlo tras su consulta.

Tras la ejecución del procedimiento, se debe rellenar la ficha preparada al efecto, en la que constará la fecha de la ejecución y la firma del técnico que lo ha realizado. Esta documentación será archivada por si se hace necesaria su consulta posterior.

Es conveniente elaborar también un documento de entrega de la instalación, que deberá ser firmado por el propietario una vez dado el visto bueno al funcionamiento correcto de todos los elementos.

Cada empresa generará su propia documentación, que será acorde con el plan de gestión de la calidad que tenga instalado (recordemos que no es algo obligatorio para la empresa, aunque sí muy conveniente).

A continuación vamos a dar unos ejemplos de cómo se podrían realizar los procedimientos descritos anteriormente. Se trata solamente de una idea, que en cualquier caso servirá al instalador como guía para desarrollar su propio manual de procedimientos.

Procedimiento n.º PM01 Comprobación de la tensión e intensidad de salida del generador fotovoltaico	
Descripción	Se harán las mediciones de la tensión y la intensidad de salida del generador de la instalación.
Equipos necesarios	Polímetro, pinza amperímetra y destornilladores.
Información técnica necesaria	Plano de conexionado eléctrico del generador, valores de tensión e intensidad máximos previstos en los cálculos de la instalación. Plano de la ubicación de los elementos de la instalación.
Ejecución del procedimiento	1. Hacer las mediciones en un día soleado, a mediodía, con el fin de que los valores obtenidos estén próximos a los valores máximos teóricos. 2. Conectar el polímetro como voltímetro en la salida del generador (conexión del regulador) y registrar el valor de la tensión obtenida. 3. Hacer la medición de la intensidad a la salida del generador, con el polímetro en la posición si la intensidad prevista se encuentra dentro del rango de medición. En caso contrario, utilizar la pinza amperimétrica. Registrar las mediciones. 4. Comprobar que las mediciones realizadas se aproximan a los valores teóricos. En caso contrario, habrá que localizar las averías.

Tabla 5.4. Ejemplo del procedimiento PM01.

Fig. 5.16. Realización, sobre una instalación, del procedimiento denominado en el texto como PM04.

Procedimiento n.º PM04 Revisión de la estructura de soporte y las sujeciones de los paneles	
Descripción	Comprobar la estabilidad y rigidez de la estructura de soporte del generador fotovoltaico.
Equipos necesarios	Material de construcción de diverso carácter y juego de llaves.
Información técnica necesaria	Características, si se considera necesario, de los elementos de las estructuras y fijaciones de los paneles. Plano con la ubicación de los soportes.
Ejecución del procedimiento	1. Inspección visual de la cimentación o sujeción de la estructura si es en la pared. Detección de posibles grietas y su reparación. 2. Comprobar posibles holguras en las fijaciones. 3. Reapretar los tornillos si se detecta que se han aflojado por las vibraciones causadas por el viento. 4. Comprobar visualmente posibles deformaciones en los elementos de la estructura por sobrepeso en esta. 5. Comprobar visualmente posibles puntos de corrosión en la estructura. En caso de detectar alguno, proceder a su reparación con los medios adecuados para evitar el posible deterioro. 6. Comprobar la estanqueidad de las cajas fijadas a la estructura para el alojamiento de conexiones, equipos, etcétera. En caso de detectar entradas de agua, proceder a su sellado o a su sustitución.

Tabla 5.5. Ejemplo del procedimiento PM04.

Fig. 5.17. Una de las comprobaciones requeridas es registrar el valor de la tensión en los paneles solares.

ACTIVIDADES

11. Siguiendo el ejemplo de los procedimientos anteriores, realiza uno o más procedimientos para tu manual de instalador en los que se detallen el montaje y la puesta en servicio de un acumulador para una instalación fotovoltaica autónoma.

PRÁCTICA FINAL

Elaboración de un manual de instalación y puesta en marcha para una instalación fotovoltaica autónoma cuyo montaje se realiza a partir de un kit autoinstalable.

De un tiempo a esta parte, se han desarrollado kits para instalaciones fotovoltaicas orientados a evitar la intervención de personal cualificado a la hora de realizar la instalación, y a que sea el propio usuario quien lleve a cabo dicho montaje. Para la realización de esta práctica, nos vamos a basar en un vídeo tutorial que puedes encontrar en el siguiente enlace: **https://goo.gl/XnAuZy**.

Los procedimientos se deben adecuar a las explicaciones dadas en el vídeo tutorial. Es importante que lo veas detenidamente y tomes nota de los pasos explicados en él.

(Cortesía de Cambio Energético SL)

1. El objetivo de la práctica es elaborar un manual de instalación a base de procedimientos como los que hemos visto en la teoría.
2. Debes hacer una memoria de la práctica en la que aparezcan estos procedimientos agrupados a modo de manual (que sería el equivalente al manual de procedimientos de una empresa instaladora que tenga generado un plan de calidad).

Este manual debe incluir los procedimientos para las siguientes operaciones:

- Montaje de los paneles solares.
- Montaje del acumulador.
- Montaje del inversor y el regulador.
- Puesta en servicio de la instalación.

Si necesitas ampliar la información para la realización de la práctica, utiliza el siguiente enlace web:

https://goo.gl/jDpPL1

- Fases en el montaje de una instalación fotovoltaica
  - Estudio de la documentación técnica de la instalación
  - Aprovisionamiento de los materiales necesarios para realizar la instalación: herramientas, instrumentación y todos los elementos que han de colocarse
  - Realización de obra civil (si es necesario) y canalizaciones para la colocación de los soportes del campo fotovoltaico
  - Montaje y conexionado de los paneles fotovoltaicos para conformar el generador
    - Sistemas de fijación de los paneles a la estructura
    - Conexión eléctrica de los módulos que forman el generador
    - Consideraciones importantes que hay que tener en cuenta
  - Montaje y conexionado del resto de los elementos
    - Instalaciones autónomas
      - Colocación del acumulador
      - Montaje del regulador en su ubicación
      - Colocación del inversor (en caso de que lo hubiese)
    - Instalaciones conectadas a red
      - Montaje de los inversores
      - Montaje del punto de conexión a red
  - Cableado final de la instalación
    - Cables y conectores para una instalación solar fotovoltaica
      - Características que deben cumplir los cables
      - Análisis del cableado de un huerto solar
      - Tipos de conectores
  - Puesta en servicio y entrega de la instalación
    - Manual de puesta en marcha de la instalación
    - Definición de los procedimientos

TEST DE REPASO

1. El vallado del recinto que va a alojar el huerto solar debe realizarse...

(a) Al principio, antes de traer los materiales.
(b) Cuando se haya finalizado la instalación.
(c) No importa en qué momento.
(d) No es necesario vallar el recinto.

2. Una de las protecciones a tener en cuenta en los cables utilizados en instalaciones fotovoltaicas es...

(a) Contra los rayos ultravioleta.
(b) Contra los roedores.
(c) Contra la absorción de agua.
(d) Todas las respuestas anteriores son correctas.

3. El rango de temperatura de funcionamiento de los conectores de tipo MC es de...

(a) 0 °C a +50 °C.
(b) -40 °C a +90 °C.
(c) -40 °C a -90 °C.
(d) 0 °C a +90 °C.

4. La toma de tierra del panel solar se coloca...

(a) En cualquiera de los taladros que lleva.
(b) Sobre el marco del panel.
(c) En un taladro que realiza el instalador.
(d) En un taladro que lleva sin ningún tipo de tratamiento.

5. Los diodos de *bypass* de los paneles solares se encuentran colocados...

(a) En los latiguillos.
(b) Debajo de las células.
(c) En los bordes del panel.
(d) En las cajas de conexión.

6. Las baterías de tipo OPZS deben colocarse en las bancadas...

(a) Sin ningún orden.
(b) Desde el centro hacia los extremos de manera simétrica.
(c) Desde los extremos hacia el centro de forma simétrica.
(d) Es indiferente la manera de colocarlas.

7. Cuando se van a conectar baterías en serie a través de pletinas rígidas, estas unen los polos...

(a) Positivo a positivo.
(b) Negativo a negativo.
(c) Positivo a negativo.
(d) Es indiferente.

8. La toma de tierra de la instalación que protegerá de contactos indirectos se denomina...

(a) Tierra de protección.
(b) Tierra de servicio.
(c) Tierra fotovoltaica.
(d) Toma de tierra indirecta.

9. Una trócola es un útil que sirve para...

(a) Izar los paneles solares.
(b) Atornillar los paneles solares.
(c) Recortar las estructuras de soporte.
(d) No existe este elemento.

10. El regulador de la instalación debe ir...

(a) Lo más lejos posible de las baterías.
(b) Lo más cerca posible de las baterías.
(c) Lo más lejos posible de las cargas de consumo.
(d) Al lado de los paneles solares.

11. El orden de conexión correcto de los cables al regulador es...

(a) Baterías-paneles-cargas de consumo.
(b) Paneles-baterías-cargas de consumo.
(c) Cargas de consumo-baterías-paneles.
(d) Es indiferente.

12. La temperatura óptima de funcionamiento del electrolito de las baterías de ácido-plomo es de...

(a) 50 °C.
(b) 80 °C.
(c) 20 °C.
(d) 0 °C.

13. Generalmente, el electrolito de las baterías de gel debe reponerse...

(a) Cada dos meses.
(b) Una vez al año.
(c) Cada dos años.
(d) No puede reponerse nunca.

14. Mientras se colocan los paneles solares, ¿es conveniente taparlos?

(a) Es indiferente.
(b) Es conveniente para que no tengan tensión en sus extremos.
(c) No es conveniente taparlos.
(d) No se pueden colocar si se tapan.

COMPRUEBA TU APRENDIZAJE

Identificar los elementos necesarios para la realización de las instalaciones fotovoltaicas

1. Una instalación fotovoltaica autónoma está formada por los siguientes elementos:

a) Generador fotovoltaico con cuatro paneles solares, sobre un mástil.

b) Regulador.

c) Inversor.

d) Acumulador formado por dos baterías *monoblock* de gel.

A la vista de los elementos detallados, haz un listado en el que aparezcan los siguientes elementos:

- Sistema de fijación de cada uno de los elementos.
- Herramientas necesarias para realizar la instalación.

Elige los elementos en un catálogo comercial y obtén la información a partir del manual de montaje proporcionado por los fabricantes.

Ubicar los acumuladores en las instalaciones autónomas

2. ¿Cuáles son los riesgos para los acumuladores formados por baterías de tipo OPZS? ¿Qué medidas de seguridad se pueden adoptar para que no existan problemas en el lugar de ubicación del acumulador?

3. Elige los elementos necesarios para ubicar la batería en la instalación fotovoltaica de una señal de tráfico.

4. El acumulador de una instalación fotovoltaica aislada está conformado como se muestra en la siguiente figura:

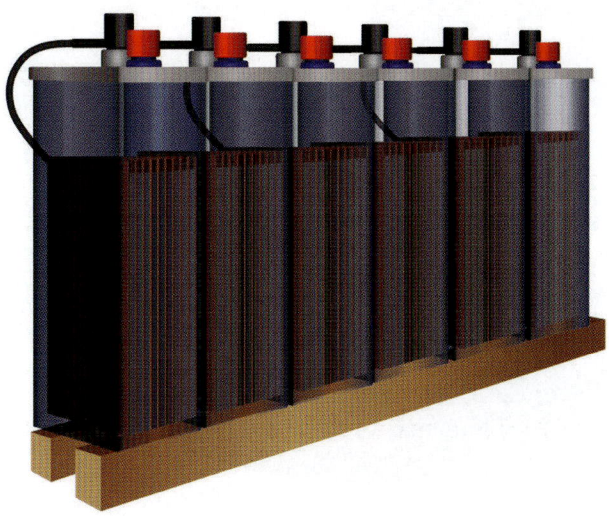

A la vista del número de baterías que lo forman, se pide:

a) Bancada adecuada para instalar dicho acumulador.

b) Elementos de conexión necesarios para la correcta configuración del acumulador.

Colocar los elementos que conforman la instalación

5. En una instalación se va proceder a colocar el siguiente inversor:

Busca en internet su manual de instalación y haz un resumen de este en el que aparezcan los aspectos más importantes del proceso.

Conectar eléctricamente los elementos de la instalación

6. En la siguiente figura tienes un modelo de cable para instalaciones fotovoltaicas. Consulta el catálogo del fabricante en **https://goo.gl/T1UuhN** y haz una tabla con sus principales características, desde el punto de vista eléctrico, así como del montaje que requiere.

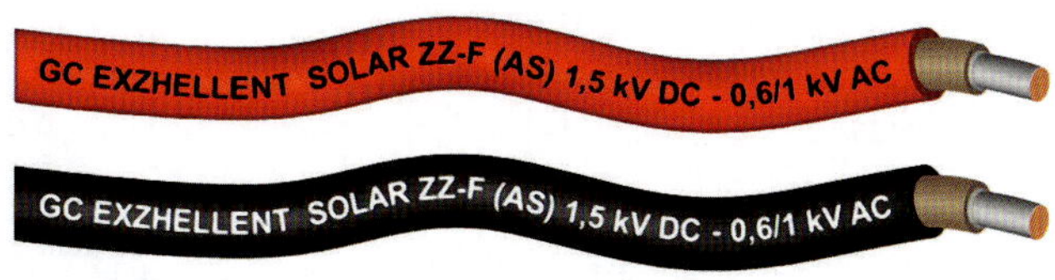

(Cortesía de General Cable Sistemas SL)

7. En la siguiente figura tienes un esquema de una instalación solar fotovoltaica aislada. Elige el modelo comercial de cable más adecuado para cada tramo de dicho esquema.

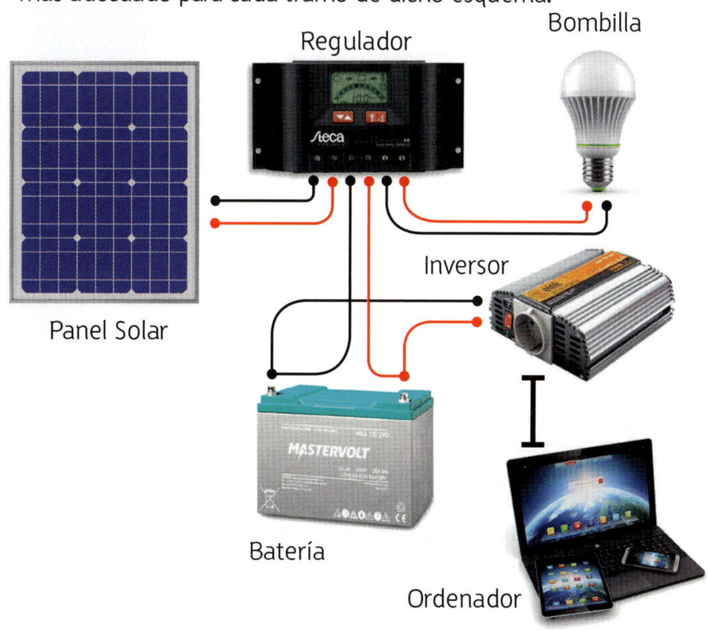

Indica el orden de conexión y desconexión de los elementos.

Realizar la puesta en marcha de la instalación

8. Describe el procedimiento de puesta en marcha de una instalación autónoma.

6
UNIDAD

Mantenimiento de instalaciones solares fotovoltaicas

En esta unidad

APRENDERÁS A

- Identificar los procedimientos de mantenimiento en las instalaciones fotovoltaicas.
- Mantener los elementos de la instalación: generador fotovoltaico, acumulador, regulador e inversor.
- Identificar averías en la instalación.

ESTUDIARÁS

- Los tipos de mantenimiento que se pueden realizar.
- Los parámetros que se deben considerar en una instalación.
- Los tipos de mantenimiento que hay que realizar en las instalaciones.
- Los principales tipos de averías y cómo solucionarlas.

Y SERÁS CAPAZ DE

- Mantener instalaciones solares fotovoltaicas aplicando técnicas de prevención y detección y relacionando la disfunción con la causa que la produce.

1. Introducción

Aunque los sistemas fotovoltaicos en general necesitan poco mantenimiento, dado que no presentan partes móviles, a excepción de los seguidores solares, ni requieren combustibles, etcétera., la fiabilidad, durabilidad y disponibilidad de servicio obliga a desarrollar un programa de revisiones y comprobaciones para mantener las instalaciones en perfecto estado de funcionamiento.

Para facilitar estas labores de mantenimiento, se suele establecer una guía con las actuaciones correspondientes, lo que facilitará al mantenedor la realización de las tareas.

Existen dos tipos de mantenimiento para esta clase de instalaciones:

1. **Mantenimiento correctivo:** se realiza cuando se produce una avería en la instalación, y tiene como fin solucionar el fallo. Se procede a reemplazar el elemento o elementos que se hayan estropeado, con el fin de restablecer el servicio de la instalación lo más pronto posible. Suele ser más barato que el mantenimiento preventivo, pero implica tener la instalación parada durante el tiempo que se tarda en resolver la incidencia.

2. **Mantenimiento preventivo:** se realiza con el fin de prevenir los fallos en la instalación. En este caso, la sustitución de los elementos de la instalación se realiza cuando se ha acabado su vida útil, antes de que lleguen a producir un fallo. La sustitución de las piezas antes de que fallen aumenta el coste de mantenimiento de la instalación más que si se cambian cuando ya se han estropeado, pero a cambio garantiza una disponibilidad de funcionamiento del cien por cien para la instalación.

Fig. 6.1. Operario comprobando el conexionado de la caja en el generador fotovoltaico.

Para asegurar su perfecto funcionamiento, en las instalaciones se suele tener un plan de mantenimiento preventivo. Si se suscribe un contrato de mantenimiento con una empresa, generalmente se incluirá en él, además, un plan de mantenimiento correctivo.

El plan de mantenimiento preventivo debe fijar las líneas de actuación: número de inspecciones periódicas, comprobaciones que deben llevarse a cabo, etc. El plan de mantenimiento correctivo fijará valores, como el tiempo de resolución de la avería desde que se produce el aviso o los costes asociados a la resolución de la avería (mano de obra, desplazamiento, coste del componente que se va a sustituir, etc.).

Aunque algunos de los elementos en las instalaciones fotovoltaicas autónomas y conectadas a red son comunes (como, por ejemplo, el generador fotovoltaico, los soportes de los paneles en algunos casos, etc.), vamos a distinguir entre las operaciones propias de mantenimiento para cada tipo de instalación.

Elemento que comprobar	Instalaciones autónomas	Instalaciones conectadas a red
Generador fotovoltaico (paneles + soportes)	Sí	Sí
Regulador	Sí	No
Acumulador	Sí	No
Inversor	Sí	Sí
Elementos de protección	Sí	Sí
Cableado	Sí	Sí
Conexión a red	No	Sí

Tabla 6.1. Elementos que comprobar en cada una de las instalaciones.

Además de los dos tipos de mantenimiento citados anteriormente, existe el **mantenimiento predictivo**, que consiste en sustituir las piezas antes de que lleguen al final de su vida útil, anticipándose a las posibles averías. En las instalaciones solares fotovoltaicas no se suele utilizar este tipo de mantenimiento debido a los escasos elementos con los que cuentan y a su larga vida útil.

En el siguiente enlace puedes conocer con más detalle en qué consiste el mantenimiento predictivo:

https://goo.gl/9d49tm

En los pliegos de condiciones técnicas del Instituto para la Diversificación y Ahorro de la Energía (IDAE) se definen los programas de mantenimiento preventivo de los dos tipos de instalaciones fotovoltaicas: autónomas y conectadas a red.

En las Tablas 6.2 y 6.3, y a modo de resumen, vamos a concretar las acciones que se van a realizar en este tipo de mantenimiento.

Instalaciones fotovoltaicas autónomas. Plan de mantenimiento preventivo		
Elemento	**Operación**	**Periodicidad**
Cableado	• Revisión del estado de los cables. • Inspección de conexiones, terminales y pletinas. • Comprobación de caídas de tensión en el cableado de continua.	12 meses
Estado de los módulos	• Situación respecto al proyecto original. • Limpieza y presencia de daños que afecten a la seguridad y protecciones.	12 meses
Estructura soporte	• Revisión de daños en la estructura. • Deterioro por agentes ambientales. • Oxidación.	12 meses
Baterías	• Comprobación del nivel del electrolito. • Limpieza y engrasado de terminales.	12 meses
Regulador de carga	• Medida de caídas de tensión entre terminales. • Inspección visual del funcionamiento de indicadores.	12 meses
Inversores	• Estado de indicadores y alarmas.	12 meses
Elementos de seguridad y protecciones	• Verificación de las tomas de tierra. • Comprobación de la actuación de interruptores de seguridad. • Verificación de fusibles.	12 meses
Instalaciones monitorizadas	• Calibración y limpieza de los medidores. • Comprobación del funcionamiento y calibración del sistema de adquisición de datos. • Verificación del sistema de almacenamiento de los datos.	6 meses

Tabla 6.2. Plan de mantenimiento preventivo de instalaciones fotovoltaicas autónomas.

Fig. 6.2. La limpieza de los paneles de forma periódica o después de episodios de lluvia facilita el buen funcionamiento de la instalación fotovoltaica.

Es importante en las instalaciones autónomas implicar a sus usuarios en el mantenimiento preventivo. Hay determinadas acciones, como las comprobaciones de las alarmas en los seguidores, la comprobación del nivel del electrolito en los acumuladores e incluso, si están accesibles, la limpieza de los paneles, que las puede realizar el usuario sin problema y tener de esa forma la instalación en perfecto funcionamiento.

También es importante la revisión periódica del soporte del generador fotovoltaico. Si la estructura está en un lugar accesible desde el punto de vista del usuario, es importante que se vigilen posibles puntos de oxidación, tornillos que se hayan aflojado después de un vendaval, etc.

ACTIVIDADES

1. En el enlace **https://goo.gl/kgESkW** tienes un kit de una instalación fotovoltaica aislada. Detalla, en función de los elementos, cómo se debería hacer el mantenimiento de dicha instalación. Básate en la tabla 6.1.

La periodicidad de las instalaciones conectadas a red depende de la potencia de la instalación, tal y como se refleja en la Tabla 6.3.

Instalaciones fotovoltaicas conectadas a red. Plan de mantenimiento preventivo			
Elemento	Operación	Periodicidad	
		< 5 kW	> 5 kW
Cableado	• Revisión del estado de los cables. • Inspección de conexiones, terminales y pletinas. • Comprobación de caídas de tensión en el cableado de continua. • Comprobación del cableado de las tomas de tierra.	12 meses	6 meses
Estado de los módulos	• Situación respecto al proyecto original. • Limpieza y presencia de daños que afecten a la seguridad y a las protecciones. • Verificación de las estructuras soporte.	12 meses	6 meses
Inversores	• Comprobación del funcionamiento. • Estado de indicadores y alarmas.	12 meses	6 meses
Elementos de seguridad y protecciones eléctricas	• Verificación de las tomas de tierra. • Comprobación de la actuación de interruptores de seguridad. • Verificación de fusibles.	12 meses	6 meses
Instalaciones monitorizadas	• Calibración y limpieza de los medidores. • Comprobación del funcionamiento y calibración del sistema de adquisición de datos. • Verificación del sistema de almacenamiento de los datos.	12 meses	

Tabla 6.3. Plan de mantenimiento preventivo de instalaciones fotovoltaicas conectadas a red.

Las operaciones de mantenimiento deben incluir:

- Realización de un informe técnico de cada una de las visitas en el que se refleje el estado de las instalaciones y las incidencias acaecidas.
- Registro de las operaciones de mantenimiento realizadas en un libro de mantenimiento, en el que constará la identificación del personal de mantenimiento (nombre, titulación y autorización de la empresa).

Es conveniente que la empresa encargada del mantenimiento realice programas específicos para cada uno de los elementos de la instalación, en el que se recojan con detalle los pasos que se han de dar en cada una de las visitas y la periodicidad de las comprobaciones.

Fig. 6.3. El desbroce de la vegetación en un huerto solar es una tarea incluida dentro del plan de mantenimiento preventivo (cortesía de Solar Xintec S. L.).

UN RETO

¿Eres capaz de localizar dos sistemas de limpieza de paneles solares para centrales fotovoltaicas de grandes dimensiones y explicar su funcionamiento?

ACTIVIDADES

2. Comprueba, consultando el pliego de condiciones técnicas (PCT) del IDAE para instalaciones conectadas a red, si hay que realizar alguna actividad más de las citadas en el apartado anterior. Elabora un documento en el que detalles estos nuevos elementos de mantenimiento, en caso de que los hubiera.

3. Prepara una ficha en la que puedas registrar las operaciones de mantenimiento realizadas en un generador fotovoltaico de una instalación conectada a red de 40 kW.

2. Mantenimiento de instalaciones autónomas

Entre los planes de mantenimiento para una instalación autónoma, cabe distinguir los implementados por el usuario (de tipo preventivo) y los realizados por un técnico. Analizaremos las acciones que puede llevar a cabo cada uno de ellos.

2.1. Mantenimiento de la instalación por el usuario

Normalmente, el mantenimiento de la instalación llevado a cabo por el usuario es de carácter preventivo, o programado, y abarca todas las comprobaciones y verificaciones que puede hacer sin necesidad de recurrir a un técnico. Los fines perseguidos son los siguientes:

- Mantener la instalación en buen estado de conservación y funcionamiento.
- Detectar a tiempo anomalías o defectos que influyan negativamente en el rendimiento general de la instalación fotovoltaica y en su servicio.

La presencia del usuario en la fase de puesta en marcha de las instalaciones favorece la realización de las tareas de mantenimiento de forma frecuente y ocasional, hasta que conozca cómo se comporta su instalación y vea la necesidad de las tareas de mantenimiento que precisa. Veremos a continuación el mantenimiento que el usuario puede realizar de cada elemento de la instalación fotovoltaica.

A. Mantenimiento del generador fotovoltaico

El usuario tiene un papel importante en el mantenimiento periódico del generador fotovoltaico.

CASO PRÁCTICO 1

Mantenimiento del generador fotovoltaico

Analiza las operaciones de mantenimiento que puede realizar el usuario sobre el generador de su instalación.

Solución

- Mantener la superficie del panel siempre limpia, realizando labores de limpieza como mínimo una vez al mes, salvo condiciones especiales (lluvia de barro, nevadas, etc.). Si es posible, comprobar que no existe ninguna rotura en los vidrios, etc.
- Si el generador está accesible de una manera cómoda, y sin riesgo para el usuario de la instalación, como en el caso de la pérgola de la fotografía, es conveniente comprobar visualmente el conexionado de los cables en el panel (en su parte trasera) con el fin de detectar posibles roturas en conectores, cajas estancas, etc.
- Además, debemos revisar los anclajes de la estructura de fijación del panel.
- El viento y las vibraciones que ocasiona pueden hacer que se aflojen algunos tornillos. Se debe verificar que están correctamente apretados, utilizando herramientas como llaves fijas, llaves de vaso, etc.
- También debemos comprobar visualmente:
  - Posibles deterioros en las estructuras de sujeción de los paneles: aparición de puntos de oxidación, pequeñas roturas, etc.
  - Si existe algún deterioro sobre el edificio en los lugares donde están ancladas la estructuras, como la aparición de grietas o posibles entradas de agua en el caso de que esas estructuras estén colocadas sobre el tejado, etc.

ACTIVIDADES

4. Busca en internet algún elemento que se pueda comprar para la limpieza de los paneles fotovoltaicos. Haz un resumen con su forma de utilización y sus características. Valora diferentes posibilidades en función de la ubicación del generador fotovoltaico: si se encuentra en el tejado, si es accesible desde el suelo, etc.

En el caso práctico hemos mostrado algunas de las acciones de mantenimiento que el usuario de la instalación puede realizar sobre ella. Además de lo ya comentado, se deben tener en cuenta otras cosas:

- Evitar que se proyecten sombras sobre los paneles por la instalación de elementos adicionales, como, por ejemplo, antenas. Procurar que, si existe vegetación alrededor de los paneles que pueda proyectar sombras, se proceda a su poda para evitar disminuciones en el rendimiento de la instalación.
- El mantenimiento del usuario debe limitarse a inspecciones de tipo visual con el fin de detectar posibles anomalías; bajo ningún concepto debe manipular ninguno de los elementos.

B. Mantenimiento del acumulador

El sistema de acumulación es el elemento de los sistemas solares fotovoltaicos de pequeña potencia que representa mayor peligro para cualquier persona que lo manipula (aunque sea para un mantenimiento básico), tanto por sus características eléctricas como por las químicas.

En el Caso Práctico 2, se muestran las operaciones de mantenimiento que puede llevar a cabo el usuario de la instalación sobre el acumulador.

Los riesgos que pueden encontrarse al mantener el acumulador son los siguientes:

- **Eléctricos,** por cortocircuitos debidos al roce con elementos como anillos, pulseras, etc.
- **Posibles incendios,** si no se toman las medidas adecuadas de ventilación.

Deben adoptarse siempre las medidas adecuadas para evitar tener accidentes.

CASO PRÁCTICO 2

Mantenimiento del acumulador de la instalación

El acumulador de una instalación aislada tiene una configuración como la que se muestra en la figura. Analiza los principales puntos donde se debe actuar para un mantenimiento correcto.

Solución

Comprobar/reapretar las conexiones de las baterías.

Asegurarse de que el electrolito de las baterías se encuentra entre las dos marcas de máximo y mínimo.

Comprobar visualmente que no hay elementos encima que puedan provocar cortocircuitos.

Comprobar que los bornes de las baterías no sufren ningún proceso de sulfatación.

ACTIVIDADES

5. Haz una lista de las acciones que deberían realizarse para el mantenimiento de un conjunto de baterías de un acumulador situado en una instalación fotovoltaica para un repetidor de telefonía que está formado por baterías de gel. Elabora una ficha para el registro de las acciones realizadas.
6. ¿Qué acciones de mantenimiento podría hacer el usuario de la instalación reflejada en la Figura 6.4?
7. Se ha producido una tormenta de barro y granizo en el lugar donde hay instalado un sistema de bombeo de agua. ¿Qué acciones deberíamos realizar como mantenimiento preventivo?

Fig. 6.4. Instalación solar fotovoltaica en una vivienda aislada.

C. Mantenimiento del regulador de carga para el acumulador y del inversor

Muchas de las instalaciones autónomas llevan el inversor y el regulador de carga montados en el mismo equipo. Tanto si son un único equipo como si son dos separados, el usuario puede hacer una serie de comprobaciones que ayudarán a mantener la instalación en perfecto estado.

Es siempre recomendable atender a las informaciones que nos proporciona el fabricante, tanto de instalación como para el mantenimiento.

CASO PRÁCTICO 3

Mantenimiento del regulador-inversor

Una instalación fotovoltaica aislada tiene montado el regulador mostrado en la imagen. Haz una lista con las comprobaciones que puede hacer el usuario de la instalación para asegurarse de su correcto funcionamiento.

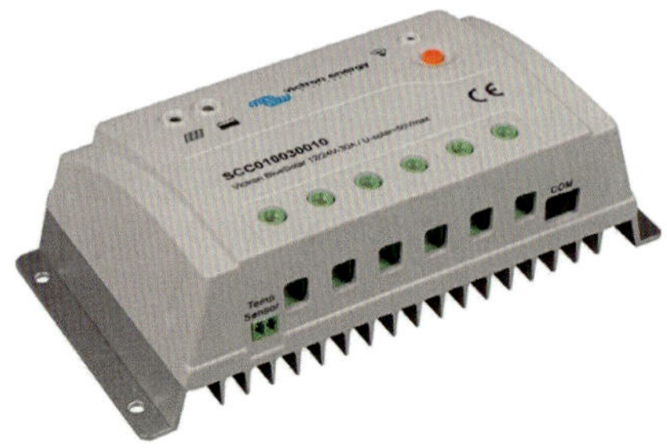

Solución

Es un elemento de alta precisión que no necesita mantenimiento. Únicamente se deberá comprobar la sujeción de las conexiones del regulador cada seis meses.

Los indicadores luminosos del regulador proporcionan información sobre el funcionamiento y el estado de las baterías y el campo fotovoltaico.

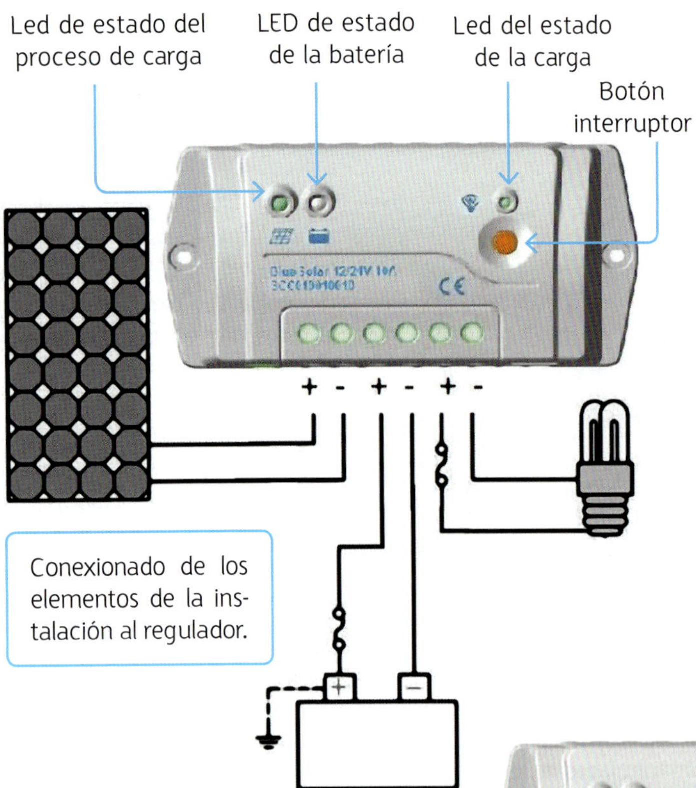

Conexionado de los elementos de la instalación al regulador.

	Verde	Apagado	Sin tensión proveniente de los paneles solares
	Verde	Encendido fijo	Poca tensión proveniente de los paneles
	Verde	Parpadeo lento	Cargando
	Verde	Encendido fijo	Normal (V_{bat} > 12,1 V y 24,2 V resp.)
	Verde	Parpadeo rápido	Sobretensión (V_{bat} > 5 V y 30 V resp.)
	Naranja	Encendido fijo	Subtensión (V_{bat} < 12,5 V y 23 V resp.)
	Rojo	Encendido fijo	Batería descargada en exceso (Vbat < 10 V y 20 V
	Rojo	Parpadeo	Sobrecalentamiento de la batería (si tiene el sensor de temp. instalado) (T_{bat} > 45°C)
	Rojo	Encendido fijo	Normal
	Rojo	Parpadeo lento	Sobrecarga
	Rojo	Parpadeo rápido	Cortocircuito
Indicadores de proceso de carga, carga conectada y batería parpadeando (en rojo)			Error de tensión del sistema
Indicadores de proceso de carga, carga conectada y batería parpadeando (en rojo)			Sobretemperatura

Existe la opción de conectar un panel remoto al regulador, a través de conector RJ45, que sirve tanto para programarlo como para monitorizarlo.

El panel deberá estar conectado al controlador con un cable RJ45 UTP estándar.

(Cortesía de Victron Energy B.V.)

D. Mantenimiento de los elementos de protección de la instalación

La instalación fotovoltaica debe contar con un cuadro de protección. Es conveniente que el usuario compruebe el correcto funcionamiento de este.

CASO PRÁCTICO 4

Comprobación del cuadro de protección de la instalación

Verifica el correcto funcionamiento del cuadro de protección de la instalación.

Solución

Las comprobaciones que deberán realizarse son las siguientes:

Comprobar el funcionamiento correcto de los interruptores magnetotérmicos del cuadro.

Inspeccionar visualmente posibles anomalías, como, por ejemplo, el sobrecalentamiento de los conductores (que habrá deteriorado el aislante).

Comprobar el funcionamiento correcto del interruptor diferencial, accionándolo.

Comprobar visualmente el estado del cableado que llega al cuadro de protección.

Este mantenimiento es igual que el que pueda realizar el técnico.

E. Mantenimiento de equipos de consumo y cables

Para que la instalación pueda funcionar correctamente, el usuario debe mantener en perfecto estado todos aquellos aparatos que estén conectados a la red.

Es conveniente también comprobar el cableado. En función de por dónde esté colocado, puede verse sometido a averías ocasionadas por roedores, animales de compañía, etc., así como sufrir deterioro de los aislantes por estar a la intemperie y otras causas. Es conveniente realizar revisiones periódicas de estos elementos.

2.2. Mantenimiento de la instalación por el técnico

Además del mantenimiento que realiza el usuario en la instalación, se debe tener un plan de mantenimiento que debe ser realizado por un técnico de este tipo de instalaciones.

El mantenimiento que realizará el técnico puede ser de dos tipos:

- **Preventivo:** a través de visitas periódicas a la instalación en los plazos acordados con el usuario de esta. Es conveniente que se realice al menos una visita anual a la instalación, y se aconseja una visita semestral, coincidiendo con las épocas de verano y de invierno.
- **Correctivo:** siempre que sea requerido por el usuario, tiene por objeto solucionar una posible avería en la instalación.

Analizaremos las posibles acciones de mantenimiento preventivo que realizará el técnico en la instalación.

VÍDEO

En el enlace **https://goo.gl/G6MMra** puedes ver cómo limpiar los paneles fotovoltaicos de un huerto solar.

ACTIVIDADES

8. Explica brevemente qué problemas pueden ocasionar los roedores y los animales de compañía sobre el cableado de una instalación, y cuáles pueden ser las medidas para evitarlos.

9. ¿Qué mantenimiento habría que realizar sobre el cableado exterior en una instalación después de un gran vendaval?

A. Mantenimiento del generador fotovoltaico

Además de las comprobaciones que realiza el usuario, es conveniente que el técnico compruebe, al menos una vez al año, los valores de tensión e intensidad que proporciona el generador.

CASO PRÁCTICO 5

Mantenimiento preventivo en el generador

Detalla las acciones que debe realizar el técnico en el generador en las visitas programadas de mantenimiento:

Solución

- Comprobar la estanqueidad de las cajas de conexión de los paneles y, ante cualquier anomalía, solucionarla adecuadamente. En el caso del tejado, puede ser necesario levantar los módulos del soporte con el fin de comprobarlo.
- Asegurarse de que la estructura soporte no tiene ningún deterioro. Reapretar los tornillos.
- Utilizando el polímetro, verificar la tensión que proporciona el generador. Para ello, actuamos en el punto de la instalación donde se encuentra la conexión del generador, es decir, en la conexión del regulador.

  Esta medida se realiza en corriente continua, y debe coincidir con la dada en la documentación técnica de la instalación (aproximadamente, ya que va a depender de la hora del día en la que se haga, el tiempo meteorológico, etc.).
- Igualmente, podemos comprobar con la pinza amperimétrica la intensidad que está proporcionando el generador. Necesitaremos también un medidor de radiación solar, para ver si está dentro de los valores previstos según las características proporcionadas por la documentación de la instalación.
- Comprobar el estado de los diodos de protección de los paneles.

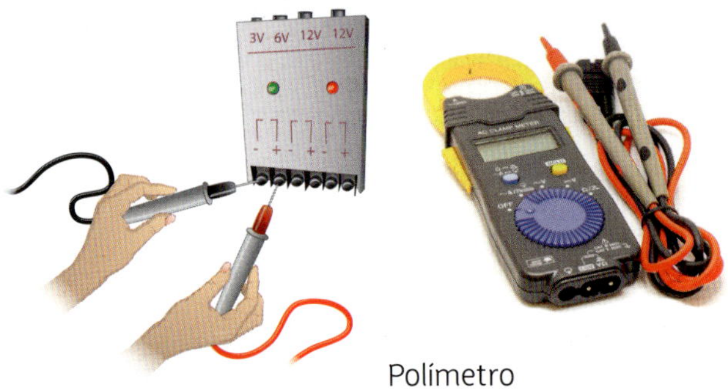

Polímetro

Medidor de radiación solar

Pinza amperímetra

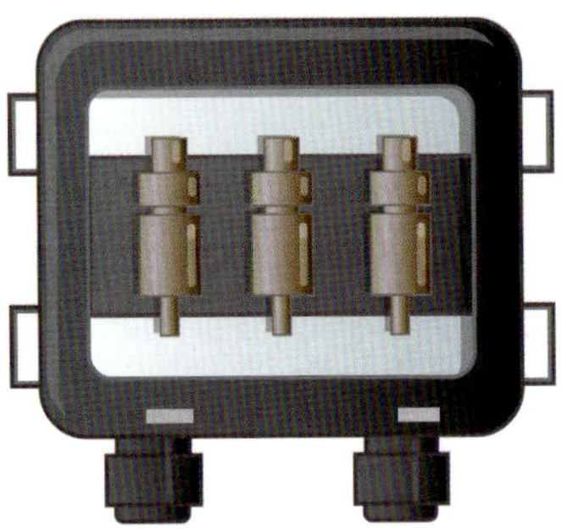

Diodos de protección de los paneles.

ACTIVIDADES

10. Busca en internet un medidor de radiación solar. Elabora un pequeño documento en el que aparezca esta información:

- Modelo del medidor.
- Características principales.
- Modo de funcionamiento.

11. ¿Valen todas las pinzas amperimétricas para realizar la medida que se explica en el caso práctico? Justifica la respuesta.

12. Explica los diferentes tipos de medidas que puede realizar con un polímetro el técnico que realiza el mantenimiento de la instalación. Detalla el modo de conexión para cada una de ellas.

B. Mantenimiento del acumulador

Es conveniente, al menos una vez al año, realizar una comprobación exhaustiva del sistema de acumulación a cargo del técnico, para comprobar su correcto funcionamiento.

CASO PRÁCTICO 6

Mantenimiento del acumulador

Detalla las comprobaciones que se deben realizar sobre el sistema de acumulación.

Solución

Se debe proceder a la limpieza del sistema de acumulación, tanto en su parte superior (restos de polvo, humedad, salpicaduras del electrolito, etc.) como en los terminales. Los terminales sulfatados se limpian con una disolución de bicarbonato sódico en agua. Una vez eliminados los restos, se realiza el engrase del terminal.

De manera general:

Comprobar los terminales, para ver si están sin sulfatación. Limpiar y engrasar adecuadamente.

Una vez realizadas las operaciones de limpieza y engrase, conectar todos los elementos asegurándose del perfecto contacto de cada terminal.

Comprobación visual del nivel de electrolito en cada uno de los vasos.

Comprobación del electrolito mediante un densímetro. Se medirá su densidad en cada una de las baterías del acumulador.

Conviene realizar dos medidas:

- En la parte de salida del acumulador, la tensión total que proporciona.
- En cada una de las baterías, la tensión que hay en sus bornes.

Otras comprobaciones

Comprobar el estado de las bancadas sobre las que se apoyan las baterías (si las hubiese). Hay que tener en cuenta que se producen vapores ácidos en el funcionamiento de la instalación y puede haber corrosiones sobre los soportes.

ACTIVIDADES

13. ¿Qué puede ocurrir si se produce un cortocircuito en el banco de baterías?

14. Busca en internet dos modelos distintos de densímetros y explica cómo deben utilizarse y cuál es su funcionamiento.

15. Investiga qué elementos o compuestos se utilizan en los terminales de las baterías de plomo ácido para evitar el sulfatamiento de estos.

C. Mantenimiento del regulador y el inversor

Las tareas de mantenimiento de estos dos elementos se limitan a comprobar su correcto funcionamiento si no se tiene noticia de una disfunción. Es importante también realizar una limpieza del aparato, o del armario donde se encuentre conectado, para que las rejillas de ventilación puedan evacuar sin ningún problema el calor que se produce durante la actividad.

CASO PRÁCTICO 7

Mantenimiento del inversor

Detalla las operaciones que hay que realizar sobre el inversor.

Solución

- Comprobar las sujeciones del aparato y el conexionado de los cables. Reapretar las conexiones si fuese necesario.
- Chequear el funcionamiento del aparato a través del panel de señalización, verificando si existe algún tipo de alarma u otra circunstancia:
- Verificar la ventilación del aparato, limpiando, si fuese necesario, su sistema de refrigeración (filtros de ventilación, disipador de calor, etc.).

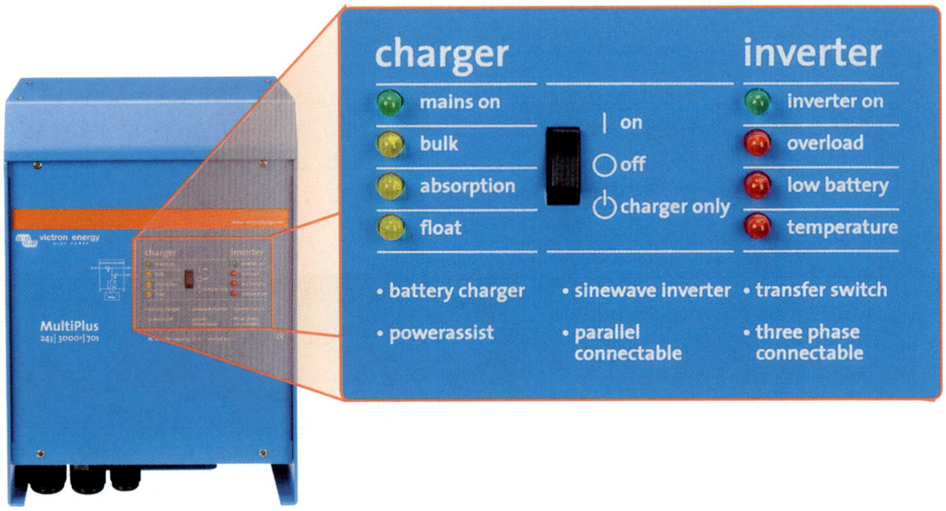

(Cortesía de Victron Energy B. V.)

En el caso del regulador, el proceso es similar al que hemos visto para el inversor. De manera general, estos serán los pasos que se deben seguir:

- Verificar que el regulador esté montado de manera segura en un ambiente limpio y seco.
- Verificar que el flujo de aire y la ventilación alrededor del regulador no esté bloqueado. Limpiar toda la suciedad en el disipador de calor.
- Comprobar los cables exteriores: que el aislamiento de los cables no esté dañado por el sol, el desgaste o la fricción, la sequedad, los insectos o las ratas, etc. Sustituir los cables si es necesario.
- Apretar todos los terminales. Inspeccionar si hay conexiones sueltas, cables rotos o quemados.
- Verificar y confirmar que el ***display*** led digital marca correctamente.
- Comprobar que ninguno de los terminales tiene corrosión, daños en el aislamiento por temperatura alta o idescolorido por iniciarse quemado en el mismo.

D. Mantenimiento del cuadro de protecciones

El técnico realizará una inspección similar para asegurarse de que todo funciona correctamente. Deberá comprobar también las tomas de tierra de la instalación, con el fin de asegurarse de su correcto funcionamiento.

Ante cualquier duda de posible defecto en un elemento de protección, este debe ser cambiado inmediatamente.

WEB

En el siguiente enlace se pueden visualizar algunas soluciones que se ofrecen comercialmente en relación con las protecciones de los sistemas fotovoltaicos:

https://goo.gl/xM9esK

ACTIVIDADES

16. Elige un modelo comercial de inversor (por ejemplo, en una tienda ***on-line*** de productos para instalaciones fotovoltaicas) y, a partir de su hoja de características, elabora un documento con una explicación sobre la información que podemos obtener de sus leds de alarma.

3. Mantenimiento de instalaciones fotovoltaicas conectadas a la red

Muchos de los aspectos, medidas y maniobras que hemos visto en el apartado anterior sobre el mantenimiento de las instalaciones autónomas son aplicables a las instalaciones conectadas a red, aunque, por las propias características de este tipo de instalaciones, existirán diferencias en el proceso de mantenimiento.

Sobre todo en grandes instalaciones es recomendable que el mantenimiento lo realice la empresa instaladora u otra empresa especializada en estos temas.

Analizaremos los aspectos que deben considerarse en el mantenimiento de estas instalaciones.

3.1. Mantenimiento de las estructuras de soporte de los paneles

En el caso de las instalaciones conectadas a la red, del tipo huerto solar, los generadores suelen tener un tamaño mayor que en las instalaciones autónomas, lo que hace necesario que los soportes sean especiales en cuanto a dimensiones.

Generalmente, nos vamos a encontrar con dos tipos de soporte: los fijos y los seguidores solares, tal y como vimos en la Unidad 4. En el Caso Práctico 8 analizamos algunos de los puntos que cabe considerar en su mantenimiento.

! IMPORTANTE

Las operaciones de mantenimiento efectuadas por el técnico implicarán normalmente la interrupción del suministro eléctrico de la instalación. Esta circunstancia debe ser advertida al usuario con el fin de ocasionarle los menores problemas posibles.

CASO PRÁCTICO 8

Sobre las imágenes de la figura, correspondientes a un soporte fijo y a un seguidor, analiza los principales aspectos que se han de considerar en el mantenimiento de la instalación.

Solución

Soporte fijo

- Verificar que toda la tornillería está correctamente apretada.
- Buscar posibles deterioros en la estructura (oxidaciones, etc.).
- Comprobar que el ángulo de inclinación se puede modificar.

Seguidor solar

- Asegurarse de que los anclajes tienen todos los tornillos bien apretados.
- Lubricar las partes móviles del soporte para evitar fricciones que puedan provocar un mal funcionamiento del sistema.

Además de los puntos comentados, en el caso de los seguidores solares es conveniente lo siguiente:

- Comprobar el anclaje de los motores que proporcionan el movimiento.
- Comprobar la carcasa del motor por si tiene algún deterioro.
- Inspeccionar los carriles para que no haya ningún obstáculo en ellos.

3.2. Mantenimiento de los generadores fotovoltaicos

Requieren el mismo mantenimiento que los generadores de las instalaciones autónomas, con la salvedad de que, al ser de mayor tamaño, es imprescindible contar con los esquemas de conexión para conocer qué elementos están conectados en serie y cuáles están conectados en paralelo.

En el mantenimiento preventivo de los generadores es importante realizar la limpieza periódica de los paneles, al igual que ocurría en las instalaciones autónomas. La diferencia con estas son los métodos utilizados. En las imágenes se pueden ver algunos de ellos:

Fig. 6.5. Máquina para la limpieza de paneles solares (cortesía de Hymach SRL) y robot limpiador. (cortesía de SunPower Corporation).

El resto de las operaciones que hay que realizar serán las siguientes:

- Comprobar el cableado que llega desde los paneles a la caja de conexión.
- Asegurarse de la estanqueidad de las cajas de conexión.
- Comprobar el cableado de los módulos en el generador, así como las cajas de conexión.

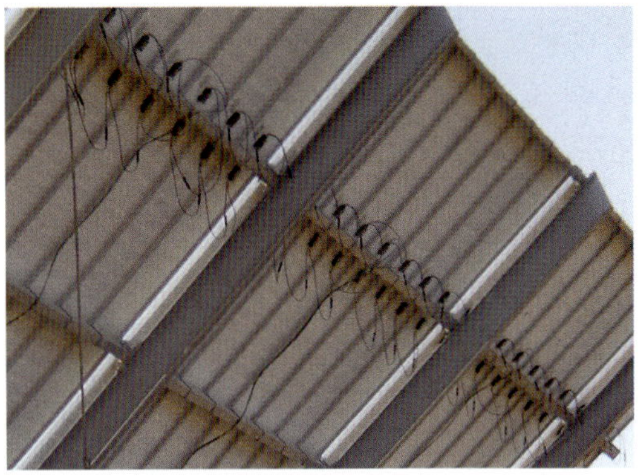

Fig. 6.6. Cableado en las cajas de conexiones generales y en los módulos fotovoltaicos.

3.3. Mantenimiento del inversor

Los pasos que hay que seguir en el mantenimiento de los inversores conectados a red son los siguientes:

- **Inspección visual**, con el fin de detectar posibles anomalías y deterioros en las carcasas, los elementos de medida y control del equipo, etc.
- **Comprobación del conexionado:** comprobar e inspeccionar todas las conexiones, guardando las medidas de seguridad al respecto, con el fin de evitar cualquier posible riesgo de accidente eléctrico. Asegurarse de que los cables no están deteriorados por la acción de roedores, la humedad, etc.
- **Limpieza de las casetas** donde están alojados, con el fin de eliminar polvo y otros elementos que puedan entorpecer el buen funcionamiento del equipo.
- **Comprobación del sistema de refrigeración**, si existe en la caseta, o en el propio equipo (sobre todo, en los de elevada potencia). Una mala refrigeración puede ocasionar graves deterioros en los equipos.

VÍDEO

En el siguiente enlace puedes ver en funcionamiento un robot para la limpieza de paneles solares:

https://goo.gl/z9az7V

En la Figura 6.7, podemos observar una caseta donde están ubicados los inversores de la instalación a red. Cada fila del generador fotovoltaico está conectada a una de estas casetas.

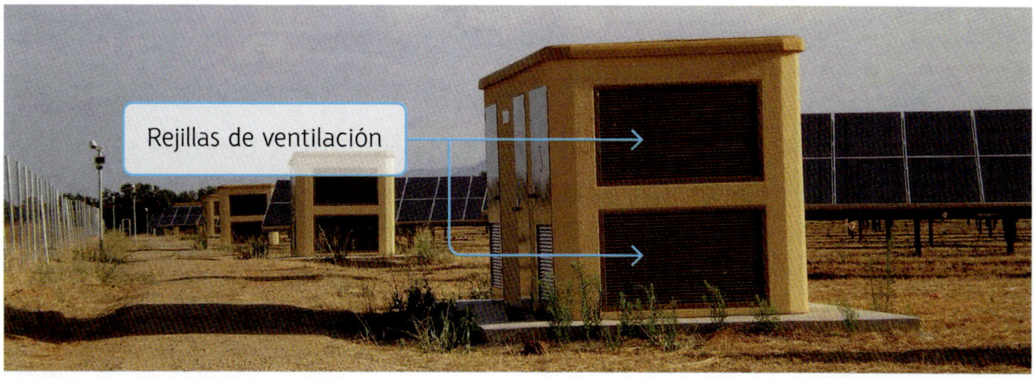

Fig. 6.7. Casetas para la ubicación de los inversores.

En otras ocasiones, los inversores están ubicados a pie del generador, en un armario. Es importante comprobar el interior del armario, y que el inversor funciona correctamente.

Fig. 6.8. Ejemplo de inversor colocado a pie de generador.

VÍDEO

En el siguiente enlace encontrarás un ejemplo en el que se explica la monitorización de varias plantas solares:

https://goo.gl/pF95ua

En las grandes instalaciones, los inversores suelen estar monitorizados con el fin de detectar lo antes posible cualquier anomalía en el funcionamiento. Dependiendo del modelo, nos ofrecen diferentes opciones:

- **Control de inversor mediante una conexión por Internet:** en algunos casos, los inversores llevan incorporado un servidor web, bajo protocolo TCP/IP, que, conectado a un ordenador en la misma red local, puede ser monitorizado a distancia. En la Figura 6.9 puede verse un ejemplo:

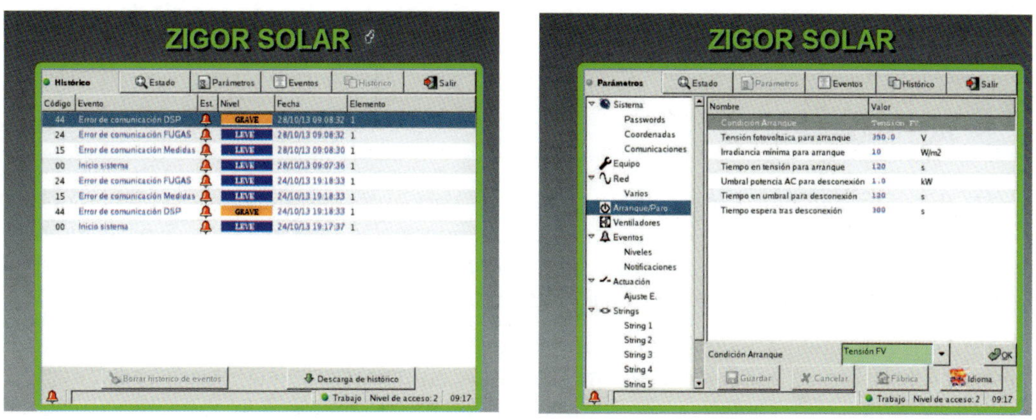

Fig. 6.9. Interfaz de un servidor web de la marca Zigor Solar.

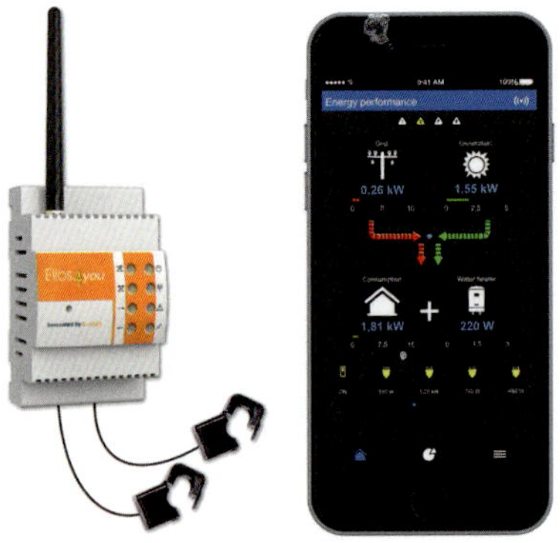

Fig. 6.10. Monitorización por app *(cortesía de Astrel Group).*

IMPORTANTE

En el punto de conexión a red, puede ser interesante medir los armónicos de la señal proporcionada por la instalación, en las labores de mantenimiento, para asegurarnos de que la señal que se está inyectando se halla dentro de los límites legales.

Esta medida se puede realizar con una pinza amperimétrica preparada para medidas de calidad eléctrica.

- Control mediante ***app*** y ***smartphone:*** en instalaciones de autoconsumo, por ejemplo, se pueden monitorizar los inversores a través de una ***app*** y un ***smartphone***, conectando en la instalación un módulo de comunicación como el mostrado en la Figura 6.10.

Este tipo de conexiones facilita mucho las labores de mantenimiento correctivo, puesto que se puede actuar en cuanto se produce un fallo en el sistema.

3.4. Mantenimiento de los sistemas de protección y medida

Para una instalación fotovoltaica conectada a red, debemos tener en cuenta el mantenimiento de los elementos de protección y medida. Los pasos que se deben seguir son los siguientes:

- Inspección visual del cableado, comprobando si existen deterioros en los aislantes, etc.
- Comprobación del funcionamiento de los contadores, tanto de consumo como de inyección a red, verificando su correcta conexión.
- Comprobación de fusibles, interruptores magnetotérmicos, interruptores diferenciales, etc., en los cuadros de protección de la instalación.
- Asegurarse de que no existen falsos contactos y, si fuera necesario, proceder al reapriete de los bornes de conexión.

Fig. 6.11. Cuadro de contadores y protecciones de una instalación conectada a red.

La salida al mercado de los contadores para energía eléctrica con telemedida ha permitido desarrollar diversos métodos de mantenimiento preventivo, además de permitir la comprobación de una manera sencilla de que la instalación está produciendo energía de la manera esperada, sin la necesidad de tener que monitorizar sus inversores.

ACTIVIDADES

17. Busca en Internet un ejemplo de un inversor para autoconsumo que se pueda monitorizar desde el teléfono móvil y explica sus principales características. Explica cómo se puede conseguir la aplicación de monitorización: si es gratis, si la proporciona el fabricante, si vale para Android e iPhone, etc.

18. Busca en internet algún método de monitorización de parques fotovoltaicos y explica brevemente su funcionamiento (cómo es la comunicación: internet, vía radio, etc.), desde dónde se controla y otros aspectos que puedas considerar importantes.

4. Pruebas y averías de los componentes fotovoltaicos

Las instalaciones fotovoltaicas no suelen presentar muchas averías. La mayoría de las veces, las pocas averías que ocurren se deben a defectos producidos en las fases de diseño o instalación de los equipos. Entre las posibles causas de avería, tenemos las siguientes:

- Proceso de instalación realizado de forma deficiente: cableado desordenado y sin marcar, falta de elementos de desconexión de la instalación, etc.
- Ausencia de planos, esquemas y manuales de la instalación, así como de las características de los elementos utilizados en ella.
- Aparatos sin indicadores de funcionamiento, falta de monitorización de la instalación, etc.
- Falta de un registro de las acciones llevadas a cabo en el plan de mantenimiento de la instalación, para poder analizar las intervenciones realizadas en ella.

Fig. 6.12. Comprobación por parte del técnico de la presencia de tensión en la rama del generador fotovoltaico.

Es importante detectar y corregir una avería, pero también lo es corregir y detectar las causas de esta y prevenir su aparición.

En este tipo de acciones es muy importante contar con un plan de calidad en la empresa que se dedica al mantenimiento, ya que, si este existe, habrá un registro de averías y los correspondientes procedimientos para su solución, lo que hará ganar mucho tiempo a la hora de realizar las actuaciones sobre la instalación.

En la Tabla 6.4 se recogen algunas de las averías más típicas sobre los elementos de la instalación y cómo se manifiestan.

ELEMENTO		AVERÍA	CAUSA	DESENCADENANTE	EFECTO
GENERADOR FOTOVOLTAICO	Panel solar	Deterioro en la superficie	Caída de un objeto	Golpe sufrido en el proceso de la instalación	Falta de producción de electricidad en el generador Fallo en la recarga de los acumuladores
			Golpe fortuito	Error en la instalación Descuido o accidente del usuario de la instalación	
			Vandalismo	No existen medidas de protección ante estos actos	
	Célula del panel	Penetración de agua	Rotura de la cubierta del panel	Ver el apartado anterior	
		Sobrecalentamiento	Sombreado parcial	Fallo en los diodos de paso	
		Potencia disipada excesiva	Inexistencia o fallo de elementos de protección en el generador	Fallo en fusibles y diodos de paso	
	Diodos de *bypass*	Rotura	Caída de un rayo	Ausencia de pararrayos en la instalación	
ACUMULADOR		Deterioro de las placas	Sobrecargas excesivas y descargas demasiado profundas	Regulador mal ajustado	Disminución de la capacidad del acumulador y acortamiento de su vida útil
			Carga de ecualización realizada de manera deficiente	Falta de mantenimiento preventivo	
			Nivel de electrolito insuficiente	Falta de mantenimiento preventivo	
REGULADOR INVERSOR		Fallo interno	Inversión de la polaridad	Error en el montaje	Corte en el suministro eléctrico
				Mala colocación de las tomas de corriente para consumo	
			Sobrecarga o cortocircuito	No existen medidas de protección	

Continúa

ELEMENTO	AVERÍA	CAUSA	DESENCADENANTE	EFECTO
INSTALACIÓN ELÉCTRICA	Problemas en las conexiones: corrosión, aflojamiento, cortocircito, etc.	Montaje defectuoso	Mala estanqueidad de las cajas de conexión, fallos en las conexiones, etcétera	Interrupción en el suministro eléctrico Posibilidad de que ocurran accidentes eléctricos
	Puesta a tierra defectuosa	Montaje deficiente	Ausencia de la pica de puesta a tierra, mala continuidad en la instalación, etc.	
	Aislante del cableado deteriorado	Montaje o canalizaciones inadecuadas	Elementos no protegidos contra la intemperie, acción de roedores, etcétera	
	Sobrecalentamiento del cableado	Dimensionado inadecuado	Cables de sección menor a la que sería necesaria	

Tabla 6.4. Averías más habituales de los elementos de la instalación.

@ WEB

Existen aplicaciones informáticas que sirven de ayuda a la gestión de los mantenimientos.

En el enlace siguiente, tienes un ejemplo de una aplicación de este tipo:

https://goo.gl/BkK8fE

Es importante que quede constancia de todas las acciones de mantenimiento, tanto preventivo como correctivo, que se llevan a cabo en la instalación. Para ello se debe rellenar un parte o ficha de la intervención realizada, y archivarla para poder tener constancia de todas las actuaciones.

Un ejemplo de un parte de averías puede ser el siguiente:

DATOS DEL CLIENTE		NÚMERO DE PARTE
NOMBRE Y APELLIDOS:		1
DIRECCIÓN:		
DESCRIPCIÓN DE LA AVERÍA / OPERACIÓN DE MANTENIMIENTO		
Realización del mantenimiento preventivo sobre el acumulador de la instalación.		
ACTUACIONES REALIZADAS		
Medición de la densidad del electrolito. Comprobación de las conexiones. **Relleno de los vasos de agua destilada.** **Comprobación de las tensiones.**		
COSTE TOTAL	CANTIDAD	PRECIO UNIDAD
MATERIALES: MANO DE OBRA:		
DATOS DEL TÉCNICO	CONFORME EL CLIENTE	
NOMBRE Y APELLIDOS:	FDO::	
FIRMA:		

Fig. 6.13. Modelo de un parte de averías o de mantenimiento.

ACTIVIDADES

19. Diseña un parte de averías que puedas utilizar en un futuro tomando como modelo el ejemplo que tienes en la parte superior. Añade a dicho parte de averías una tabla en la que se pueda llevar un control histórico de estas.

20. Prepara un documento para llevar el mantenimiento preventivo de una instalación, en el que se reflejen las fechas de las inspecciones y los elementos inspeccionados.

5. Instrumentos y herramientas para el mantenimiento de instalaciones fotovoltaicas

A modo de recopilación, mostramos algunos de los elementos necesarios para la realización de un correcto mantenimiento de las instalaciones (Tabla 6.5).

<table>
<tr><th colspan="2">Densímetro</th><th colspan="2">Pinza amperímetra</th></tr>
<tr><td colspan="2">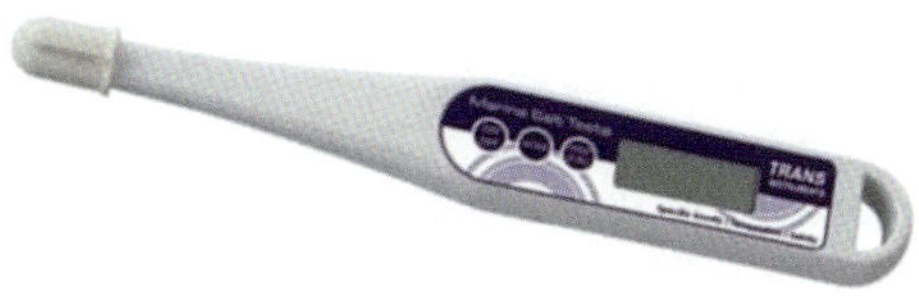
Para comprobar el electrolito de los acumuladores.</td><td colspan="2">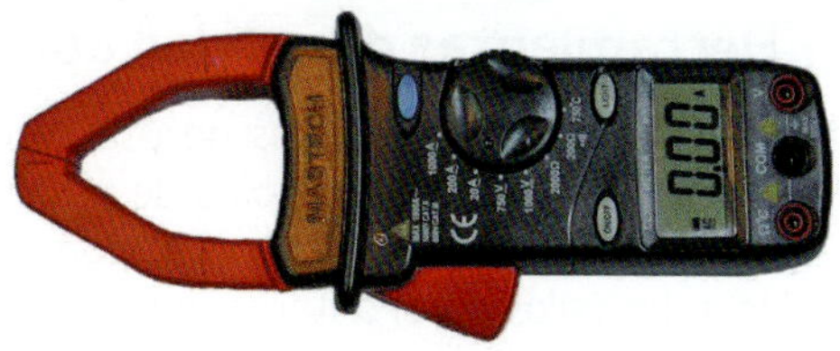
Permite realizar medidas de intensidad y, en algunos casos, de los armónicos en la red.</td></tr>
<tr><th colspan="2">Polímetro</th><th colspan="2">Piranómetro</th></tr>
<tr><td colspan="2">
Aparato para medir tensiones, corrientes, resistencias, etc.</td><td colspan="2">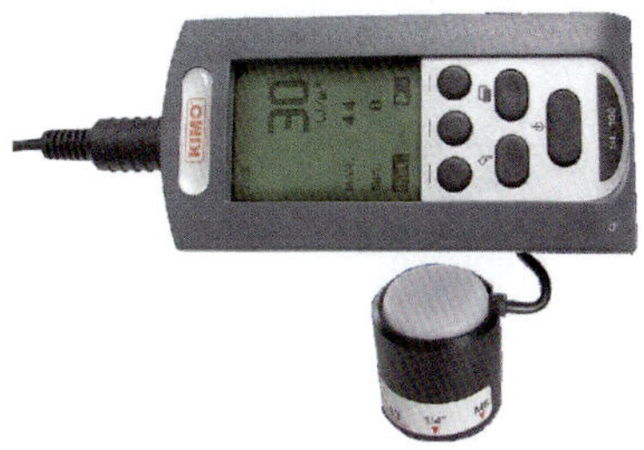
Medidor de radiación solar</td></tr>
<tr><th>Juego de destornilladores</th><th colspan="2">Juego de llaves de vaso</th><th>Juego de llaves fijas</th></tr>
<tr><td>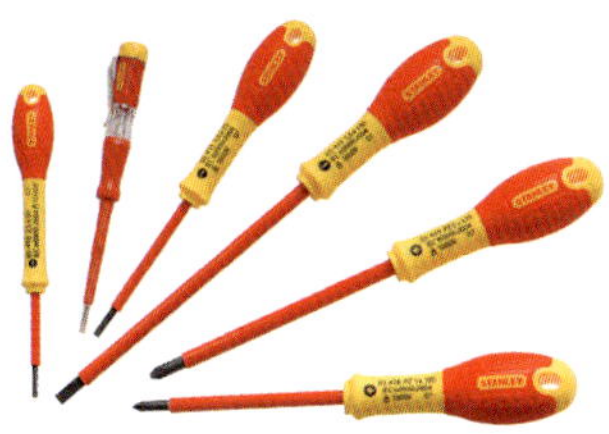
Deben llevar los mangos protegidos con aislantes eléctricos. Serán de varias medidas y de tipo plano, Philips, etc.</td><td colspan="2"></td><td></td></tr>
<tr><td></td><td colspan="3">Permiten la fijación y apriete de tuercas y tornillos con cabeza hexagonal.</td></tr>
</table>

Tabla 6.5. Elementos necesarios para el mantenimiento de instalaciones.

ACTIVIDADES

21. Haz una lista con los instrumentos que necesitará un técnico para realizar el mantenimiento de una instalación autónoma, y explica brevemente para qué se usaría cada uno de ellos.

22. Investiga cuántos tipos de medidores para radiación solar podemos encontrar en el mercado, y comenta en un documento sus principales características.

6. Gestión de la calidad aplicada al mantenimiento

Aunque a ninguna empresa se le exige tener implantado un sistema de gestión de la calidad, muchas empresas del sector disponen de dicho sistema y están certificadas por AENOR.

La gestión de la calidad se aplica a todos los ámbitos en los que interviene la empresa. En este apartado vamos a dar algunas nociones de cómo se puede aplicar un sistema de gestión de la calidad al ámbito del mantenimiento.

6.1. Herramientas de calidad aplicadas al mantenimiento

Hay una serie de herramientas de uso común en la gestión de la calidad: diagrama causa-efecto (también llamado de espina de pescado), histogramas, diagramas de dispersión, diagrama de Pareto y gráfica ABC, etc. En todos ellos lo que se persigue es analizar las causas que producen los fallos en el sistema, por lo que pueden ser útiles en el caso de que se apliquen al mantenimiento.

IMPORTANTE

En España, la principal entidad que se encarga de las certificaciones de calidad es AENOR. A partir de 2017, la Asociación Española de Normalización (UNE) se desvincula de AENOR para continuar realizando su trabajo, que es el desarrollo de las normas UNE que rigen todas las actividades profesionales.

CASO PRÁCTICO 9

Aplicación de las técnicas de calidad al mantenimiento de una instalación

En una instalación fotovoltaica se ha comprobado que se producen cortes en el suministro con una determinada frecuencia. Hecho el seguimiento de esta durante seis meses, se ha tomado nota de las posibles causas de estos cortes. Se desea hacer una representación gráfica en la que se pueda analizar la importancia de cada una de las causas sobre los cortes de suministro.

Solución

Una de las herramientas más utilizadas para este tipo de resultados es el **análisis de Pareto.** En él se muestra en un gráfico de barras, ordenado de mayor a menor, el porcentaje sobre el total de fallos que tiene cada una de las causas que los producen, con lo que es bastante fácil hacerse una idea de la importancia de cada uno de ellos.

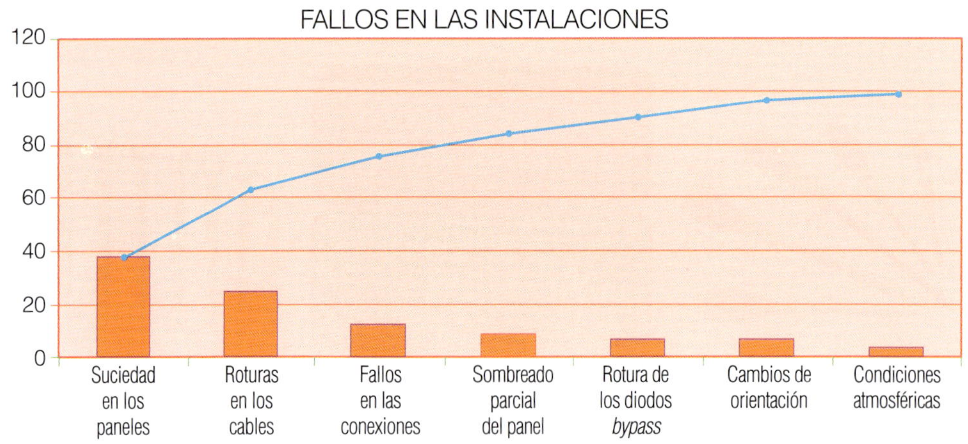

ACTIVIDADES

23. En la figura tienes un ejemplo de un diagrama causa-efecto. Rellena un diagrama de este tipo para representar gráficamente el problema que tiene lugar en un huerto solar en estas situaciones:

a) No se mide tensión a la salida de un grupo de paneles solares.

b) No hay tensión en la salida de uno de los inversores de la instalación.

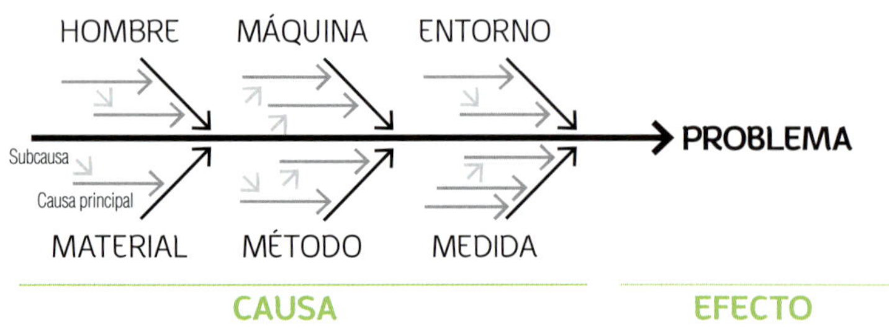

6.2. Manual de procedimientos de mantenimiento

En él se recogen todos los procesos relacionados con las operaciones de mantenimiento, de tal forma que pueda ser consultado por cualquier operario para saber lo que tiene que hacer. A continuación, proponemos un ejemplo de un procedimiento (Tabla 6.6).

PROCEDIMIENTO N.° 091113-01 Comprobación del rendimiento de un panel fotovoltaico	
Descripción	Se realizará el control de las características eléctricas de un panel fotovoltaico.
Equipos necesarios	Medidor de radiación solar W/m². Amperímetro.
Información técnica necesaria	Curvas características I-V correspondientes al panel (facilitadas por el fabricante).
Procedimiento de medida	1. Desconectar el panel. 2. Conectar el amperímetro a los bornes del panel y registrar la intensidad medida I_1 (A). 3. Medir la radiación solar situándolo sobre el panel solar. Registrar la indicación del medidor R_s (W/m²). 4. Determinar, en la gráfica de característica I-V, facilitada por el fabricante, la intensidad de cortocircuito I_0 correspondiente a 1000 W/m². 5. Obtener la intensidad de cortocircuito en las condiciones de radiación registradas ($I_2 = R_s \cdot I_0$). 6. Comprobar que esta intensidad I_2 no difiere en ± 10% del valor I_1 registrado por el amperímetro; en caso contrario, el panel tiene alguna anomalía.

Tabla 6.6. Ejemplo de procedimiento de mantenimiento.

> **! IMPORTANTE**
>
> Algunos de los documentos de gestión de la calidad según las normas ISO 9008:2000 son los siguientes:
>
> - **Manual de calidad:** en él se define la política de calidad de la empresa, el alcance del sistema de gestión, etc.
> - **Manual de procedimientos:** recoge todos los procedimientos de los diferentes ámbitos que se utilizan en la empresa.
> - **Registros de control:** cada empresa utilizará un sistema distinto. Se trata de documentos en donde se recogen las acciones realizadas en el quehacer diario de la empresa.

6.3. Manual de mantenimiento

Es un conjunto de fichas que detallan las operaciones de mantenimiento que han de llevarse a cabo en la instalación. En la Tabla 6.7 encontramos un ejemplo de una ficha de este tipo:

PROGRAMA DE MANTENIMIENTO PREVENTIVO Instalaciones fotovoltaicas autónomas			
ELEMENTO		OPERACIÓN	PERIODICIDAD
GENERADOR FOTOVOLTAICO	Paneles fotovoltaicos	• Inspección visual de diferencias sobre la situación original.	Cada 6 meses
		• Limpieza.	Cada 6 meses
		• Inspección visual de daños que afecten a la seguridad.	Cada 12 meses
	Carcasas	• Inspección visual de deformación, oscilaciones y estado de la conexión de tierra.	Cada 12 meses
	Conexiones	• Inspección visual del apriete de bornes y conexiones y estado de los diodos de protección.	Cada 12 meses
	Estructura	• Inspección visual de degradación, corrosión y apriete de tornillos. • Se debe proponer este programa de mantenimiento.	Cada 12 meses

Tabla 6.7. Ejemplo de ficha de manual de mantenimiento.

ACTIVIDADES

24. El diagrama causa-efecto y el gráfico de dispersión son herramientas de calidad, como la del Caso Práctico 10. Averigua para qué se podrían utilizar en el mantenimiento de las instalaciones fotovoltaicas.

PRÁCTICA FINAL

El objetivo de la práctica es aplicar los pasos que hemos visto sobre el mantenimiento de una instalación fotovoltaica. Para ello vamos a comprobar cómo deberíamos hacer estas operaciones sobre todos los elementos de dicha instalación.

Elementos necesarios:

- Panel solar sobre un soporte que se pueda desplazar.
- Hoja de características del panel solar.
- Batería.
- Polímetro.
- Densímetro.
- Manta para cubrir el panel.

Realización de la práctica

1.ª parte: Mantenimiento del generador y el acumulador de la instalación

a) Sobre el panel solar:

Comprobar visualmente el estado de limpieza de la superficie.

Comprobar la inexistencia de roturas sobre el vidrio del panel.

Verificar el estado de las conexiones en la caja trasera del panel y, si fuese necesario, proceder a su reapriete.

En horas centrales del día: comprobar la corriente de cortocircuito y la corriente de circuito abierto para verificar que coincide con la hoja de características del panel. Para realizar las medidas, utilizar el polímetro.

Comprobar la incidencia del sombreado sobre el panel cubriéndolo con la manta, total y parcialmente, y realizando medidas de tensión sobre él con el polímetro.

b) Realización sobre la batería:

Comprobación visual del sulfatamiento de los bornes de conexión. En caso de que exista, proceder a su limpieza y posterior engrase para evitar que se produzca en el futuro.

Medida, con el polímetro, de la tensión e intensidad en los bornes de la batería.

Comprobación visual del nivel del electrolito, para ver si se encuentra en la zona en la que debe estar.

Medición de la densidad del electrolito de la batería con el densímetro. Comprobar que se encuentra dentro de los valores correctos.

2.ª parte: Mantenimiento del regulador y el inversor de la instalación

Monta una instalación autónoma con los elementos que tengas en el taller de instalaciones fotovoltaicas en la que se encuentren, conectados, el regulador y el inversor.

- Consulta la hoja del fabricante del regulador y comprueba que se ha realizado correctamente la instalación.
- Analiza el panel de leds, el *display* o los indicadores que tenga el dispositivo y comprueba su funcionamiento consultando la guía dada por el fabricante para tal efecto.
- Repite la operación con el inversor.
- Realiza una memoria de la práctica con los datos obtenidos.

! IMPORTANTE

Utiliza los equipos de protección individual adecuados para la realización de las operaciones descritas. Consulta para ello la unidad 8 del libro.

SÍNTESIS

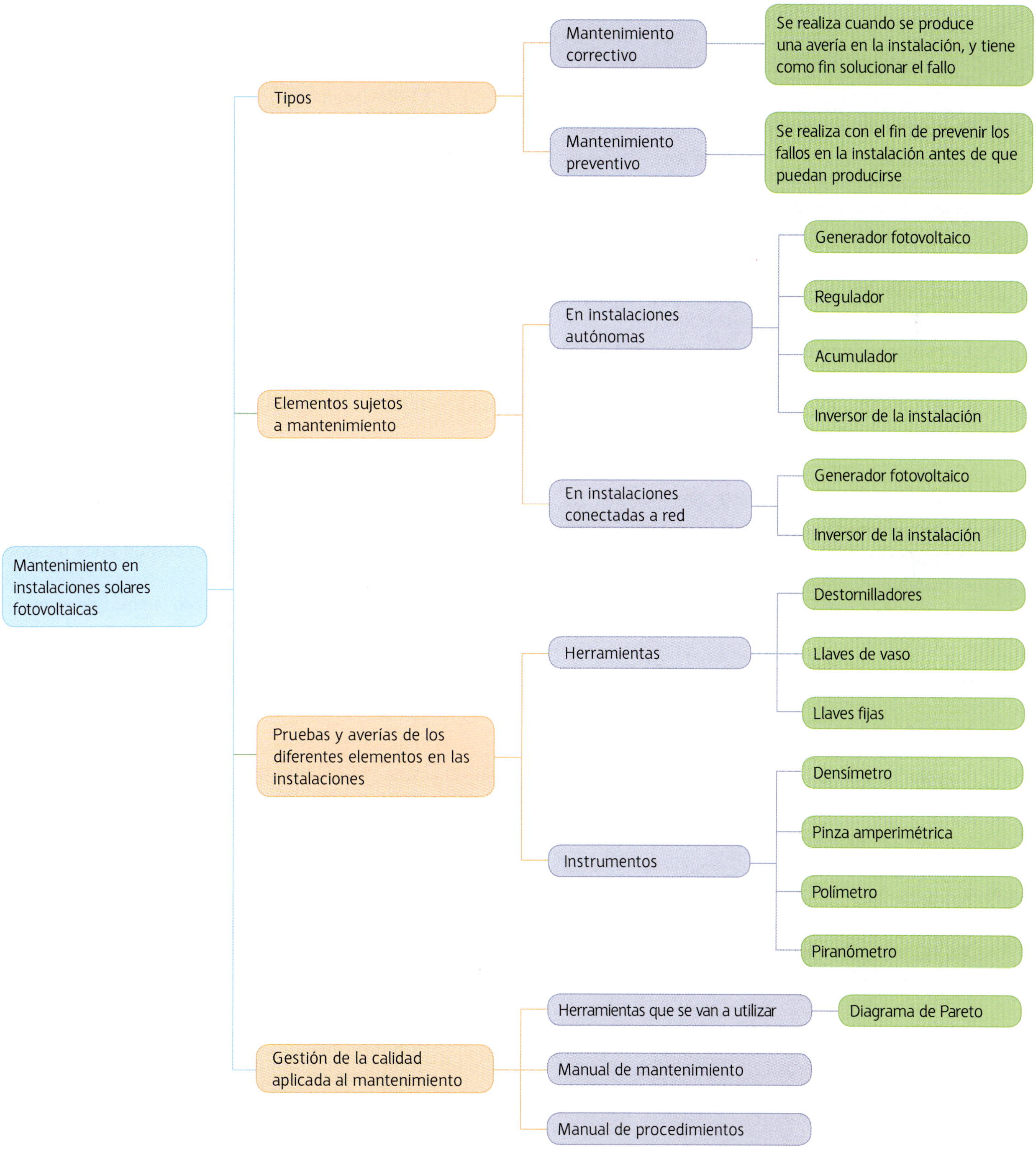
Mantenimiento en instalaciones solares fotovoltaicas
Tipos
Mantenimiento correctivo
Se realiza cuando se produce una avería en la instalación, y tiene como fin solucionar el fallo
Mantenimiento preventivo
Se realiza con el fin de prevenir los fallos en la instalación antes de que puedan producirse
Elementos sujetos a mantenimiento
En instalaciones autónomas
Generador fotovoltaico
Regulador
Acumulador
Inversor de la instalación
En instalaciones conectadas a red
Generador fotovoltaico
Inversor de la instalación
Pruebas y averías de los diferentes elementos en las instalaciones
Herramientas
Destornilladores
Llaves de vaso
Llaves fijas
Instrumentos
Densímetro
Pinza amperimétrica
Polímetro
Piranómetro
Gestión de la calidad aplicada al mantenimiento
Herramientas que se van a utilizar
Diagrama de Pareto
Manual de mantenimiento
Manual de procedimientos

TEST DE REPASO

1. Una de las acciones como parte del mantenimiento del acumulador de una instalación autónoma es...

a) Comprobación de la sulfatación de los bornes.
b) Verificación de los soportes de sujeción del regulador.
c) Comprobación del cableado del generador.
d) Ninguna de las respuestas anteriores es correcta.

2. El mantenimiento preventivo tiene como misión...

a) Evitar los fallos de la instalación antes de que se produzcan.
b) Cambiar los elementos que se han estropeado en la instalación.
c) Comprar los elementos que hay que sustituir en la instalación.
d) Buscar las averías de la instalación.

3. La comprobación de la estanqueidad de las cajas de conexión de un panel solar debe ser realizada por...

a) El usuario.
b) El técnico de mantenimiento de la instalación.
c) Cualquier persona.
d) No es necesario realizar esta comprobación.

4. El mantenimiento correctivo tiene como misión...

a) Evitar los fallos de la instalación antes de que se produzcan.
b) Cambiar los elementos que se han estropeado en la instalación.
c) Comprar los elementos que hay que sustituir en la instalación.
d) Sustituir los componentes al final de su vida útil.

5. En el mantenimiento de los soportes fijos de un huerto solar se debe...

a) Comprobar que no se ha movido el ángulo de inclinación.
b) Lubricar las partes móviles.
c) Comprobar los tacos de plástico que fijan los soportes.
d) No se necesita ningún mantenimiento después de realizar la instalación.

6. En las instalaciones autónomas, el mantenimiento del acumulador debe realizarse...

a) Cada 3 meses.
b) Cada 6 meses.
c) Cada 9 meses.
d) Cada 12 meses.

7. Una de las operaciones en el mantenimiento de una instalación conectada a red es...

a) Medir la intensidad de salida de la instalación.
b) Medir los armónicos con una pinza amperimétrica.
c) Comprobar el estado del acumulador de la instalación.
d) Comprobar el funcionamiento del regulador de la instalación.

8. ¿Qué elemento no precisa de mantenimiento en una instalación conectada a red?

a) El generador.
b) El acumulador.
c) El inversor.
d) Todas las respuestas anteriores son correctas.

9. El mantenimiento que puede hacer un usuario de una instalación fotovoltaica autónoma sobre el generador consiste en:

a) Verificar que no hay roturas en el vidrio de los paneles.
b) Limpiar los paneles solares.
c) Verificar los anclajes de los soportes de sujeción de los paneles.
d) Todas las respuestas anteriores son correctas.

10. ¿Qué herramientas son de uso común en la gestión de la calidad?

a) Diagrama causa-efecto (llamado también *de espina de pescado*).
b) Histogramas.
c) Diagramas de dispersión, diagrama de Pareto y gráfica ABC.
d) Todas las respuestas anteriores son correctas.

11. El piranómetro será utilizado por el técnico para...

a) Medir la tensión de la instalación.
b) Medir la intensidad de la instalación.
c) Medir la radiación solar.
d) Medir el valor de la energía producida.

12. Para comprobar el estado del electrolito de los acumuladores se utiliza...

a) El polímetro.
b) La pinza amperimétrica.
c) El piranómetro.
d) El densímetro.

COMPRUEBA TU APRENDIZAJE

Identificar los procedimientos de mantenimiento en las instalaciones fotovoltaicas

1. En una vivienda que solo se utiliza los fines de semana, se ha instalado el siguiente kit:

(Cortesía de AutoSolar Energy Solutions SLU)

La información la tienes en el siguiente enlace web: **https://goo.gl/iADQMY**

Elabora un manual de mantenimiento, en forma de fichas, de tal modo que el usuario pueda realizar el mantenimiento preventivo de la instalación.

Este manual debe contener, al menos, el mantenimiento de los siguientes elementos:

- Generador fotovoltaico.
- Banco de baterías.
- Regulador e inversor de la instalación.

Para ello ten en cuenta lo explicado en la unidad.

2. ¿Qué mantenimiento habría que hacer para la instalación mostrada en la siguiente figura? Explica el porqué de las acciones que se deban realizar.

Mantener los elementos de la instalación: generador fotovoltaico, acumulador, regulador e inversor.

3. Explica el funcionamiento de un densímetro, y las medidas de seguridad que se deben tomar a la hora de utilizarlo. Busca un modelo comercial e investiga cuál es el coste de dicho aparato.

4. En una instalación fotovoltaica, hay montado un acumulador como el mostrado en la figura:

Indica las operaciones de mantenimiento que deberíamos realizar para asegurarnos de que funciona correctamente.

5. La siguiente figura muestra una instalación de bombeo fotovoltaica. En la zona se ha producido una fuerte tormenta de granizo y lluvia de barro. ¿Qué operaciones deberíamos realizar en la instalación si queremos asegurarnos de que sigue funcionando correctamente?

(Cortesía de Bio Energéticos)

En el siguiente enlace, encontrarás la información sobre los elementos de la instalación: **https://goo.gl/n74hzS.**

Identificar averías en la instalación

6. En una instalación fotovoltaica, se comprueba que no llega tensión a la salida del generador fotovoltaico.

   a) ¿Qué causas han podido producir esta avería?

   b) Realiza para ello un diagrama causa-efecto (que ya has investigado en una actividad anterior) de la manera más detallada posible.

7. Las normas ISO son internacionales y cada país las adapta a sus necesidades. En España, son las normas UNE. Busca en Internet alguna relacionada con las instalaciones fotovoltaicas y comenta brevemente qué tema trata.

7
UNIDAD

Instalaciones fotovoltaicas conectadas a red

En esta unidad

APRENDERÁS A

- Describir los componentes que forman la instalación.
- Describir los elementos de protección de la instalación.
- Analizar las posibles perturbaciones ocasionadas por la conexión.
- Analizar el comportamiento del inversor.
- Establecer los consumos eléctricos.
- Solicitar la conexión a la red eléctrica.

ESTUDIARÁS

- Los distintos elementos de la instalación.
- Cómo solicitar la conexión a la red.
- La medida de los consumos.
- La compatibilidad electromagnética de la instalación.

Y SERÁS CAPAZ DE

- Configurar instalaciones solares fotovoltaicas justificando la elección de los elementos que la conforman.

1. Introducción

Entre las instalaciones fotovoltaicas, destacan las de sistemas conectados a la red eléctrica. A lo largo de este tema, nos dedicaremos a su estudio.

La instalación fotovoltaica conectada a red se caracteriza por la inyección de energía eléctrica a la red, ya sea con ánimo de venta de la electricidad del sistema fotovoltaico, como aportación de energía a la red eléctrica gratuita, o para autoconsumo.

En un sistema fotovoltaico conectado a red se produce una conversión de la corriente continua, proporcionada por el generador fotovoltaico, en corriente alterna, de iguales características en cuanto a tensión y frecuencia que la que está circulando por la red eléctrica. Este proceso de conversión es totalmente automático, al no requerir la intervención directa del usuario.

Una de las ventajas importantes de las instalaciones fotovoltaicas conectadas a la red es que no necesitan un gran mantenimiento y tienen una vida útil estimada en más de 35 años.

En los lugares donde hay electricidad, la conexión a red de los sistemas fotovoltaicos ayuda a la reducción de emisiones de dióxido de carbono a la atmósfera. La gran importancia de este tipo de instalaciones es que generan la mayor cantidad de energía posible cuando más electricidad se demanda, que coincide con las horas en las que existe mayor cantidad de luz solar (y, por tanto, cuando mayor potencia generan los paneles solares).

Al instalar un sistema fotovoltaico conectado a la red, para venta de electricidad, disponemos de una minicentral eléctrica que inyecta kilovatios verdes a la red, para que se consuman allí donde los demanden, lo que evita pérdidas en transporte de electricidad.

El **proceso de producción** de electricidad consiste en:

1. Captación de la radiación solar mediante las células.
2. Producción de energía eléctrica en forma de corriente continua.
3. Conversión en corriente alterna mediante inversores.
4. Elevación de la tensión mediante un transformador de potencia (en el caso de conectarse a una línea de media o alta tensión).
5. Venta a la red eléctrica.

La finalidad de los sistemas fotovoltaicos conectados a la red eléctrica es maximizar anualmente la producción de energía eléctrica que se inyecta a ella. A la hora de diseñar un sistema de este tipo, debemos considerar:

- Los aspectos de integración arquitectónica y con el entorno de la instalación.
- Posibles pérdidas por sombreado, difícilmente eludibles en sistemas integrados en edificios.

Aspectos de seguridad y calidad de la energía generada, así como la ausencia de efectos perturbadores de la red eléctrica.

Las principales aplicaciones de dichos sistemas son dos:

- Plantas de generación de energía (centrales fotovoltaicas).
- Producción de electricidad en viviendas y edificios, industrias, locales comerciales, etc.

ACTIVIDADES

1. Averigua la cantidad de energía que se produce en España en la actualidad a través de fuentes renovables, y qué porcentaje corresponde a instalaciones de energía solar fotovoltaica (recuerda que también hay otros métodos de producir electricidad a través del sol de manera indirecta). Puedes consultar Red Eléctrica de España (REE), en **www.ree.es**.

RECUERDA

Un caso especial de las instalaciones conectadas a red es el de las instalaciones para autoconsumo conocidas como de tipo 1, donde el propietario no vierte energía a la red eléctrica. Esto es así porque, con la normativa vigente, el usuario de estas instalaciones no percibe ninguna cuantía económica por la energía producida.

IMPORTANTE

Se denominan kilovatios verdes aquellos que son obtenidos a partir de energías renovables.

Además de los mencionados kilovatios verdes, existen otros dos tipos de kilovatios: los eficientes, obtenidos con técnicas de cogeneración (producción de electricidad con menor emisión de CO2) y los convencionales, obtenidos con las técnicas tradicionales (centrales térmicas y nucleares, etcétera).

¿SABÍAS QUE...?

Se pueden encontrar instalaciones solares fotovoltaicas conectadas a red en las siguientes estructuras:

- Barreras acústicas (también llamadas antisonido) en autopistas y vías ferroviarias.
- Cubiertas de piscinas y aparcamientos, etc.

2. Elementos de una instalación solar fotovoltaica conectada a la red eléctrica

Como hemos comentado, las instalaciones conectadas a red se pueden encontrar en viviendas o edificios, o bien formando una central de producción eléctrica. Los componentes son iguales en ambos casos, y puede variar la potencia producida en cada tipo de instalación (y, por tanto, el tamaño del generador fotovoltaico).

En la Figura 7.1 vemos una configuración típica de una instalación conectada a red.

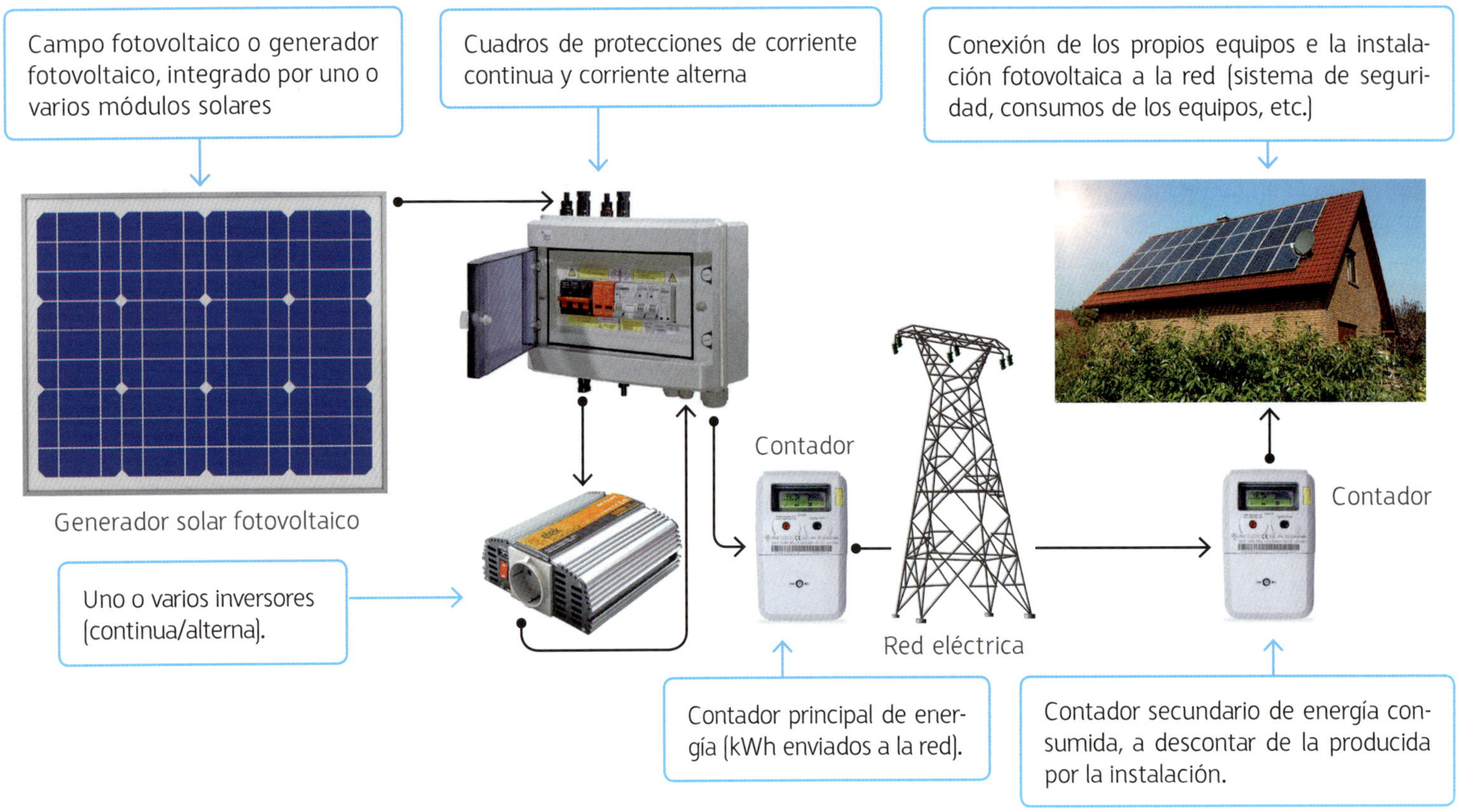

Fig. 7.1. Elementos de una instalación solar fotovoltaica conectada a red.

Fig. 7.2. Vista aérea de un huerto solar.

Estudiaremos estos componentes aplicados a las plantas de generación de energía o centrales, también llamadas huertos solares, y a edificios.

> Un huerto solar (Figura 7.2) es la instalación sobre suelo de una central fotovoltaica, capaz de llegar a producir 100 kilovatios pico (100 kWp), en la cual se agrupan estaciones individuales de producción cuya potencia nominal se encuentra en torno a 5 kWp.

El límite de los 100 kWp se debe a que este valor es el máximo permitido para conectarse a una red de baja tensión.

Las instalaciones individuales pueden ser propiedad de una empresa o de particulares, cooperativas, etc.

Desde el punto de vista de los intereses de los propietarios, este modelo de instalación compartida minimiza los costes de administración, gestión, seguridad, etc.

Existen centrales fotovoltaicas con mayor potencia de producción, pero en este caso ya no se podrán conectar a la red de baja tensión, y deben tener su punto de conexión a red las características adecuadas a la potencia que van a producir y, por tanto, a la tensión a la que deben conectarse.

A. El generador fotovoltaico

En la Unidad 4, estudiamos las diferentes posibilidades que existen para la configuración de un generador fotovoltaico. Consulta dicha unidad a fin de conocer las distintas opciones existentes en instalaciones conectadas a la red: generadores fijos y seguidores solares.

B. El inversor

Es el elemento más importante en una instalación conectada a la red. Como características fundamentales de este elemento de la instalación, podemos citar las siguientes:

- Los inversores actúan como fuente de corriente sincronizada con la red y disponen de microprocesadores de control, y de un PLC de comunicaciones (PLC son las siglas de ***programmable logic controller***, controlador lógico programable).
- Trabajan conectados por su lado de corriente continua a un generador fotovoltaico, y por su lado de corriente alterna, a un transformador que adapta la tensión de salida del inversor a la de la red.
- Transforman en corriente alterna y entregan a la red toda la potencia que el generador da en cada instante; funcionan a partir de un umbral mínimo de radiación solar.
- Permiten la desconexión-conexión automática de la instalación fotovoltaica en caso de pérdida de tensión o frecuencia de la red, lo que garantiza la seguridad para los operarios de mantenimiento de la compañía eléctrica distribuidora.
- Actúan como controlador permanente de aislamiento para la desconexión-conexión automática de la instalación fotovoltaica en caso de pérdida de resistencia de aislamiento.

@ WEB

Las instalaciones fotovoltaicas de tipo huerto solar suelen estar monitorizadas a distancia. Son numerosas las soluciones para este fin. En los siguientes enlaces web puedes consultar algunos ejemplos al respecto:

https://goo.gl/kob3bp

http://www.ismsolar.com/

EJEMPLO 1

Análisis de las características de un inversor comercial de 1,5 kWp para instalación conectada a red para autoconsumo

A partir del catálogo del fabricante del inversor, vamos a analizar las principales consideraciones que se deben tener en cuenta a la hora de trabajar con este equipo.

- Aspecto externo del equipo y principales características

Datos técnicos PIKO 1.5 MP

- Inyección monofásica
- Conversión sin transformador
- Amplio rango de tensión de entrada
- Larga duración gracias a la efectiva tecnología de refrigeración
- Paquete de comunicación integrado de serie con registro de datos, servidor web y portal solar
- Manejo e instalación sencillos guiados por menú
- Peso ligero
- Área de conexiones confortable y dispositivo de desconexión CC integrado
- Posibilidad de integración de contadores de energía

- Curva de rendimiento del inversor

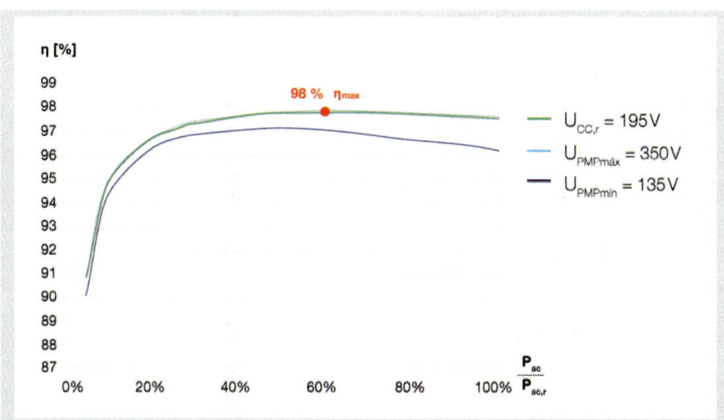

RECUERDA

La frecuencia de los inversores de conexión a red es mucho más estable que en los inversores para instalaciones autónomas

(Continua)

EJEMPLO 1 *(Continuación)*

Lado de entrada (CC)

Potencia fotovoltaica máx. (cos φ = 1)	kWp	1,8
Tensión de entrada nominal ($U_{CC,r}$)	V	195
Tensión de entrada máx. ($U_{CCmáx}$)	V	420
Tensión de entrada mín. ($U_{CCmín}$)	V	75
Tensión de entrada de inicio ($U_{CCinicio}$)	V	90
Tensión PMP máx. ($U_{PMPmáx}$)	V	350
Tensión PMP mín. para potencia nominal CC en el modo de un seguidor ($U_{PMPmín}$)	V	135
Tensión PMP mín. para potencia nominal CC en el modo de dos seguidores ($U_{PMPmín}$)	V	–
Corriente de entrada máx. ($I_{CCmáx}$)	A	11,5
Corriente de entrada máx. con conexión en paralelo (entrada CC1+CC2)	A	–
Número de entradas CC		1
Número de seguidores PMP indep.		1

Parámetros fundamentales a la hora de elegir la configuración de los paneles.

Tiene solamente una entrada de continua.

Elementos de seguridad que lleva el inversor y que sirven como protección en la instalación, tanto de sus equipos como de sus usuarios.

Valores de la potencia nominal y aparente que tiene el inversor.

Conexión monofásica del inversor, proporcionará una tensión de salida de 230 V.

Lado de salida (CA)

Potencia nominal, cos φ = 1 ($P_{CA,r}$)	kW	1,5
Potencia aparente de salida máx., cos φ, adj	kVA	1,5
Tensión de salida máx. ($U_{CAmáx}$)	V	276
Tensión de salida mín. ($U_{CAmín}$)	V	185
Corriente de salida nominal	A	6,5
Corriente de salida máx. ($I_{CAmáx}$)	A	12
Corriente de cortocircuito (Peak / RMS)	A	27/12
Conexión de red		1~, AC, 230V
Frecuencia de referencia (f_r)	Hz	50
Frecuencia de red máx. ($f_{máx}$)	Hz	65
Frecuencia de red mín. ($f_{mín}$)	Hz	45
Margen de ajuste del factor de potencia cos $\varphi_{CA,r}$		0,95...1...0,95
Factor de potencia con potencia nominal (cos $\varphi_{CA,r}$)		1
Coeficiente de distorsión armónico máx.	%	<2

Es fundamental conocer en qué rango se mueve la frecuencia de salida.

El consumo en reposo resta energía de la que se va a entregar a la red. Interesa que sea lo más pequeño posible.

Propiedades del aparato

Necesidad propia stand-by	W	<4

Coeficiente de rendimiento

Coeficiente máx. de rendimiento	%	98
Coeficiente europeo de rendimiento	%	97,4
Coeficiente de rendimiento de adaptación PMP	%	99,7

El rendimiento es el parámetro más importante. AL no ser del 100%, el generador fotovoltaico deberá entregar mayor potencia de pico para mantener los valores de diseño.

Datos del sistema

Topología: sin aislamiento galvánico –sin transformador–		✓
Grado de protección según IEC 60529		IP 21
Categoría de protección según IEC 62103		II
Categoría de sobretensión según IEC 60664-1 lado de entrada (generador fotovoltaico)		II
Categoría de sobretensión según IEC 60664-1 lado de salida (conexión de red)		III
Grado de contaminación		3
Categoría medioambiental (montaje a la intemperie)		–
Categoría medioambiental (montaje en interior)		✓
Resistencia UV		–
Sección mínima de cable línea de conexión CA	mm²	2,5
Sección mínima de cable línea de conexión CC	mm²	2,5
Fusible máx. lado de salida		B16
Protección para las personas (EN 62109-2)		RCMU/RCCB Typ B
Dispositivo de desconexión autónomo electrónico integrado		✓
Altura	mm	608
Ancho	mm	340
Profundidad	mm	222
Peso	kg	8,3
Principio de refrigeración –convección–		–
Principio de refrigeración –ventilador regulado–		✓
Volumen de aire máx.	m³/h	–
Nivel de emisión sonora máx.	dBA	31
Temperatura ambiente	°C	-15...60
Altura de montaje máx. sobre el nivel del mar	m	2000 (6562 ft)
Humedad relativa del aire	%	0...95
Técnica de conexión lado de entrada – Phoenix Contact SUNCLIX		✓
Técnica de conexión lado de salida – Connector Wieland RST25i3		✓

Interfaces

Ethernet (RJ45)	1
RS485 (RJ45)	2
Modbus RTU (RJ10)	1
Entradas analógicas	–
Interface PIKO BA Sensor	–

Informa sobre la comunicación con el equipo para monitorizar su estado: a través de un ***display***, o conectado a una red informática con la conexión y protocolos especificados.

Las dimensiones son importantes para diseñar el soporte donde va diseñado (si fuese necesaria) y las dimensiones de la sala donde se encuentre instalado.

(Cortesía de KOSTAL Solar Electric Ibérica SL)

C. El sistema eléctrico

El sistema eléctrico está compuesto por los siguientes elementos:

- Las cajas de conexiones, el cableado, las protecciones y las tomas a tierra.
- Los contadores tanto de venta como de consumo en centrales de producción.
- El punto de conexión a la red, con su centro de transformación si es necesario.

Un buen diseño del sistema eléctrico es fundamental para evitar pérdidas y fallos innecesarios en la planta, así como para prevenir graves accidentes.

La instalación fotovoltaica conectada a red deberá cumplir con todas las consideraciones técnicas expuestas en el Real Decreto 1699/2011 y contará con el siguiente sistema de protección (extracto del real decreto citado anteriormente):

a) Un elemento de corte general que proporcione un aislamiento requerido por el Real Decreto 614/2001, de 8 de junio, sobre disposiciones mínimas para la protección de la salud y seguridad de los trabajadores frente al riesgo eléctrico.

b) Interruptor automático diferencial, con el fin de proteger a las personas en el caso de derivación de algún elemento a tierra.

c) Interruptor automático de la conexión para la desconexión-conexión automática de la instalación en caso de anomalía de tensión o frecuencia de la red, junto a un relé de enclavamiento. Eventualmente, la función desarrollada por este interruptor puede ser desempeñada por el interruptor o interruptores de los equipos generadores. Las funciones del interruptor automático de la conexión y el interruptor de corte general pueden ser cubiertas, eventualmente, por el mismo dispositivo.

d) Protecciones de la conexión a máxima y mínima frecuencia (50,5 Hz y 48 Hz con una temporización máxima de 0,5s y 3s, respectivamente), y máxima y mínima tensión entre fases (1,15 Un y 0,85 Un). En los sistemas eléctricos insulares y extrapeninsulares, los valores anteriores serán los recogidos en los procedimientos de operación correspondientes. La tensión para la medida de estas magnitudes se deberá tomar en el lado red del interruptor automático general, para las instalaciones en alta tensión, o de los interruptores principales de los generadores, en redes en baja tensión. En caso de actuación de la protección de máxima frecuencia, la reconexión solo se realizará cuando la frecuencia alcance un valor menor o igual a 50 Hz.

e) Además, para tensión mayor de 1 kV y hasta 36 kV, inclusive, se deberá añadir el criterio de desconexión por máxima tensión homopolar.

La puesta a tierra de las instalaciones interconectadas se hará siempre de forma que no se alteren las condiciones de puesta a tierra de la red de la empresa distribuidora, asegurando que no se produzcan transferencias de defectos a la red de distribución.

La instalación deberá disponer de una separación galvánica entre la red de distribución y las instalaciones generadoras, ya sea por medio de un transformador de aislamiento o cualquier otro medio que cumpla las mismas funciones, de acuerdo con la reglamentación de seguridad y calidad industrial aplicable.

La energía generada en grandes centrales fotovoltaicas se reparte a los usuarios a través de una compleja red de distribución. Todas las plantas de potencia que utilizan energías no renovables tienen problemas tanto de contaminación como de dependencia de un combustible. La conexión a red elimina el uso de baterías y crea un sistema de consumo, lo que hace más barata la factura mensual, al mismo tiempo que la red se beneficia de la producción fotovoltaica, compensando los picos de consumo.

Una de las ventajas que tiene la producción de electricidad en plantas fotovoltaicas es la de cubrir momentos en los que se produce una gran demanda energética, y que otros sistemas no son capaces de cubrir. Es el caso de los veranos, en los que el consumo eléctrico aumenta en una gran medida, por los aires acondicionados, y son momentos en los que las centrales eólicas tienen menos producción por la falta de vientos. Sin embargo, es la época del año de mayor rendimiento para las centrales fotovoltaicas.

! IMPORTANTE

El cuadro de contadores de la instalación tendrá dos, alquilados a la compañía eléctrica: uno para la energía producida y otro para la consumida. En la instalación se miden los consumos propios de los inversores durante las horas nocturnas (en las que la planta no produce electricidad).

Fig. 7.3. Conexión de una central fotovoltaica a la red eléctrica. Es importante que haya un tendido de la red eléctrica cerca del emplazamiento donde se vaya a realizar la instalación fotovoltaica.

IMPORTANTE

En la construcción de los paneles fotovoltaicos para los edificios se emplean células solares de silicio amorfo, de película fina (*thin film*), ya que tienen las siguientes ventajas:

- Ante situaciones desfavorables de baja radiación, como es el caso de iluminación difusa o sombras, su rendimiento es mayor.
- Su eficiencia en la producción eléctrica no se ve tan alterada por las bajas o por las altas temperaturas. Estas situaciones de sombras, calentamiento y enfriamiento de los paneles son típicas en los edificios convencionales.

Recuerda que en la Unidad 1 (Tabla 1.1) encontrarás más información sobre el silicio amorfo.

Fig. 7.5. Ejemplo de integración de los paneles solares como elemento arquitectónico de la fachada del edificio (cortesía de Inarquia).

D. Colocación de los paneles fotovoltaicos en instalaciones integradas en edificios

El otro gran grupo de instalaciones conectadas a red son las realizadas en las viviendas y edificios. Aquí se tendrán en cuenta diferentes factores, aparte de los exclusivamente técnicos; uno de los más importantes es la integración arquitectónica.

La integración de la energía solar en los edificios necesita la unificación de los aspectos de rendimiento energético y de diseño arquitectónico. Existen diferentes grados de integración arquitectónica: habitualmente, las propias superficies de los tejados o fachadas de los edificios y viviendas son utilizadas para la instalación de los módulos fotovoltaicos (ver Unidad 4).

Constantemente se está investigando en nuevas formas para los paneles solares que se van a integrar en edificios. Un ejemplo son las llamadas tejas solares (Figura 7.4): el panel fotovoltaico va integrado en la teja, con lo que no necesita de soporte adicional, y además sirve para hacer la cubierta del edificio.

a) *b)* *c)*

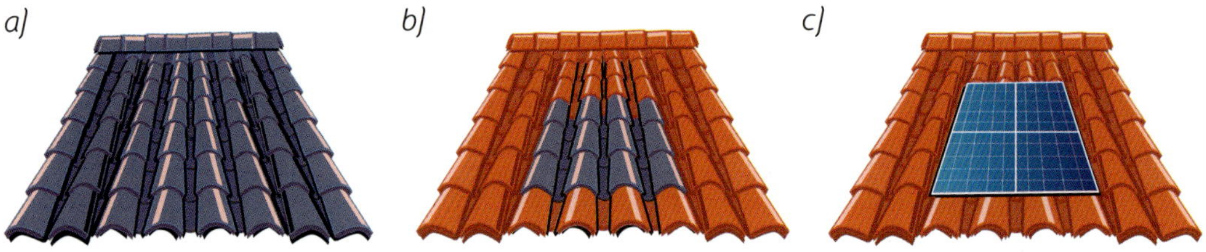

Fig. 7.4. Tejas solares: a) Todo el Tejado con teja solar. b) Integración de teja solar y normales; c) Panel solar sobre teja normal.

Como ventajas de la integración de los sistemas de energía solar instalados en edificios, y derivadas de la conexión a la red, podemos citar las siguientes:

- **Eliminación de horas punta:** la mayor producción de electricidad se realiza sobre todo en horas punta de consumo, con lo que se evita que las compañías eléctricas tengan que sobredimensionar sus instalaciones para el abastecimiento de estos picos diurnos de consumo.
- **Reducción de costes:** la energía se genera de manera adyacente a los puntos de consumo, lo que reduce las pérdidas originadas por el transporte de energía desde las centrales de generación eléctrica convencional hasta los usuarios.
- **Fuente gratuita y renovable de energía:** el gasto originado por la energía solar es únicamente el coste inicial de la instalación.
- **Bajo mantenimiento:** los módulos instalados hace 30 años continúan aún en perfecto estado operativo.
- **No contamina:** las emisiones contaminantes son inapreciables y solo se originan en los procesos de producción de las células y módulos fotovoltaicos.
- **Dotan al edificio de cierta personalidad,** al combinar tecnología, estética y ecología.

Estas ventajas cobran especial importancia sobre todo en los meses de verano, en las horas de más calor, en las cuales el uso del aire acondicionado dispara los consumos eléctricos. Es precisamente en esa franja cuando más rinde en las instalaciones fotovoltaicas.

ACTIVIDADES

2. Una forma de integrar los paneles solares en un edificio es la realización de un muro cortina. Busca en Internet información sobre este tipo de construcción y explica brevemente en qué consiste dicha instalación.
3. En el enlace **https://goo.gl/4wQC7V** tienes información sobre diferentes tipos de tejas con paneles fotovoltaicos integrados. Basándote en la información dada en dicho enlace, contesta a la siguiente pregunta:

   a) ¿Qué energía podríamos obtener en un tejado de 90 m^2?

   b) ¿Qué diferentes opciones podemos tener?

3. Diseño y cálculo de instalaciones fotovoltaicas conectadas a red

Como requisito previo para el diseño y dimensionado de sistemas fotovoltaicos conectados a red, es necesario hacer un análisis tanto de su viabilidad técnica como económica.

Si se decide hacer la instalación, para realizar el dimensionado se deben tener en cuenta diferentes criterios tanto si esta va a ser del tipo central solar como si se va a encontrar integrada en un edificio.

Sea cual sea el tipo de instalación, se necesita disponer de la superficie precisa para la colocación de los paneles que proporcionen la potencia pico demandada. Su orientación e inclinación establecerán la generación energética.

En el caso de instalaciones fijas, sin seguimiento solar, es aconsejable una orientación hacia el sur (si nos estamos refiriendo a instalaciones en España, o en cualquier otro lugar del hemisferio norte). El generador fotovoltaico deberá estar libre de sombras.

En el caso de que no sea posible la orientación hacia el sur, se estima que las pérdidas anuales de generación de energía serán del 0,2 % por cada grado de desviación respecto del ecuador del observador, y del 0,08 % por cada grado de desviación respecto del grado óptimo de inclinación (ángulo que maximiza la generación de energía por año).

El **ángulo óptimo de inclinación** de los paneles solares se calcula como:

$$\beta = 3{,}7 + 0{,}96\ \phi$$

siendo ϕ la latitud.

CASO PRÁCTICO 1

Cálculo del ángulo óptimo β de inclinación para los paneles solares

Calcula qué inclinación deberían tener los paneles solares de una instalación de un huerto solar en la localidad de Almaraz (Cáceres), con estos colocados sobre soportes fijos.

Solución

Como vimos en la Unidad 2, a la hora de calcular el ángulo, lo primero que debemos hacer es obtener la posición geográfica del lugar donde se va a realizar la instalación. El dato de latitud obtenido será el siguiente: 41,5 °.

Por tanto, el ángulo de inclinación de los paneles será:

$$\beta_{\text{óptimo}} = 41{,}5 - 10 = 31{,}5\ °$$

Desde el punto de vista técnico, requiere una línea de distribución eléctrica próxima, con capacidad suficiente para la potencia fotovoltaica instalada, y escoger el punto de conexión al sistema de red.

Las opciones que se manejan son las siguientes:

- **Las centrales fotovoltaicas,** generalmente instalaciones de potencia superior a 100 kW, se conectan a la red eléctrica de media tensión con sofisticados sistemas de conexión a red.
- **Los sistemas de baja potencia** se pueden conectar directamente a la red de baja tensión.

En función de la potencia nominal de la instalación, la conexión a red podrá ser:

- Trifásica (400 V), aconsejada para potencias nominales superiores a 5 kW.
- Monofásica (230 V): se puede realizar mediante un inversor monofásico, aunque pueden utilizarse también módulos fotovoltaicos de corriente alterna, que constan de un microinversor cada uno. La potencia nominal de la instalación se especifica como la suma de las potencias nominales de los inversores que la componen.

IMPORTANTE

Para el cálculo del ángulo óptimo de los paneles solares en instalaciones fijas existen diferentes posibilidades:

- En las instalaciones conectadas a red se emplea la fórmula $\beta = 3{,}7 + 0{,}69\ \phi$, siendo ϕ la latitud. Con ella se busca obtener la mayor energía media a lo largo del año.
- En instalaciones autónomas se emplea $\beta = \varphi + \delta$, siendo ϕ la latitud y δ la declinación solar, que optimiza la instalación para el funcionamiento en invierno.

En la práctica se suelen emplear otras dos fórmulas empíricas que proporcionan resultados similares:

- $\beta = \phi - 10$ para instalaciones conectadas a red.
- $\beta = \phi + 10$ para instalaciones autónomas.

Fig. 7.6. Paneles solares con el ángulo de inclinación óptimo para la instalación conectada a red.

UN RETO

¿Eres capaz de averiguar el país del mundo que tiene la planta fotovoltaica más grande? Si lo encuentras, describe brevemente sus características.

VÍDEO

En el siguiente enlace puedes ver cómo conectar varios paneles en paralelo, conexión necesaria en algunas configuraciones de generadores fotovoltaicos:

https://goo.gl/85sF8B

Fig. 7.7. Ejemplo de huerto solar en el que se puede apreciar la superficie necesaria para su montaje.

Estimaciones de posibles pérdidas	
Parámetro	Porcentaje
Angulares y espectrales	3
Polvo y suciedad	3-6
Temperatura	5-14
Diferencia entre módulos	2
Interconexionado y cableado	3
No seguimiento del PMP y umbrales de arranque	3
Rendimiento de inversores	6

Tabla 7.1. Estimación de pérdidas en una instalación.

3.1. Diseño de un huerto solar

Vamos a ver los aspectos que se deben tener en cuenta a la hora de realizar un proyecto de este tipo.

- **Ubicación** de la instalación:
  - Deberá ser un lugar libre de sombras y con fácil acceso a la red eléctrica (a ser posible, cerca de una subestación que pueda redistribuir, sin grandes modificaciones, la energía producida por la instalación).
  - Es conveniente que el lugar donde se va a ubicar la instalación tenga fácil acceso para camiones y maquinaria, que serán necesarios en la construcción de aquella.
  - Conviene que la zona donde se va a ubicar el huerto solar tenga un alto índice de irradiación solar, puesto que la producción energética será directamente proporcional a la irradiación recibida en el generador fotovoltaico. La cantidad de energía que se vaya a inyectar a la red dependerá de la potencia de la instalación, la irradiación recibida y las pérdidas en el sistema.
- **Cantidad de energía** que una instalación fotovoltaica es capaz de inyectar a la red: se puede calcular mediante la siguiente fórmula:

$$E = P_{GFV} \frac{G_{dm}(\beta)}{I_{STC}} FS \cdot PR$$

Donde:

- P_{GFV} es la potencia de pico que puede entregar el generador fotovoltaico.
- I_{STC} es la irradiancia en las condiciones estándares utilizadas para las medidas.
- FS es un factor que considera las pérdidas por sombreado. Vale 1 en ausencia de sombras, y entre 0 y 1 cuando estas existen.
- PR (siglas de *performance ratio*) es la eficiencia de la instalación en condiciones reales de trabajo. En algunos casos, engloba las pérdidas por sombreado.
- $G_{dm}(\beta)$ es la irradiación recibida sobre la superficie inclinada del panel.

La **potencia del generador fotovoltaico** *(P_{GFV})* se puede obtener como la suma de las potencias de los paneles que integran dicho generador, pero hay que tener en cuenta la tolerancia de los módulos, debido al proceso de fabricación.

El **factor de sombreado** *(FS)* se debe calcular para cada instalación. En el caso de los huertos solares, la distancia entre paneles se ha de calcular de tal forma que la sombra producida por cada uno de ellos no afecte a los que tiene a su alrededor; por lo tanto, no es un parámetro tan importante como en las instalaciones integradas en edificios.

El **rendimiento global del sistema** *(PR)* contiene las pérdidas energéticas asociadas a la temperatura de operación del generador y a los rendimientos del inversor. Las pérdidas asociadas al inversor son debidas a dos causas: el rendimiento de conversión continua/alterna, por lo común entre un 10 % y un 15 %, y el rendimiento del seguimiento del punto de máxima potencia (PMP), entre un 5 % y un 10 %. A estas pérdidas hay que añadir las debidas a caídas de tensión entre parámetros de módulos, y otras.

Los valores típicos de posibles pérdidas que se pueden dar en una instalación son los indicados en la Tabla 7.1.

El valor que se suele utilizar para *PR* está en torno a 0,7-0,78.

ACTIVIDADES

4. Analiza la hoja de características de un panel fotovoltaico. Estima el porcentaje de pérdida de potencia que tiene dicho panel cuando la temperatura ambiente aumenta 10 °C sobre el valor estándar de medida.

A. Estimación de la radiación recibida en el emplazamiento de la instalación

Es uno de los primeros cálculos que se deben realizar para el dimensionado de la instalación. A diferencia de las instalaciones autónomas, lo que nos interesa en el caso de las instalaciones conectadas a red es el valor medio anual de radiación recibida. Este valor lo podemos obtener, como hemos comentado, consultando bases de datos al respecto. Hay que tener en cuenta que lo que obtenemos de esta forma es el valor de irradiación sobre superficie horizontal, y que habrá que convertirlo al valor para superficie inclinada.

Existen varias formas de hacerlo. Para este cálculo, podemos utilizar la siguiente fórmula:

$$G_{dm}(\beta_{\text{ópt}}) = \frac{G_{dm}(0)}{(1 - 4{,}46 \cdot 1^{-4} \cdot \beta_{\text{ópt}}) - (1{,}19 \cdot 10^{-4} \cdot \beta^2_{\text{ópt}})}$$

donde G_{dm} (0) es la radiación sobre superficie horizontal (el valor medio anual de la radiación recibida).

! IMPORTANTE

Existen varios métodos que se pueden utilizar para la estimación de la radiación recibida en una superficie inclinada según el ángulo óptimo (β óptimo). En la Unidad 2, vimos la obtención mediante software, y en esta unidad se ve la obtención mediante fórmula.

CASO PRÁCTICO 2

Determinación de la radiación solar recibida en un huerto solar

Se va a realizar la instalación de un huerto solar en la localidad de Oropesa (Toledo). Haz una estimación de la radiación recibida en el emplazamiento de dicha instalación:

Solución

Paso 1.°: determinar la latitud del emplazamiento de la instalación. Podemos obtenerlo en Google Maps o en otras aplicaciones de internet que proporcionan esta información. Por ejemplo: **https://www.coordenadas.com.es.**

Latitud de Oropesa: 39,97 °, un valor próximo a 40 °.

Paso 2.°: Obtener la media anual de radiación recibida en el emplazamiento sobre superficie horizontal. Para ello recurrimos a la base de datos de la NASA y obtenemos la siguiente tabla:

Parameters for Sizing and Pointing of Solar Panels and for Solar Thermal Applications:

Monthly Averaged Insolation Incident On A Horizontal Surface (kWh/m²/day)

Lat 40 Lon −5.4	Jan	Feb	Mar	Apr	May	Jun	Jul	Aug	Sep	Oct	Nov	Dec	Annual Average
22-year Average	2.06	3.00	4.30	5.21	6.18	7.37	7.54	6.61	4.98	3.14	2.18	1.72	4.53

Minimum and Maximum Difference From Monthly Averaged Insolation (%)

El valor que requerimos para los cálculos es el de la media anual: 4,53 kWh/m²/día.

El ángulo óptimo de elevación para los paneles solares será: β = 40 − 10 = 30 °

Con estos datos vamos a aplicar la fórmula que hemos visto anteriormente:

$$G_{dm}(\beta_{\text{ópt}}) = \frac{G_{dm}(0)}{(1 - 4{,}46 \cdot 10^{-4} \cdot \beta_{\text{ópt}}) - (1{,}19 \cdot 10^{-4} \cdot \beta^2_{\text{ópt}})} = \frac{4{,}53}{(1 - 4{,}46 \cdot 10^{-4} \cdot 30) - (1{,}19 \cdot 10^{-4} \cdot 30^2)} = 5{,}15 \text{ kWh/m}^2\text{/día}$$

Para realizar este cálculo, también se puede utilizar alguna aplicación informática de diseño de instalaciones que permita realizar la estimación de superficies inclinadas (ver Unidad 2).

ACTIVIDADES

5. Se desea montar un huerto solar en tu localidad y debes estimar la cantidad de radiación recibida. Para ello:

a) Consulta la base de datos de la NASA y obtén el valor de radiación sobre superficie horizontal recibida en el emplazamiento.

b) Calcula el ángulo óptimo de la instalación teniendo en cuenta que es una instalación conectada a red.

c) Realiza el cálculo utilizando la fórmula vista en el texto.

d) Utiliza la base de datos de PVGIS para obtener la radiación y compara el resultado con el anterior. ¿Hay alguna diferencia?

IMPORTANTE

Cuando calculamos el número de paneles y obtenemos un número decimal, debemos aproximarlo al entero mayor para asegurarnos de que la potencia entregada por el generador es igual o superior a la prevista en el diseño. Por ejemplo, si necesitamos un generador cuya potencia de pico sea de 650 W, y la potencia de un panel es de 220, el valor de N será:

N = 650/220 = 2,95

Por tanto, necesitaremos elegir tres paneles solares.

Si la potencia de un panel es ahora de 200 W, el valor de N será:

N = 650/200 = 3,25

Debemos elegir cuatro paneles para asegurar esa potencia de pico.

B. Cálculo de la potencia del generador fotovoltaico

Para determinar la potencia de pico que debe suministrar el generador fotovoltaico, debemos conocer:

- La energía diaria que se quiere inyectar a la red eléctrica.
- El valor de la radiación solar.
- La estimación de las pérdidas que pueden existir en la instalación.

Partimos de la fórmula vista antes para despejar el valor de la potencia del generador:

$$E = P_{GPV}\,\frac{G_{dm}(\beta)}{I_{STC}}\,FS \cdot PR \Rightarrow P_{GFV} = \frac{E \cdot I_{STC}}{G_{dm}(\beta) \cdot FS \cdot PR}$$

EJEMPLO 2

Cálculo de la potencia que debe entregar el generador fotovoltaico

Para la instalación del ejemplo anterior, si queremos diseñar una instalación que produzca 5 kWh de media, con un factor de rendimiento de 0,75, que engloba ya las posibles pérdidas por sombreado, el valor de la irradiación incidente es:

$$G_{dm}(\beta_{\acute{o}pt}) = 5{,}15 \text{ kWh/m}^2\text{/día}$$

Entonces la potencia del generador es:

$$P_{GFV} = \frac{E \cdot I_{STC}}{G_{dm}(\beta) \cdot FS \cdot PR} = \frac{5 \cdot 1}{5{,}15 \cdot 0{,}75} = 1{,}30 \text{ kWp}$$

C. Elección de los paneles solares para configurar el generador fotovoltaico

Una vez determinada la potencia que debe entregar el generador, tenemos que elegir los paneles adecuados para su configuración. Para ello hemos de considerar:

- La tensión necesaria para que el inversor funcione de manera correcta.
- La potencia total que debe entregar el generador.

Conviene elegir elementos de alta calidad (darán mejor rendimiento) y que sean todos iguales, para evitar problemas de intensidades en las asociaciones en serie que tengamos que realizar. A la hora de la configuración, hemos de elegir primero el panel solar que queremos montar, y a partir de aquí realizar los cálculos. El número de paneles necesarios lo obtenemos dividiendo la potencia de pico que queremos en la instalación entre el valor de la potencia que es capaz de suministrar un panel.

$$N_{paneles} = \frac{\text{Potencia de pico}}{\text{Potencia de un panel}}$$

El resultado lo aproximamos al entero más cercano.

Hay que tener en cuenta los siguientes aspectos:

- El modo en que deben ir conectados dichos paneles está determinado por la tensión mínima de entrada en corriente continua que necesita el inversor.
- En muchos casos, el fabricante del inversor nos proporciona la configuración del generador fotovoltaico que hay que conectar, pero en caso de que no sea así debemos realizar los cálculos pertinentes.
- Generalmente, existe un número máximo de paneles que se pueden conectar en una cadena. El fabricante nos dará información sobre este tipo de conexión.

RECUERDA

Al asociar paneles en serie, sumamos las tensiones de cada uno de ellos, y al asociarlos en paralelo, lo que se suma es la intensidad.

CASO PRÁCTICO 3

Configuración de un generador fotovoltaico para una instalación conectada a la red

Configurar el generador fotovoltaico para una instalación partiendo de los datos ofrecidos a continuación sobre el inversor Sirio Evo 500 y los paneles solares.

MODELO	**SIRIO EVO 5000**
Potencia nominal corriente alterna	5000 W
Potencia máxima corriente alterna	5000 W
ENTRADA	
Tensión de continua máxima en circuito abierto	800Vcc
Intervalo de ejercicio MPPT	150-720 Vcc
Rango completo de MPPT	240-720 Vcc
Intervalo de ejercicio	150-800 Vcc
Corriente de entrada máxima	13 Acc por tracker
Tensión de arranque del sistema	110 Vcc
Tensión de umbral para el suministro hacia la red	220 Vcc
Tensión de cierre	60 Vcc
Tensión de Ripple	< 3%
Número de entradas	4
Número de MPPT	2
Conectores CC	Tipo MC4 o compatibles
SALIDA	
Tensión de ejercicio	230 Vca
Intervalo operativo	184-276 Vca
Intervalo para la máxima potencia	200-276 Vca
Intervalo de frecuencia	47,5-51,5 Hz
Intervalo de frecuencia configurable	47-52 Hz
Corriente nominal	21,7 Aca
Corriente máxima	25 Aca
Corriente de cortocircuito	25 Aca
Componente continúa introducida en red	< 108 mA
Distorsión armónica (THDi)	< 3%
Factor de potencia	de 0,9 ind. hasta 0,9 cap.
Separación galvánica	No
Conectores C.A.	Regleta de seguridad 16mm²
SISTEMA	
Rendimiento máximo	97,15%
Rendimiento europeo	> 96,00%
Consumo en *stand-by*	~9W
Consumo de noche	1W (4W si durante la noche está activo y se realiza alguna consulta)
Protecciones internas	Protección interior de tierra y control de supervisión de fallos tanto en el fallo lado de corriente continua (diferencial de Clase B segunda IEC 60755) Drenaje de sobretensión tipo 3
Protección de funcionamiento en isla	Dependiendo de las regulaciones locales
Detección de dispersión hacia tierra	SI
Disipación de calor de convección	Convección natural
Temperatura de ejercicio	-20°C-60°C (45°C sin reducción de potencia)
Temperatura de almacenamiento	-20°C-70°C
Humedad	4-100% con condensación

CARACTERÍSTICAS	
Ruido acústico	< 35dBA
Nivel de protección	IP65
Color	RAL 3020
Peso	35 kg
Tamaño (A×P×L)	424×173,5×682 mm
COMUNICACIÓN	
Interfaz de comunicación: RS485, USB y contacto limpio de serie, MOdBUS y Ehternet opcionales (slot versión)	
Pantalla	LCD 1 líneas, 16 caracteres
CERTIFICACIONES Y APROBACIONES	
EMC: Directiva 2004/108/CE; EN61000-6-3: 2007; EN61000-6-2: 2005	
Directiva: Directiva 2006/95/CE; EN62109	
Supervisión de red: CEI 0-21, A70, VDE AR-N4105, VDE 0126-1-1, G59/2, Real Decreto 413/2014, PO12.3	

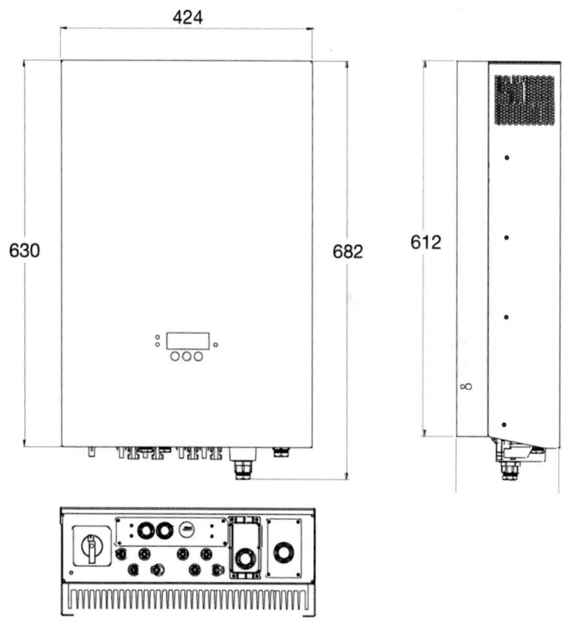

Parámetros eléctricos de los paneles			
Tipo de módulo			YL215-30b
Potencia de salida	$P_{máx}$	W	215
Tolerancia	$\Delta P_{máx}$	W	
Eficiencia del módulo	η_m	%	16,3
Tensión en $P_{máx}$	V_{mpp}	V	24,6
Intensidad en $P_{máx}$	I_{mpp}	A	8,74
Tensión en circuito abierto	V_{oc}	V	30,7
Intensidad en cortocircuito	I_{sc}	A	9,15

Solución

Paso 1. Determinar el número de paneles solares requeridos. Elegimos un valor de potencia del campo fotovoltaico, entre el máximo y el mínimo aconsejados. En este caso, 5 000 Wp.

Como los paneles tienen una potencia de pico de 215 W, se requerirán 24 paneles en total:

$$Np = \frac{5\,000}{215} = 23{,}25 \text{ paneles}$$

(Continúa)

CASO PRÁCTICO 3 *(Continuación)*

Paso 2. Determinar la forma de conexión de los paneles. Necesitamos conocer los rangos de la tensión de entrada en continua que necesita el inversor para trabajar correctamente.

Iremos conectando módulos fotovoltaicos hasta conseguir el rango de tensión de trabajo del inversor. De esta forma, aumentamos la tensión de circuito abierto del conjunto.

Las operaciones que hay que realizar son las siguientes:

- Para el valor mínimo de tensión admisible: 150 Vcc / 24,6 Vcc = 6,1 paneles
- Para el valor máximo de tensión admisible: 720 Vcc / 24,6 Vcc = 29,26 paneles

El valor de tensión proporcionado por estos 12 paneles será: $V_p = 24{,}6 \cdot 12 = 295{,}2$ V, luego estaríamos dentro de los rangos admisibles.

Como se observa, para estar dentro del rango de tensión de entrada del inversor se deben colocar en serie entre 7 y 29 paneles. Tampoco debemos sobrepasar el valor de diseño. Como en nuestro caso el número total de paneles es de 24, vamos a determinar si podemos poner dos cadenas de 12 paneles en serie.

Paso 3. Determinar cuántas cadenas en paralelo se necesitan. Para ello habrá que partir de los valores de potencia nominal del inversor:

- Intensidad máxima en continua: el inversor tiene dos entradas cuyo valor máximo de intensidad es de 13 A (de los datos de la hoja de características) como valor máximo. Ello quiere decir que, como nuestros paneles dan una corriente de 8,74 A, solo podremos conectar una rama en cada entrada del inversor.

Combinando la configuración de paneles en serie y paralelo, podemos configurar el generador fotovoltaico, sin sobrepasar los valores máximos del inversor.

La configuración más adecuada es colocar 12 paneles en serie (que nos proporcionarán 295,2 V) y dos cadenas de 12 en paralelo. La corriente total de esta configuración sería $I = 8{,}74 \cdot 2 = 17{,}48$ A. Con esto nos aseguramos de estar dentro de los límites de tensión y corriente del inversor.

Por tanto, el esquema de la instalación nos quedaría de este modo:

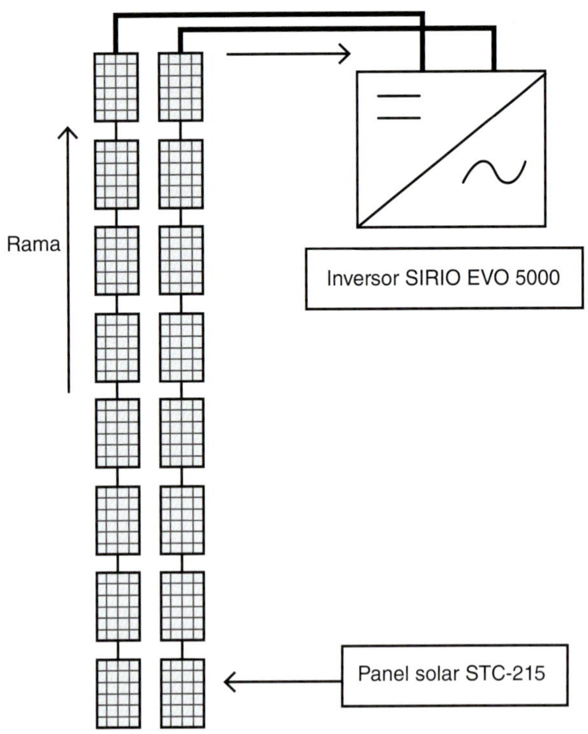

(Cortesía de Aros Solar Technology)

Conviene sobredimensionar algo el campo fotovoltaico, aproximadamente un 10 % por encima de la potencia nominal del inversor. Como podemos comprobar en las características de este, aguanta una potencia de entrada de hasta 5 750 W.

Los cálculos se han realizado teniendo en cuenta que el número máximo de entradas del inversor es de dos, razón por la que hemos barajado esas cifras con el número de cadenas.

IMPORTANTE

No debe tomarse una configuración en serie que se encuentre muy cercana al mínimo de entrada del inversor, ya que los datos de partida suelen tomarse para temperaturas de célula de 25 °C, y en las condiciones reales se trabaja a mayor temperatura, con la consiguiente disminución de la tensión de trabajo del módulo.

D. Determinación del inversor

Los inversores se caracterizan por su curva de rendimiento corriente continua / corriente alterna en función de la potencia de operación. Los inversores de conexión a red operan en busca del punto de máxima potencia del generador fotovoltaico. Es importante conocer el rendimiento de seguimiento del punto de máxima potencia del generador fotovoltaico, aparte de los rangos de tensión de operación y si conlleva o no umbrales de potencia de arranque.

Se requiere la realización de un dimensionado en el que se calcule el tamaño relativo de la potencia nominal del inversor respecto de la potencia nominal del generador.

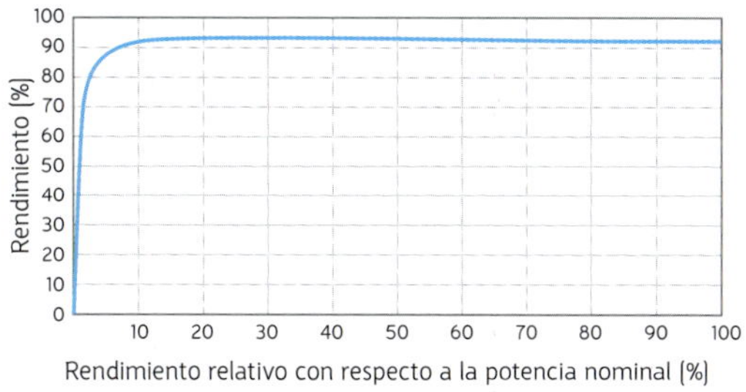

Fig. 7.8. Ejemplo de curva de rendimiento de un inversor.

Si se opta por un inversor de potencia muy superior a la potencia del generador, habrá un número elevado de horas en las que el inversor opere a bajos rendimientos. Si se escoge un inversor de potencia inferior a la máxima potencia que pueda ceder el generador, considerando los efectos combinados de irradiancia y temperatura, habrá un determinado número de horas en las que el inversor se encuentre operando en limitación de potencia o esté parado.

Es aconsejable que la potencia del inversor sea entre un 70 % y un 90 % de la potencia nominal del generador fotovoltaico. Este valor cambiará en función de las características climatológicas del lugar de la instalación.

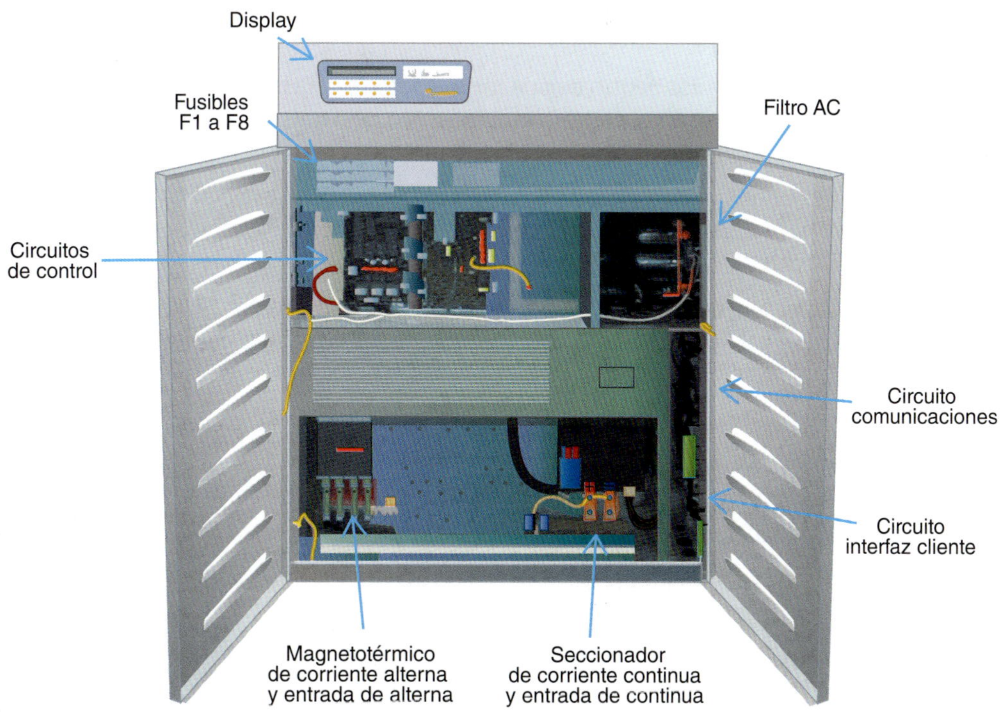

Fig. 7.9. Ejemplo de la configuración de un inversor de 100 kW.

ACTIVIDADES

6. En el enlace **https://goo.gl/Xm6iiw** tienes la información del inversor Solarmax S-6000. Configura un generador fotovoltaico adecuado para él con los datos del panel propuesto en el caso práctico 3.

TEN CUIDADO

Antes de manipular cualquier elemento de la instalación, ya sea para su mantenimiento, conexionado o con otro propósito, es imprescindible leer el manual de funcionamiento del equipo, facilitado por el fabricante.

Después, habrá que adoptar las medidas de seguridad pertinentes según el tipo de operación que vayamos a desarrollar (ver Unidad 8).

VÍDEO

En el siguiente enlace puedes ver el montaje de un microinversor en una instalación de autoconsumo:

https://goo.gl/1PJGgX

3.2. Diseño de instalaciones integradas en edificios

@ WEB

Consulta en el siguiente enlace el documento completo sobre la normativa de instalaciones fotovoltaicas obligatorias en edificios:

https://goo.gl/dUkV3k

Desde 2006, a través del código técnico de la edificación (CTE) y el documento básico de ahorro de energía (DB-HE), se definen una serie de edificios que están obligados a incorporar instalaciones solares fotovoltaicas. Estos edificios los podemos ver en la Tabla 7.2.

Tipos de uso
Hipermercado
Multitienda y centros de ocio
Nave de almacenamiento
Administrativos
Hoteles y hostales
Hospitales y clínicas privadas
Pabellones de recintos feriales

Tabla 7.2. Edificios afectados por el CTE.

Fig. 7.10. Instalación solar fotovoltaica en una nave industrial.

En la última revisión del CTE (año 2013), se cambian los parámetros establecidos para las instalaciones en estos edificios. Es de aplicación a:

- Edificios de nueva construcción y edificios existentes que se reformen íntegramente, o en los que se produzca un cambio de uso característico, para los usos indicados en la tabla, cuando se superen los 5 000 m^2 de superficie construida.
- Ampliaciones en edificios existentes, cuando la ampliación corresponda a alguno de los usos establecidos en la tabla y tal ampliación supere los 5 000 m^2 de superficie construida. Se considerará parte de la superficie construida la correspondiente a aparcamiento subterráneo (si existe); no así las zonas exteriores comunes.

En el caso de edificios ejecutados dentro de una misma parcela catastral, destinados a cualquiera de los usos recogidos en la tabla, para la comprobación del límite establecido en 5 000 m^2, se considerará la suma de la superficie construida de todos ellos.

Quedan exentos del cumplimiento total o parcial de esta exigencia los edificios históricos protegidos cuando así lo determine el órgano competente que deba dictaminar en materia de protección histórico-artística.

En función de la superficie construida, el tipo de uso del edificio y la zona climática donde se encuentre ubicado, se calcula la potencia de pico que se debe instalar en cada uno de ellos, para lo que ha de aplicarse la siguiente fórmula:

$$P = C \cdot (0{,}002 \cdot S - 5)$$

Siendo:

- P la potencia nominal que se debe instalar [kW].
- C el coeficiente definido en la tabla de la página siguiente en función de la zona climática establecida en el mapa de zonas climáticas.
- S la superficie construida del edificio (m^2).

La superficie que se debe considerar para el caso de edificios destinados a cualquiera de los usos recogidos en la tabla 7.2, ejecutados dentro de una misma parcela catastral, será la suma de todas ellas.

En todos los casos, la potencia pico mínima del generador será al menos igual a la potencia nominal del inversor. La potencia nominal máxima obligatoria que se debe instalar será, en todos los casos, de 100 kW. Con esta potencia máxima, nos aseguramos de que la conexión a la red eléctrica se realiza en baja tensión, lo que facilita la instalación del punto de conexión a red.

Estas instalaciones se están montando en la actualidad para autoconsumo, más para abaratar costes en la factura eléctrica que para vender energía a la red.

El coeficiente *C* es asignado en función de la zona climática donde se encuentra el edificio. Este coeficiente se ha calculado en función de los mapas de radiación sobre España. Un ejemplo de este mapa es el proporcionado por la Agencia Estatal de Meteorología (AEMET), que divide España en regiones (Figura 7.11).

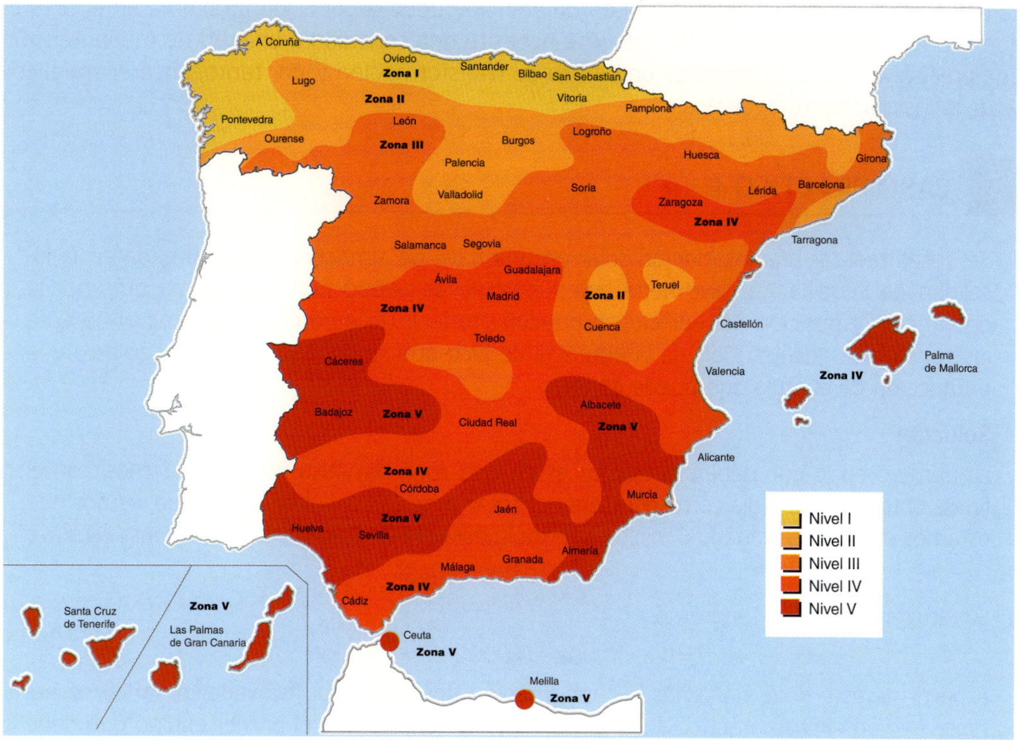

Zona climática	Coeficiente *C*
Zona I	1
Zona II	1,1
Zona III	1,2
Zona IV	1,3
Zona V	1,4

Fig. 7.11. Mapa de las zonas climáticas en España y tabla de coeficientes climáticos.

Desde el punto de vista técnico, la colocación de los módulos debe ser tal que se minimicen las pérdidas por la posible falta de orientación y elevación de los paneles solares.

Además, se debe evitar que unos produzcan sombras a otros.

Los valores de pérdidas se fijan como un porcentaje sobre lo que sería la ubicación óptima de los paneles (orientados al sur y con una inclinación igual a la latitud menos 10º), y nunca deben ser superiores a los aportados en la Tabla 7.3:

Casos	Orientación e inclinación	Sombras	Total
General	10 %	10 %	15 %
Superposición	20 %	15 %	30 %
Integración arquitectónica	40 %	20 %	50 %

Tabla 7.3. Pérdidas posibles en la instalación de un edificio.

VÍDEO

En el siguiente enlace puedes ver diferentes opciones para una instalación de autoconsumo:

https://goo.gl/AVm5V5

El cálculo de las pérdidas viene perfectamente definido en el CTE. A la hora del diseño de la instalación, será muy importante el cálculo de las sombras (se pueden utilizar mapas de sombreado para ello), la distancia entre paneles y, como ya hemos comentado, la orientación e inclinación de estos.

A la hora de colocar los paneles en la cubierta del edificio, se debe garantizar la estanqueidad de esta cuando se fijen los soportes. También habrá que considerar la posible sobrecarga sobre la estructura del edificio.

Se debe asegurar la ventilación de los módulos para evitar, en la medida de lo posible, sobrecalentamientos que afecten al rendimiento de los módulos.

La tendencia actual en la integración arquitectónica de los paneles solares es hacia la doble utilización del módulo: por un lado, como generador de energía y, por otro, como elemento estético y funcional en cuanto al aislamiento térmico y acústico. Se tiende a que los módulos no ocupen un espacio extra en el edificio, sino que estén superpuestos en paralelo a la envolvente de este.

La conexión a red de una instalación en un edificio puede suponer un problema en el caso de que la potencia instalada sea elevada y se necesite una conexión a una red de media tensión, que precisará ineludiblemente de un centro de transformación y, por tanto, encarecerá el coste de la instalación fotovoltaica.

Fig. 7.12. Colocación del generador fotovoltaico sobre el tejado de la nave industrial; se ha respetado la distancia entre filas de módulos para evitar los sombreados.

CASO PRÁCTICO 4

Se desea realizar una instalación solar en una nave de almacenamiento situada en la localidad de Segovia. La nave tiene una superficie de 14 000 m², y se estima que, por la orientación y posición del edificio, se pueden producir unas pérdidas en torno al 25 % de las condiciones ideales. Calcula la potencia de pico que se debe instalar en el edificio y la producción de energía que puede generar.

Solución

Lo primero en lo que debemos fijarnos es en qué zona climática nos encontramos, con el fin de obtener de la tabla correspondiente el coeficiente C. Consultando el mapa, vemos que estamos en la zona III, luego $C = 1{,}2$. La fórmula para el cálculo de la potencia a instalar será:

$$P = C \cdot (0{,}002 \cdot S - 5)$$

Sustituyendo valores, tendremos:

$$P = 1{,}2 \cdot (0{,}002 \cdot 14\,000 - 5) = 27{,}6 \text{ kW}$$

A partir de este dato, haríamos la configuración del generador fotovoltaico, tal como hemos visto en el caso práctico anterior. No hay que olvidar que el primer equipo que debe elegirse es el inversor, para conocer los rangos de tensión de entrada que necesitamos y decidir, en consecuencia, cómo conectar los diferentes módulos (hay que elegir también un determinado panel), en serie o paralelo.

Es importante ver dónde se van a ubicar los paneles y qué tipo de soporte vamos a necesitar para su instalación. En este tipo de edificios, lo normal es que vayan instalados sobre la cubierta, lo que puede hacer que se produzcan sombras entre ellos (si se ha calculado correctamente el valor de la distancia entre filas de módulos, esto no debería suceder), factor que es recogido en el porcentaje que se da en el enunciado. Un ejemplo de posible colocación sería el mostrado en la Figura 7.12.

Para saber la energía media producida:

- Calculamos la energía en condiciones óptimas de inclinación y orientación, proceso visto anteriormente, a partir de los datos de localización geográfica, y de una base de datos.
- Restamos a ese valor el 20 % debido a las pérdidas en la instalación.
- La otra solución es aplicar la fórmula vista en las instalaciones de huerto solar, con un coeficiente $PR = 0{,}75$.

VÍDEO

En el siguiente enlace puedes ver un vídeo sobre el funcionamiento e instalación de un inversor de conexión a red:

https://goo.gl/1WFTv9

ACTIVIDADES

7. Calcula la potencia que se debe instalar en un supermercado de 7 000 m² en Gandía (Valencia).

8. En Ribadeo (Lugo), se ha construido un complejo turístico que consta de los siguientes elementos:

a) Dos hoteles, con una superficie de 1 500 m² y 3 000 m², respectivamente.

b) Un supermercado de 2 000 m² de superficie construida.

c) Un centro de ocio con 1 000 m² de superficie.

Estudia la obligatoriedad de realizar una instalación fotovoltaica en el complejo. En caso afirmativo, calcula la potencia a instalar en ella.

4. Interacción de la instalación con la red eléctrica

Como nuestra instalación fotovoltaica va a estar inyectando energía a la red eléctrica, deberá cumplir una serie de requisitos en cuanto a la señal suministrada, con el fin de que no se produzcan perturbaciones o problemas derivados de dicha conexión. Analizaremos alguno de los aspectos que han de tenerse en cuenta.

4.1. Análisis de posibles perturbaciones y calidad de suministro

En la interacción del sistema fotovoltaico con la red eléctrica, es preciso que el sistema no trastorne las condiciones de seguridad de la red, del mismo modo que debe inyectarse energía siguiendo algunos requerimientos de calidad.

> Este tema debe tenerse en cuenta de forma muy especial en instalaciones de cierta potencia. La reglamentación deja bastantes lagunas, que han de cubrirse con la experiencia acumulada en estos sistemas, recurriendo a la amplia bibliografía existente, así como a informes sectoriales.

La reglamentación vigente marca las condiciones de la conexión a la red de una instalación fotovoltaica. Los puntos, extraídos del Real Decreto 1699/2011, que han de tenerse en cuenta son los siguientes:

Artículo 12: Condiciones de conexión

1. Los esquemas de conexión deben responder al principio de minimizar pérdidas en el sistema, favoreciendo el mantenimiento de la seguridad y calidad de suministro y posibilitando el trabajo en isla, sobre sus propios consumos, nunca alimentando a otros usuarios de la red. Las configuraciones de conexión deberán asegurar la fiabilidad de las medidas de energía producida y consumida.
2. Si la potencia nominal de la instalación de generación a conectar a la red de distribución es superior a 5 kW, la conexión de la instalación a la red será trifásica con un desequilibrio entre fases inferior a 5 kW.
3. La contribución de los generadores al incremento o la caída de tensión en la línea de distribución de baja o media tensión, entre el centro de transformación o la subestación de origen donde se efectúe la regulación de la tensión y el punto de conexión, no debe ser superior al 2,5 % de la tensión nominal de la red de baja o media tensión, según corresponda.
4. El factor de potencia de la energía suministrada a la red de la empresa distribuidora debe ser lo más próximo posible a la unidad y, en todo caso, superior a 0,98 cuando la instalación trabaje a potencias superiores al 25 % de su potencia nominal.

Artículo 13. Condiciones específicas para la conexión en redes interiores

1. La conexión se realizará en el punto de la red interior de su titularidad más cercano a la caja general de protección, de tal forma que permita aislar simultáneamente ambas instalaciones del sistema eléctrico.
2. El titular de la red interior habrá de ser el mismo para todos los equipos de consumo e instalaciones de generación que tuviera conectados en su red. En este caso, deberá figurar una anotación al margen en la inscripción definitiva de la instalación de producción, tanto en el registro autonómico como en el registro administrativo de instalaciones de producción de energía eléctrica dependiente de la Dirección General de Política Energética y Minas.
3. Las instalaciones de producción conectadas a una red interior no podrán ser de potencia superior a 100 kW y, en todo caso, no podrán superar la capacidad disponible en el punto de conexión a la red de distribución, ni la potencia adscrita al suministro.

! IMPORTANTE

En algunas de las instalaciones de autoconsumo se utilizan inversores denominados *de inyección cero*. Se caracterizan por que, a pesar de estar conectados a la red eléctrica, no vierten excedentes de producción de energía de la instalación fotovoltaica.

VÍDEO

En el siguiente enlace puedes ver un ejemplo de una instalación con inyección cero:

https://goo.gl/igM7pA

Fig. 7.13. Punto de conexión a red de la instalación fotovoltaica.

Con respecto a la calidad que debe tener la señal que se inyecta a la red, podemos hacer las siguientes consideraciones:

- La energía inyectada a la red eléctrica por el sistema fotovoltaico debe cumplir las siguientes características:
  - Distorsión armónica total de la onda de corriente inferior al 5 % (ITHD < 5 %) para una THD de la onda de tensión inferior al 2 %. Este requerimiento se define para el inversor operando a potencia nominal. La ITHD se incrementa a medida que se reduce la potencia de operación del inversor, y puede alcanzar valores superiores al 25 % operando al 10 % de la potencia nominal.
  - Inyección con un factor de potencia unidad o minimización de la energía reactiva.
  - No inyección de corriente continua a la red eléctrica. Este requerimiento se traduce en que la instalación deberá disponer de una separación galvánica entre la red de distribución de baja tensión y las instalaciones fotovoltaicas, sea por medio de un transformador de aislamiento o cualquier otro medio, basado en el desarrollo tecnológico, que cumpla las mismas funciones.

    En general, este aislamiento galvánico va incorporado al inversor a modo de transformador en baja frecuencia, aunque se permite el uso de transformadores en alta frecuencia, y también está relacionado con el tipo de protecciones contra contactos indirectos que se han de tomar en la instalación.
- En cuanto a niveles de armónicos y compatibilidad electromagnética, todos los elementos de la instalación deberán cumplir con la reglamentación vigente, de forma que los certificados que así lo acrediten habrán de incluirse en la documentación que se debe presentar cuando se haga la solicitud de conexión a red.

4.2. Medidas de los consumos eléctricos

Las instalaciones fotovoltaicas, como ya hemos comentado, llevan generalmente dos tipos de contadores: uno para facturar la energía producida y otro para medir los consumos que puedan existir en la instalación.

El caso particular lo encontramos en las instalaciones conectadas a red para autoconsumo, reguladas por el Real Decreto 900/2015. Este real decreto define dos tipos de instalaciones y las particularidades que deben tener los equipos de medida para ellos. Algunos aspectos que hay que considerar son los siguientes:

- Los puntos de medida de las instalaciones acogidas a las modalidades de autoconsumo se ajustarán a los requisitos y condiciones establecidos en el Reglamento unificado de puntos de medida del sistema eléctrico aprobado por el Real Decreto 1110/2007, de 24 de agosto, y a la reglamentación vigente en materia de medida y seguridad y calidad industrial, cumpliendo los requisitos necesarios para permitir y garantizar la correcta medida y facturación de la energía circulada.
- Los equipos de medida de las instalaciones acogidas a la modalidad de autoconsumo tipo 1 tendrán la misma precisión y requisitos de comunicación que les corresponda como tipo frontera de consumidor. (Consultar el Real Decreto de 2007 para ver qué tipo de consumidor final es el usuario, dentro de los cinco tipos existentes).
- Los sujetos consumidores acogidos a esta modalidad de autoconsumo dispondrán de los equipos de medida necesarios para la facturación de los precios, tarifas, cargos, peajes y otros costes y servicios del sistema que les resulten de aplicación. A estos efectos, deberán disponer de un equipo de medida que registre la energía neta generada de la instalación de generación y de otro equipo de medida independiente en el punto frontera de la instalación.
- Con carácter general, los sujetos acogidos a la modalidad de autoconsumo tipo 2 deberán disponer de:
  - Un equipo de medida bidireccional que mida la energía generada neta.
  - Un equipo de medida que registre la energía consumida total por el consumidor asociado.
  - Potestativamente, un equipo de medida bidireccional ubicado en el punto frontera de la instalación.

ABC VOCABULARIO

THD (total harmonic distortion): distorsión armónica total referida a la tensión.

ITHD (input total harmonic distortion): distorsión armónica referida a la corriente.

Las distorsiones de este tipo son debidas a la presencia de armónicos (ondas de frecuencias múltiplo de la frecuencia de la onda principal).

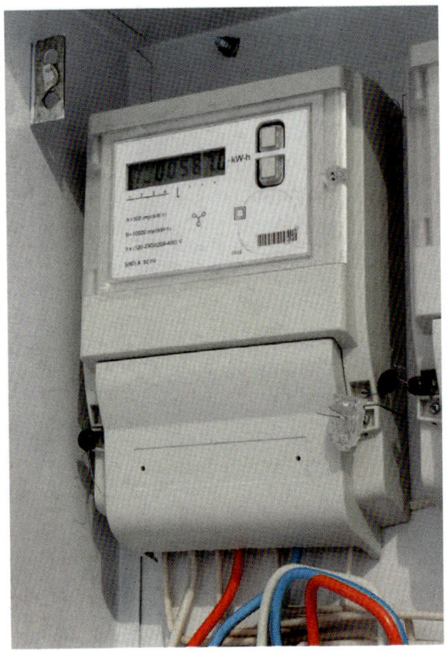

Fig. 7.14. Ejemplo de equipo de medida del consumo del usuario de la instalación, en el caso de que esté acogido a la modalidad de autoconsumo de tipo 2.

! IMPORTANTE

La normativa para los aparatos de medida de consumos está definida en el Real Decreto 875/1984, de 28 de marzo, por el que se aprueba el Reglamento para la aprobación de modelo y verificación primitiva de los contadores de inducción de uso corriente (clase 2) en conexión directa, nuevos, a tarifa simple o a tarifas múltiples, destinados a la medida de la energía en corriente monofásica y polifásica de frecuencia 50 Hz.

5. Seguridad y protecciones en la instalación

En la Unidad 8, veremos detalladamente cuáles son las medidas de seguridad que debemos tener en cuenta a la hora de realizar una instalación fotovoltaica. En este apartado, en cambio, destacaremos cuáles son esas medidas, desde el punto de vista eléctrico, en una instalación conectada a red. Veamos, pues, los aspectos que han de tenerse en cuenta respecto a la seguridad a la hora de configurar la instalación.

Para la parte de **corriente continua** de la instalación:

1. La estructura del generador y todas las partes metálicas de la instalación están obligadas a tener una buena toma de tierra, de acuerdo con la normativa aplicable (por ejemplo, el Reglamento Electrotécnico para Baja Tensión, REBT).
2. La configuración eléctrica del generador fotovoltaico podrá ser flotante: así, ninguno de los polos, ni el positivo ni el negativo, estará conectado a la tierra de la instalación.

   Asimismo, no debe olvidarse que, para prevenir riesgos frente a contactos indirectos en la parte de corriente continua de la instalación, es recomendable que esta disponga de un sistema de vigilancia permanente de aislamiento de ambos polos respecto de derivas a tierra, que pueda ir incorporado en el propio inversor.
3. Es aconsejable la utilización de descargadores de sobretensión o varistores situados entre los terminales positivo y negativo y tierra.

@ WEB

En el siguiente enlace tienes un documento muy interesante sobre diferentes protecciones eléctricas para corriente continua:

https://goo.gl/eLZqBo

En la parte de **corriente alterna,** las protecciones de seguridad que pueden estar incorporadas en el inversor son las siguientes:

1. El sistema se tendría que desconectar si la tensión o la frecuencia de la tensión de la red están fuera de los siguientes rangos de operación:
   - Máxima y mínima tensión (1,1 y 0,85 de la tensión nominal, respectivamente).
   - Máxima y mínima frecuencia (51 y 49 Hz, respectivamente).
2. El sistema ha de disponer de una protección en modo isla contra la operación.

La prevención de la operación en modo isla consiste en que el sistema fotovoltaico no debe continuar generando energía mientras esté desconectada la sección de la red de distribución en baja tensión donde esté conectado.

La finalidad de esta protección es evitar el peligro que originaría para las labores de operación y mantenimiento de redes locales efectuadas por las compañías eléctricas, así como eludir daños potenciales a otros usuarios.

Cuando la empresa eléctrica abre el contador en su centro de transformación para dejar sin tensión una zona concreta de una red local de distribución eléctrica, todos los sistemas fotovoltaicos conectados a ella se deben desconectar automáticamente en un tiempo menor al equivalente a 6 ciclos de red (120 ms para 50 Hz).

Fig. 7.15. Comprobación de tensiones en un cuadro de protecciones de una instalación solar fotovoltaica.

La prevención de la operación en modo isla, habitualmente incorporada en el inversor, podrá estar activa, gracias a la monitorización de la impedancia de la red eléctrica, o pasiva, mediante la monitorización de las variaciones de frecuencia y tensión.

El sistema de protección de modo antiisla es un sistema de desconexión automática de la instalación fotovoltaica, ante un fallo de la red eléctrica, bien por avería o bien por corte de la conexión, para realizar labores en la instalación. Cada fabricante utiliza una técnica distinta para este sistema, por lo que siempre es conveniente consultar el manual del inversor que se está instalando para verificar el funcionamiento.

El fin del sistema es evitar accidentes en las operaciones de mantenimiento de la instalación.

ACTIVIDADES

9. Investiga en Internet qué tipo de inversores podemos utilizar en las instalaciones de autoconsumo. Elabora un documento donde reflejes las ventajas e inconvenientes que presenta cada uno de ellos.

PRÁCTICA FINAL

Estudio de una instalación fotovoltaica conectada a la red eléctrica

Objetivo de la práctica:

Comprobar el funcionamiento de la instalación y su comportamiento ante la conexión de cargas de consumo, y analizar las pérdidas que se pueden producir.

Materiales necesarios:

- Dos paneles fotovoltaicos y su soporte correspondiente.
- Contador de kilovatios hora.
- Inclinómetro.
- Inversor.
- Brújula.
- Polímetro.

Procedimiento:

1. **Comprobación de la energía producida por la instalación.** Pasos que hay que seguir:
   - Conectar los paneles solares en paralelo.
   - Realizar la adecuada orientación de estos en el punto óptimo, y conectarlos al inversor.
   - Colocar a la salida del inversor el contador de energía producida.
   - Tras mantener la instalación funcionando durante dos horas seguidas, comprobar la cantidad de energía producida y anotar los resultados.
2. **Comprobación de las posibles pérdidas en la instalación.**
   - **Pérdidas por apuntamiento de los paneles**

     A partir de las condiciones del apartado anterior, vamos a hacer dos variaciones:

     a) Cambiamos el ángulo de elevación, y mantenemos la instalación funcionando la misma cantidad de horas que en el caso anterior. Anotamos los resultados y comparamos con los obtenidos en el caso óptimo.

     b) Cambiamos la orientación al sur, y tomamos dos medidas: girando 45° en sentido horario y girando 90° también en sentido horario. Realizamos las medidas en las mismas condiciones y comparamos los resultados con los obtenidos anteriormente.
   - **Pérdidas por sombreado**

     En las condiciones anteriores, produciremos diferentes sombras en los paneles y mediremos a la salida de estos con el polímetro las variaciones de intensidad o tensión y, por tanto, de potencia de pico, que se producen en los paneles. Calcula la potencia de pico para las siguientes situaciones:

     a) Sombreado parcial de una célula del panel.

     b) Sombreado extenso en la parte central del panel.

     c) Sombreado de una fila y una columna de células en el panel.
3. **Influencia de los consumos.**

   Enchufar a la salida del inversor aparatos hasta que se sobrepase el valor máximo de potencia que puede entregar y comprobar qué ocurre en la instalación.
4. **Realizar una memoria donde se recojan los resultados obtenidos y las conclusiones.**

a)

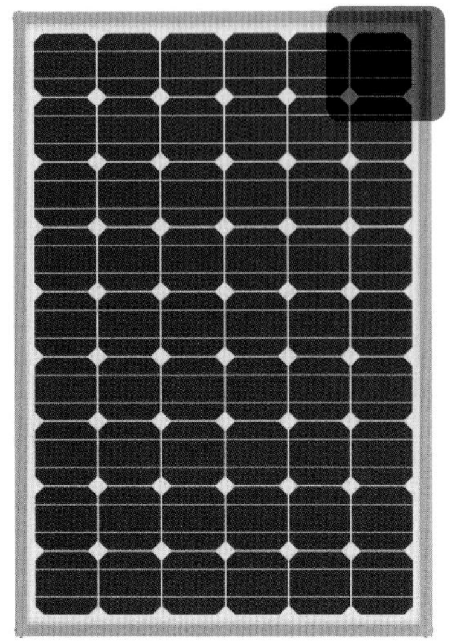

b)

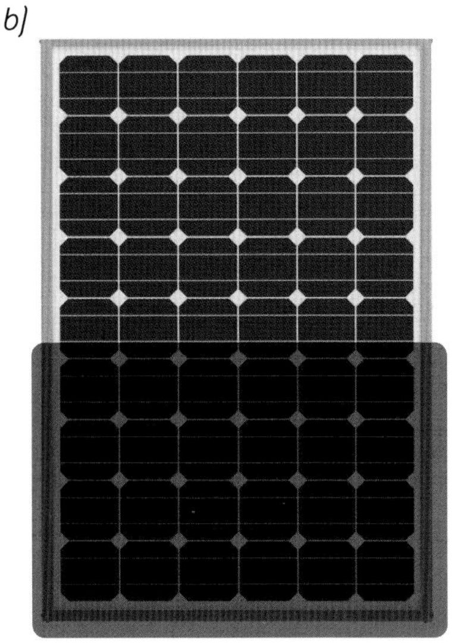

c)

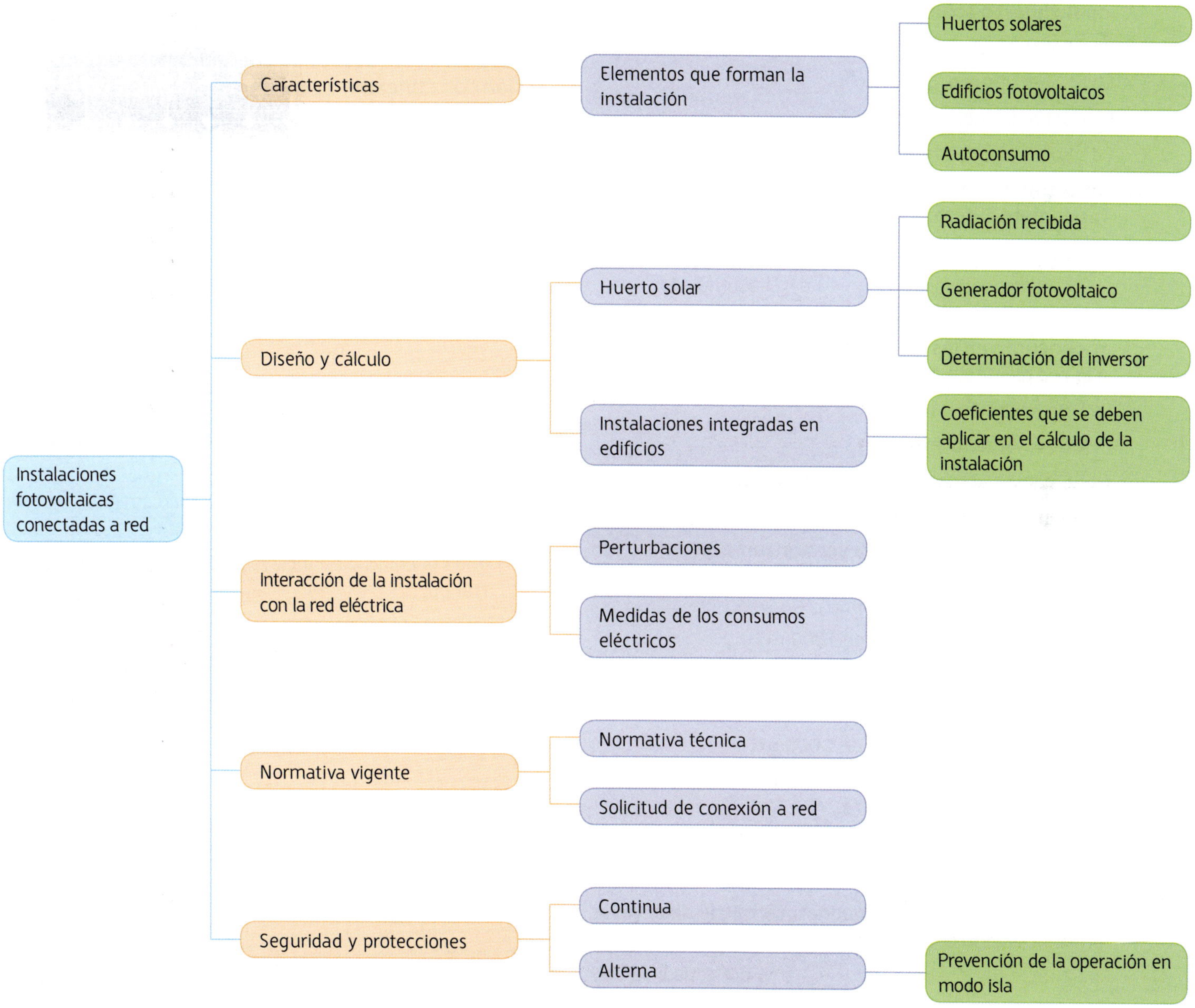
Instalaciones fotovoltaicas conectadas a red
Características
Elementos que forman la instalación
Huertos solares
Edificios fotovoltaicos
Autoconsumo
Diseño y cálculo
Huerto solar
Radiación recibida
Generador fotovoltaico
Determinación del inversor
Instalaciones integradas en edificios
Coeficientes que se deben aplicar en el cálculo de la instalación
Interacción de la instalación con la red eléctrica
Perturbaciones
Medidas de los consumos eléctricos
Normativa vigente
Normativa técnica
Solicitud de conexión a red
Seguridad y protecciones
Continua
Alterna
Prevención de la operación en modo isla

TEST DE REPASO

1. Un inversor para conexión a la red en una instalación fotovoltaica en España debe entregar:

a) Una onda senoidal de frecuencia de 50 Hz.
b) Una onda cuadrada de frecuencia de 50 Hz.
c) Una onda senoidal de frecuencia de 60 Hz.
d) Una onda cuadrada de frecuencia de 60 Hz.

2. La ubicación de una instalación de las denominadas como huerto solar será...

a) Sobre el tejado de un edificio.
b) Sobre el suelo.
c) Sobre la cubierta de una nave.
d) Sobre la fachada de un edificio.

3. En las instalaciones conectadas a red, el elemento fundamental será...

a) El inversor.
b) El campo fotovoltaico.
c) El regulador.
d) El acumulador.

4. Los inversores utilizados en las instalaciones de autoconsumo en las cuales no se quiere verter energía a la red eléctrica se denominan...

a) De inyección a red.
b) De inyección cero.
c) Sin inyección a red.
d) No existen estos inversores.

5. Según el CTE, en su última versión, un supermercado de nueva construcción está obligado a colocar una instalación fotovoltaica si...

a) Tiene construidos más de 1 000 m².
b) Su superficie es de 2 500 m².
c) Su superficie es de 3 500 m².
d) Su superficie es mayor de 5 000 m².

6. La conexión a la red de una instalación cuya potencia nominal sea de 20 kW será...

a) Monofásica.
b) Trifásica.
c) Cuatrifásica.
d) Es indiferente.

7. ¿Cuántos interruptores magnetotérmicos debe llevar una instalación conectada a la red?:

a) Uno.
b) Dos.
c) Uno por cada inversor.
d) Dos por cada inversor.

8. Una forma rápida de calcular el ángulo de inclinación óptimo para los paneles fotovoltaicos de una instalación con conexión a red es...

a) Restar 10° a la latitud del lugar.
b) Sumar 10° a la latitud del lugar.
c) Será el mismo que la latitud del lugar.
d) Será el mismo que la longitud del lugar.

9. Si consideramos la potencia nominal del inversor y la potencia de pico del campo fotovoltaico que lleva conectado, la relación ideal será...

a) La del inversor será aproximadamente la misma del campo fotovoltaico.
b) La del inversor será el 50 % de la potencia del campo fotovoltaico.
c) La del inversor será el 90 % de la del campo fotovoltaico.
d) Ninguna de las respuestas anteriores es correcta.

10. ¿Cuántos contadores de energía tendrá una instalación con conexión a red?

a) Uno para saber la energía producida.
b) Uno para saber el consumo de la instalación.
c) Ninguno.
d) Dos: uno para la energía producida y otro para la consumida en la instalación.

11. ¿Cuántas zonas climáticas, según el mapa de la AEMET, existen en España?

a) Dos.
b) Tres.
c) Cuatro.
d) Cinco.

12. Para el cálculo de la superficie construida en un edificio obligado a colocar una instalación fotovoltaica según el CTE, que dispone de un aparcamiento subterráneo, se tiene en cuenta...

a) Toda la edificación sin incluir el aparcamiento subterráneo.
b) Toda la edificación incluyendo el aparcamiento subterráneo.
c) Solamente el aparcamiento subterráneo.
d) Solamente las dos primeras plantas.

13. La potencia máxima nominal a instalar en los edificios obligados a colocar una instalación fotovoltaica será...

a) 10 kW.
b) 50 kW.
c) 100 kW.
d) 1 000 kW.

14. Un inversor de conexión a red se desconectará de esta cuando exista una variación de la frecuencia en la red de...

a) 40 a 42 Hz.
b) 60 Hz.
c) 49 a 51 hz.
d) No se desconectará nunca.

15. El sistema de protección de modo antiisla...

a) Conecta el inversor a la red.
b) Desconecta el inversor automáticamente.
c) No efectúa ninguna operación.
d) Sirve solo para inversores de autoconsumo.

COMPRUEBA TU APRENDIZAJE

Describir los componentes que forman la instalación

1. En un complejo residencial de la localidad de Orellana (Badajoz), se han construido los siguientes edificios:

a) Un hipermercado cuya superficie es de 7 000 m^2.

b) Un hotel de 4 500 m^2 de superficie.

c) Un centro de ocio de 8 000 m^2 de superficie.

A la vista de estos datos, y teniendo en cuenta lo expuesto en la unidad, se pide:

1. Potencia fotovoltaica obligatoria que se debe instalar en función de las características de los edificios.
2. Cálculo de la radiación recibida en el emplazamiento de la instalación.
3. Cantidad de energía que puede inyectar la instalación, como media anual.
4. Elementos que formarían la instalación. Elige de un catálogo modelos comerciales de paneles solares e inversores con los que se podría realizar la configuración de la instalación calculada.

2. Se desea instalar un huerto solar, con una producción de 1 MWh por día, en la localidad de Valladolid. Se pide:

a) Radiación recibida en el emplazamiento, con el ángulo óptimo de inclinación.

b) Potencia de pico del generador fotovoltaico que se va a instalar.

c) Elección de los inversores adecuados para la instalación que se va a realizar.

3. ¿Qué es el coeficiente C que se utiliza en las fórmulas para el cálculo de instalaciones en edificios? ¿Para qué sirve? ¿Cómo se asigna?

Analizar el comportamiento del inversor

En el enlace **https://goo.gl/CUQLPb** tienes la ficha técnica de un inversor para conexión a red. En función de los datos aportados por el fabricante, contesta a las siguientes preguntas:

a) Tipo de conexión a la red.

b) Si elegimos el modelo 5TLM:

I. ¿Cuál es la potencia nominal del inversor?

II. ¿Cuál sería el valor de la potencia de pico del campo fotovoltaico que se va a conectar en él?

III. ¿Cuál es el rango de tensiones de entrada en corriente continua que admite?

IV. ¿Cuál es su rendimiento?

V. ¿Qué rango de temperaturas de funcionamiento tiene el equipo?

4. En los siguientes esquemas tienes dos formas de conectar un inversor en una instalación de autoconsumo, con vertido o a la red:

Sin baterías

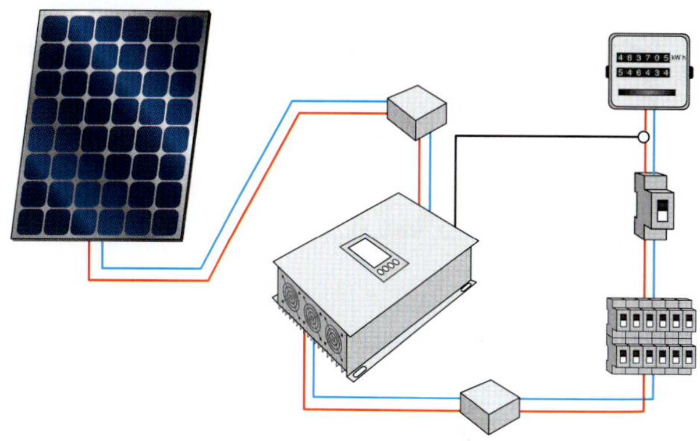

Con baterías

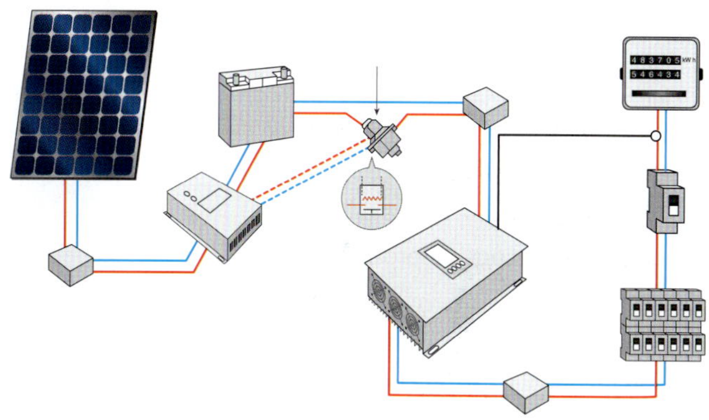

(Cortesía de Martín Solar)

Explica detenidamente las diferencias entre los dos montajes. Utiliza para ello la información proporcionada en la siguiente página web:

https://goo.gl/sBE8m1

5. Además de los inversores con sistemas de inyección cero a red, existen otros modelos, denominados híbridos. Explica en qué consisten estos inversores, destacando las ventajas que pueden tener en las instalaciones de autoconsumo.

Para ello te puedes basar en la información existente en la siguiente página web donde hay un apartado dedicado a la venta de este tipo de equipos:

http://martinsolar.es/

Establecer los consumos eléctricos

6. Haz una lista con los seis electrodomésticos que más se utilicen en tu casa y calcula su consumo energético a lo largo de un año.

8

UNIDAD

Medidas de seguridad en las instalaciones fotovoltaicas

En esta unidad

APRENDERÁS A

- Identificar los riesgos derivados de la manipulación de máquinas y herramientas.
- Conocer las medidas de seguridad que deben adoptarse en la realización y mantenimiento de una instalación fotovoltaica.
- Conocer los equipos de protección individual.
- Identificar los riesgos que se pueden dar en una instalación fotovoltaica.

ESTUDIARÁS

- Qué es una valoración de riesgos.
- Cómo se eligen los equipos de protección individual.
- La influencia de las instalaciones fotovoltaicas sobre el medioambiente.
- La normativa vigente.

Y SERÁS CAPAZ DE

- Cumplir las normas de prevención de riesgos laborales y de protección ambiental, identificando los riesgos asociados, y las medidas y equipos para prevenirlos.

1. Equipos y elementos de seguridad

Las acciones que se van a realizar en una instalación fotovoltaica y, por tanto, los riesgos derivados de ellas los podemos resumir de forma general en los siguientes puntos:

Realización de trabajos en alturas.	Manipulación de útiles y herramientas de montaje.
Manipulación de instalaciones eléctricas bajo tensión.	Realización de obra civil.
Manipulación de sustancias químicas peligrosas.	Utilización de maquinaria pesada.
Cargas suspendidas.	Utilización de medios de transporte.

Vamos a centrarnos en este apartado en dos de los elementos básicos para la seguridad en una instalación: la señalización y la utilización de los equipos de protección individual, denominados comúnmente por su sigla EPI. En ambos casos existe una normativa que regula el uso y las condiciones que tiene que cumplir cada uno de ellos.

1.1. Señalización

Cuando a raíz de alguna técnica preventiva o por obligación legal o normativa se establezca la necesidad de señalizar un riesgo o una condición peligrosa, se estudiará qué sistema de señalización es el más adecuado en cada caso.

Además, se deberá prestar una especial atención a la señalización en situaciones especiales:

- Intervenciones en máquinas o instalaciones que requieran algún tipo de instrucción especial.
- Carretillas elevadoras: llevarán la señalización luminosa intermitente que corresponda e incorporarán la acústica cuando sea necesario.
- Señalización de evacuación y salidas de emergencia (en caso de edificios fotovoltaicos).
- Señalización de extintores y equipos de lucha contra incendios.
- Señalización gestual en el manejo de grúas.

> Esta señalización debe ser visible y estar en buen estado, y será permanente o puntual en función de las operaciones que se estén realizando en cada momento.

Por ejemplo, en la fase de instalación de un huerto solar, la señalización realizada durante la fase de obra civil (aplanamiento, zanjeado, hormigonados, etc.) permanecerá hasta la finalización de dicha fase.

Las señales que podemos encontrar en una instalación fotovoltaica son las siguientes:

Tipos de señales		
De advertencia	De prohibición	Obligatorias

Tabla 8.1. Tipos de señales.

TEN CUIDADO

A la hora de realizar una instalación fotovoltaica, hemos de prever todos los riesgos derivados de las acciones que se van a llevar a cabo durante las diferentes fases de la instalación (así como en las etapas de mantenimiento), y las medidas de seguridad que deberán adoptarse, de acuerdo con la normativa vigente al respecto.

Muchas son las fases que han de superarse hasta completar la instalación. En algunos casos, estas serán comunes a las instalaciones autónomas y las conectadas a red, y en otros casos serán específicas de cada una de ellas.

WEB

Instituto Nacional de Seguridad e Higiene en el Trabajo:

www.insht.es

En esta web puedes encontrar abundante información sobre seguridad laboral en general y equipos de protección individual en particular.

EJEMPLO 1

Señalización en una instalación fotovoltaica autónoma

En una instalación autónoma, para dotar de electricidad a un sistema de bombeo, se ha construido una caseta donde se alojan el acumulador y el resto de elementos de la instalación.

La caseta se encuentra dentro de un recinto cerrado, al que se quiere restringir el acceso. Las señales para una correcta señalización de los elementos son:

Señal	Lugar de colocación	Explicación
	En la entrada del recinto vallado que da acceso a la caseta.	Restringir el paso a toda persona que no esté autorizada.
	En el vallado exterior. En la puerta de la caseta.	Advertir de la presencia de diferentes riesgos en el interior del recinto.
	En el armario donde se aloje el equipo eléctrico.	Advertir de la presencia de un equipo bajo tensión.
 	En el interior de la caseta, como advertencia general.	Advertir de encender fuego y de fumar.
  	Encima del acumulador.	Informar de la toxicidad y el peligro del electrolito del acumulador.
 	Encima del acumulador.	Informa de la obligatoriedad del uso de guantes para la manipulación del acumulador y protección con ropa adecuada.

NORMATIVA

Los sistemas y medidas de seguridad están regulados por la Ley 31/1995, de Prevención de Riesgos Laborales, aprobada en 1995 y actualizada posteriormente.

IMPORTANTE

Los EPI deben cumplir con la marca de conformidad reflejada con el siguiente logo:

CE

En caso de no cumplir con este marcado, no podrán ser comercializados (y por tanto no se deben utilizar).

1.2. Equipos de protección individual

Los equipos de protección individual (EPI) deben utilizarse cuando existan riesgos para la seguridad o salud de los trabajadores que no hayan podido evitarse o limitarse suficientemente por medios técnicos de protección colectiva o medidas de organización del trabajo. Deben proporcionar una protección eficaz frente a los riesgos derivados de su uso. Para su correcta utilización, habrán de reunir las siguientes condiciones:

- Responderán a las condiciones existentes en el lugar de trabajo.
- Tendrán en cuenta las condiciones anatómicas y fisiológicas y el estado de salud del trabajador.
- Deben adecuarse a la persona que los va a utilizar una vez realizados los ajustes necesarios.
- Si se usan varios EPI simultáneamente, deberán ser compatibles entre sí y mantener su eficacia en relación con el riesgo o los riesgos correspondientes.

Tipos de EPI que necesitaremos en las instalaciones fotovoltaicas:

- Casco para protección de la cabeza.
- Ropa de protección adecuada a las tareas que se van a realizar.
- Ropa de alta visibilidad, acorde con las condiciones de trabajo.
- Guantes protectores para las manos.
- Arneses de seguridad para trabajos en altura.
- Gafas protectoras para los ojos.
- Calzado para la protección de los pies.

La utilización de EPI no deberá suponer, en ningún caso, un aumento de los riesgos ni causar molestias innecesarias.

EJEMPLO 2

Riesgos derivados de una mala elección de los equipos de protección individual

Factores que se deben considerar en la elección de los EPI		
Tipo de equipo	**Riesgo del que protege**	**Riesgos derivados del uso del equipo**
Casco de protección	• Caída de objetos. • Golpes en la cabeza. • Proyección violenta de objetos. • Contactos eléctricos.	• Peso excesivo. • Mala adaptación a la cabeza. • Insuficiente ventilación. • Mala estabilidad (caída del casco).
Protectores oculares	• Proyecciones. • Salpicaduras.	• Volumen excesivo. • Ventilación insuficiente (vaho). • Excesiva presión de contacto. • Mala calidad óptica (reflejos, distorsión). • Reducción del campo visual.
Guantes	• Golpes. • Heridas. • Cortes.	• Tallas inadecuadas. • Adherencia excesiva. • Poco confort desde el punto de vista térmico. • Alergias a los componentes.
Calzado de seguridad	• Golpes. • Cortes. • Riesgo eléctrico.	• Mala adaptación al pie. • Transpiración insuficiente. • Penetración de humedad. • Fatiga por la utilización continuada. • Luxaciones y esguinces por mala sujeción.

NORMATIVA

Cada EPI está regulado por una norma UNE, donde se especifican sus características, el grado de protección que alcanza y su mayor o menor adecuación para la misión de protección que debe cumplir. Es fundamental la correcta elección de estos equipos para que no haya ningún problema que ponga en peligro al usuario.

A modo de ejemplo, vamos a citar algunas de las normas UNE que regulan los EPI:

- UNE-EN 346: calzado de seguridad con refuerzo en la puntera.
- UNE-EN 397: cascos de protección.
- UNE-EN 420: guantes de protección.

No hemos mencionado aquí los protectores auditivos ni los protectores de las vías respiratorias, puesto que su uso en las instalaciones fotovoltaicas es muy escaso o nulo. En caso de tenerlos que utilizar, deberíamos seguir los criterios que hemos comentado en los ejemplos anteriores.

ACTIVIDADES

1. Haz un listado con los EPI que deberían usar los operarios que se van a encargar de montar un generador fotovoltaico sobre el suelo. Partimos de la base de que las estructuras de hormigón están hechas y listas para colocar los anclajes.
2. Detalla los riesgos eléctricos que pueden existir en una instalación fotovoltaica de una vivienda unifamiliar. Detalla cuáles pertenecen a la parte de corriente continua y cuáles son específicos de la instalación de corriente alterna.
3. En los cuadros eléctricos de las viviendas, ¿cuál es el aparato encargado de proteger a los usuarios de la instalación ante contactos indirectos? Explica brevemente cómo funciona.
4. ¿Qué tipo de ropa y guantes se deben utilizar a la hora de manipular el acumulador de una instalación fotovoltaica? Justifica la respuesta. Busca en Internet algún modelo comercial y explica en qué consiste.
5. ¿Se podría encontrar la señal de la Figura 8.1 en algún lugar de una instalación fotovoltaica? En caso de respuesta afirmativa, explica los motivos.

Fig. 8.1. Figura de advertencia sobre peligro de explosión.

Las evaluaciones de riesgos son fundamentales en la elección de los EPI. En la toma de decisión de los equipos, puede ayudar el empleo de tablas como la siguiente (Tabla 8.2).

		RIESGOS FÍSICOS										
		Mecánicos					Térmicos		Eléctricos	Radiaciones		Ruido
		Caídas de altura	Choques, golpes, impactos, compresiones	Pinchazos, cortes, abrasiones	Vibraciones	Resbalones, caídas a nivel del suelo	Calor llama	Frío		No ionizantes	Ionizantes	
PARTES DEL CUERPO: Cabeza	Cráneo											
	Oído											
	Ojos											
	Vías respiratorias											
	Cara											
	Cabeza entera											
Miembros superiores	Mano											
	Brazo (partes)											
Miembros inferiores	Pie											
	Pierna (partes)											
Variados	Piel											
	Tronco/abdomen											
	Cuerpo entero											

Tabla 8.2. Tabla para la evaluación de los riesgos y los equipos de protección.

Puesto que el uso de los equipos de protección individual es personal, el empresario debe asegurarse de realizar la elección adecuada para cada uno de sus empleados.

El trabajador que recibe los EPI deberá firmar una ficha, como la mostrada en la Figura 8.2, en la que se detallarán los aspectos que se deben tener en cuenta.

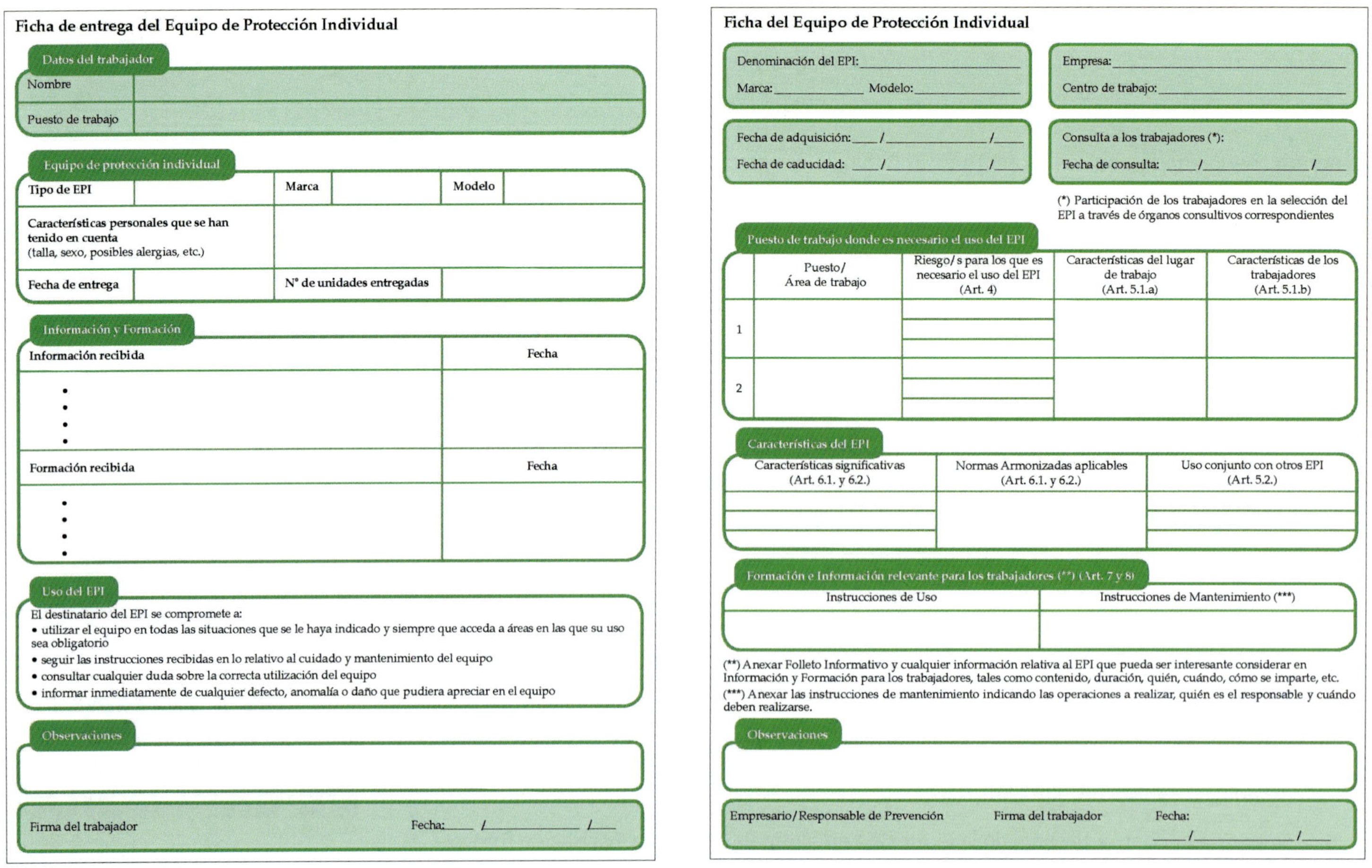

Ficha de entrega del Equipo de Protección Individual

Datos del trabajador

Nombre	
Puesto de trabajo	

Equipo de protección individual

Tipo de EPI		Marca		Modelo	
Características personales que se han tenido en cuenta (talla, sexo, posibles alergias, etc.)					
Fecha de entrega		Nº de unidades entregadas			

Información y Formación

Información recibida	Fecha
• • • •	
Formación recibida	Fecha
• • • •	

Uso del EPI

El destinatario del EPI se compromete a:
- utilizar el equipo en todas las situaciones que se le haya indicado y siempre que acceda a áreas en las que su uso sea obligatorio
- seguir las instrucciones recibidas en lo relativo al cuidado y mantenimiento del equipo
- consultar cualquier duda sobre la correcta utilización del equipo
- informar inmediatamente de cualquier defecto, anomalía o daño que pudiera apreciar en el equipo

Observaciones

Firma del trabajador Fecha: ___ / ______ / ___

Ficha del Equipo de Protección Individual

Denominación del EPI: ______
Marca: ______ Modelo: ______

Empresa: ______
Centro de trabajo: ______

Fecha de adquisición: ___ / ______ / ___
Fecha de caducidad: ___ / ______ / ___

Consulta a los trabajadores (*):
Fecha de consulta: ___ / ______ / ___

(*) Participación de los trabajadores en la selección del EPI a través de órganos consultivos correspondientes

Puesto de trabajo donde es necesario el uso del EPI

	Puesto/ Área de trabajo	Riesgo/s para los que es necesario el uso del EPI (Art. 4)	Características del lugar de trabajo (Art. 5.1.a)	Características de los trabajadores (Art. 5.1.b)
1				
2				

Características del EPI

Características significativas (Art. 6.1. y 6.2.)	Normas Armonizadas aplicables (Art. 6.1. y 6.2.)	Uso conjunto con otros EPI (Art. 5.2.)

Formación e Información relevante para los trabajadores (**) (Art. 7 y 8)

Instrucciones de Uso	Instrucciones de Mantenimiento (***)

(**) Anexar Folleto Informativo y cualquier información relativa al EPI que pueda ser interesante considerar en Información y Formación para los trabajadores, tales como contenido, duración, quién, cuándo, cómo se imparte, etc.
(***) Anexar las instrucciones de mantenimiento indicando las operaciones a realizar, quién es el responsable y cuándo deben realizarse.

Observaciones

Empresario/Responsable de Prevención Firma del trabajador Fecha: ___ / ______ / ___

Fig. 8.2. Fichas de control de EPI recomendadas por el Instituto Nacional de Seguridad e Higiene en el Trabajo.

2. Evaluación de riesgos en las instalaciones fotovoltaicas

A lo largo de este apartado vamos a analizar los riesgos a que están expuestas las instalaciones fotovoltaicas, tanto en las operaciones como en el mantenimiento de estas. Veremos las medidas de seguridad que se deben adoptar para cada caso concreto.

2.1. Trabajos en altura

Muchas de las operaciones que se llevan a cabo en las instalaciones fotovoltaicas se realizan sobre los tejados de los edificios, o sobre los propios generadores fotovoltaicos (en el caso del montaje de seguidores solares, por ejemplo).

Ello implica, además del riesgo derivado de estar sobre el elemento (que será mayor si se trata de una superficie inclinada), la utilización de elementos tales como escaleras, andamios, etc. Deben adoptarse todas las medidas de seguridad necesarias, así como utilizar los EPI adecuados para prevenir riesgos.

CASO PRÁCTICO 1

Medidas de seguridad que se deben adoptar a la hora de trabajar en un tejado inclinado

Necesitamos realizar una revisión en el generador fotovoltaico de una vivienda unifamiliar, que está colocado sobre un tejado inclinado. Detalla las medidas de seguridad y los EPI que debemos utilizar para realizar dicha revisión.

Solución

El acceso al tejado se va a realizar mediante una **escalera.** Para la correcta utilización de dicho elemento, deberá colocarse tal y como se ve en esta figura:

Como la altura del muro donde debemos apoyar la escalera es de 4,50 m, la colocación debe realizarse tal y como se muestra en esta figura. Hay que prestar especial atención a su ángulo de inclinación. Como referencia podemos decir que la inclinación es correcta cuando los pies y el codo tocan al mismo tiempo en la escalera.

La parte superior de la escalera debe sobresalir 1 m por encima del punto de apoyo, pero el acceso al tejado ha de hacerse por el lateral de la escalera, nunca por la parte superior de ésta.

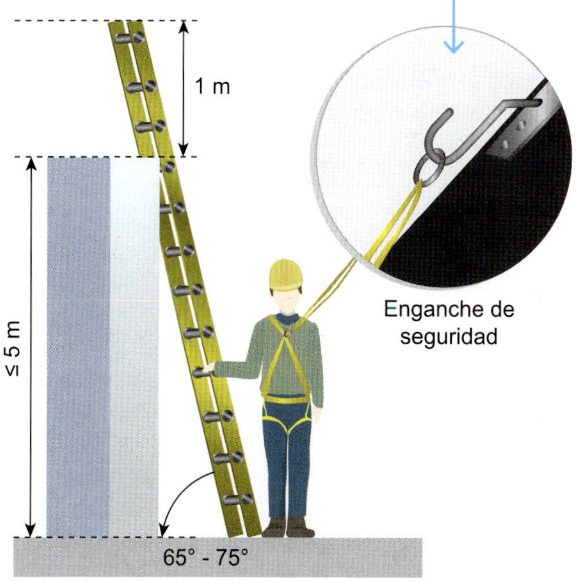

Será necesario utilizar un arnés de sujeción para realizar los trabajos sobre el tejado, y el resto de EPI adecuados.

Además, habrá que colocar un elemento en el extremo del tejado que evite la caída de objetos a la calle.

Si el tejado da a la vía pública, debemos señalizar convenientemente la realización de trabajos sobre él.

(Continúa)

CASO PRÁCTICO 1 *(Continuación)*

IMPORTANTE

Para evitar riesgos innecesarios cuando se realizan trabajos en altura, debemos tener en cuenta las siguientes consideraciones:

- Nunca pisar directamente sobre cubiertas de escasa resistencia.
- Recordar que el riesgo aumenta al crecer la inclinación.
- No realizar trabajos en altura cuando las condiciones ambientales sean malas.

TEN EN CUENTA

Si el trabajo se realiza en un tejado plano, y cerca del borde, también se debe utilizar un arnés de seguridad.

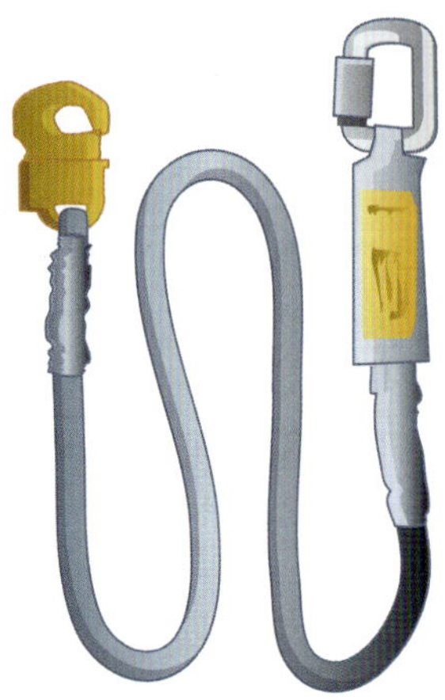

Fig. 8.3. Conexión del arnés.

Puede que sea necesario acceder al tejado, por la altura a la que se encuentra, a través de un andamio. En las siguientes figuras mostramos una situación de este tipo, y las consideraciones que debemos hacer a la hora de proceder al montaje.

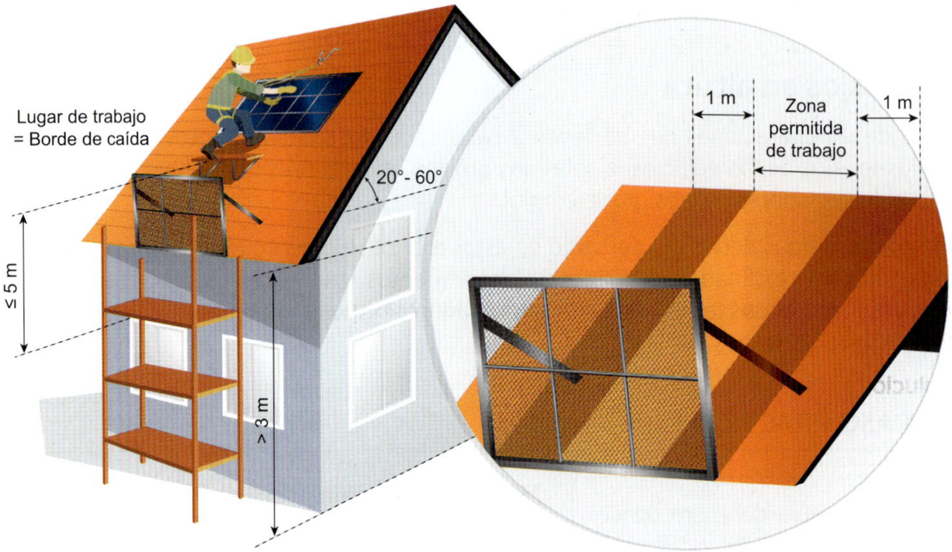

Es muy aconsejable la colocación de una valla de protección cuando se estén realizando este tipo de trabajos. En la parte derecha de la figura, podemos ver cómo se coloca dicha valla, y el área de trabajo que permite.

Los EPI para este tipo de trabajos son las siguientes:

- Calzado de seguridad con suelas antideslizantes.
- Casco de seguridad.
- Bolsa portaherramientas.
- Mono o ropa de trabajo.
- Guantes para la protección de las manos.
- Arnés de seguridad.

El arnés de seguridad debe estar conectado a un **sistema anticaídas.** Este sistema debe garantizar la parada segura de una caída, de forma que:

- La distancia de caída del cuerpo sea mínima.
- La fuerza de frenado no cause lesiones corporales.
- La postura del usuario, una vez producido el frenado de la caída, sea tal que le facilite la espera hasta la llegada de auxilio.

La conexión del arnés (Figura 8.3) debe hacerse mediante un sistema que absorba la energía de la caída. La sujeción del sistema anticaídas se hará en un punto fijo de la estructura del lugar donde estamos realizando las operaciones.

ACTIVIDADES

6. Busca en Internet algún ejemplo de arnés utilizado como medida de protección anticaídas. Explica brevemente sus principales características.

7. En el enlace **https://goo.gl/vSZ6Ex** se muestran las características técnicas de unas botas de seguridad. ¿Serían adecuadas para trabajar en un tejado como el mostrado en el caso práctico? Justifica la respuesta.

8. ¿Cómo se llama el elemento de seguridad mostrado en el dibujo? ¿Para qué sirve? ¿Dónde lo utilizarías en una instalación fotovoltaica?

2.2. Riesgos derivados de la realización de obra civil

Muchas instalaciones fotovoltaicas (como los huertos solares) precisan de obras de construcción, preparación del terreno, hormigonado de zanjas, etc., en los que se utilizan determinadas máquinas y que precisan de un buen análisis de riesgos, para tomar las medidas de seguridad necesarias a fin de evitar que se produzca un accidente. Veamos un ejemplo.

CASO PRÁCTICO 2

Análisis de riesgos en la realización de la obra civil en un huerto solar

En la localidad de Burgo de Osma (Soria), se ha decidido realizar la instalación de un huerto solar, en un terreno en el que existe algo de vegetación arbustiva. El huerto solar se va a montar con seguidores solares de dos ejes que precisan de la realización de una zapata de hormigón. Está previsto que la obra se lleve cabo en el mes de noviembre.

Analiza los riesgos derivados de dicha realización y las medidas de seguridad necesarias para evitar cualquier tipo de accidente.

Solución

Debemos analizar cada una de las frases de la obra para ver qué medidas adoptar en cada caso. Estas fases son las siguientes:

1. Desbroce del terreno mediante una máquina de cadenas.
2. Aplanamiento del terreno mediante una motoniveladora.
3. Realización de las zanjas para las zapatas de los seguidores solares y para el cableado mediante una máquina retroexcavadora.
4. Colocación y soldado de los mallazos en las zapatas de los seguidores solares.
5. Hormigonado de las zanjas.

Como vemos, en la realización de la obra vamos a tener diferentes fases, y unos riesgos específicos asociados a cada una de ellas. La primera medida de seguridad será señalizar el terreno donde se van a llevar a cabo las operaciones y prohibir el acceso a toda persona que no está autorizada (ver señales del caso práctico 1).

Vamos a analizar los riesgos y ver las medidas que se deben aplicar en cada uno de los casos:

- **Durante la fase de desbroce, allanamiento y excavación** (1-3) de zanjas, se van a emplear máquinas pesadas. En la siguiente tabla se recogen los riesgos y las medidas preventivas para evitarlos.

Utilización de maquinaria pesada		
Riesgos asociados	**Medidas preventivas**	**Equipos de protección**
• Caídas de operarios al mismo nivel. • Caídas de operarios al interior de la excavación. • Caídas de objetos sobre operarios. • Caídas de materiales transportados. • Choques o golpes contra objetos. • Lesiones o cortes en manos y pies. • Sobreesfuerzos. • Ruido, contaminación acústica. • Vibraciones. • Ambiente pulvígeno. • Cuerpos extraños en los ojos. • Vuelco. • Atropello.	• No permanecer bajo el frente de la excavación. • Separación del tránsito de vehículos y operarios. • No permanecer en el radio de acción de las máquinas. • Avisadores ópticos y acústicos en maquinaria. • Conservación adecuada en las vías de circulación. • Barandillas en el borde de la excavación. • Utilización solamente por personal autorizado. • Permanecer fuera de la zona de influencia.	• Casco de seguridad. • Botas o calzado de seguridad. • Botas de seguridad impermeables. • Guantes de lona y piel. • Guantes impermeables. • Gafas de seguridad. • Protectores auditivos. • Ropa de trabajo. • Traje de agua (impermeable). • Chalecos de alta visibilidad.

(Continúa)

CASO PRÁCTICO 2 *(Continuación)*

- Otra de las fases en la obra será la de **colocación de los mallazos** (4). El análisis de riesgos para estas operaciones sería el siguiente:

Colocación de los mallazos en las zapatas de los seguidores solares		
Riesgos asociados	**Medidas preventivas**	**Equipos de protección**
• Caídas de operarios al mismo nivel. • Caídas de operarios al interior de la excavación. • Caídas de objetos sobre operarios. • Caídas de materiales transportados. • Choques o golpes contra objetos. • Lesiones o cortes en manos y pies. • Sobreesfuerzos. • Contactos eléctricos directos e indirectos. • Cuerpos extraños en los ojos. • Condiciones meteorológicas adversas. • Trabajos en zonas húmedas o mojadas. • Soldadura de las varillas de ferralla. • Radiaciones y derivados de la soldadura. • Quemaduras en soldadura oxicorte. • Explosiones e incendios.	• Pasos o pasarelas. • Tableros o planchas en huecos horizontales. • Escaleras auxiliares adecuadas. • Carcasas de los resguardos de protección de las partes móviles de máquinas. • Mantenimiento adecuado de la maquinaria. • Iluminación natural o artificial adecuada. • Limpieza de las zonas de trabajo y de tránsito.	• Casco de seguridad. • Botas o calzado de seguridad. • Botas de seguridad impermeables. • Guantes de lona y piel. • Guantes impermeables. • Gafas de seguridad. • Protectores auditivos. • Ropa de trabajo. • Pantalla de soldador y mandil protector.

- La última fase, antes de proceder al montaje de los soportes de los seguidores, será la **cimentación con hormigón de las zapatas** (5). En esta, los riesgos y las medidas de seguridad que habrá que adoptar para prevenirlos serán los siguientes:

Hormigonado en las zapatas de los seguidores solares		
Riesgos asociados	**Medidas preventivas**	**Equipos de protección**
• Tránsito de camiones. • Caídas de operarios al mismo nivel. • Caídas de operarios al interior de la excavación. • Caídas de objetos sobre operarios. • Caídas de materiales transportados. • Choques o golpes contra objetos. • Lesiones o cortes en manos y pies. • Sobreesfuerzos. • Contactos eléctricos directos e indirectos. • Cuerpos extraños en los ojos. • Condiciones meteorológicas adversas. • Trabajos en zonas húmedas o mojadas. • Dermatitis por contacto con el hormigón.	• Pasos o pasarelas. • Tableros o planchas en huecos horizontales. • Escaleras auxiliares adecuadas. • Carcasas de los resguardos de protección de las partes móviles de máquinas. • Mantenimiento adecuado de la maquinaria. • Iluminación natural o artificial adecuada. • Limpieza de las zonas de trabajo y de tránsito.	• Casco de seguridad. • Botas o calzado de seguridad. • Botas de seguridad impermeables. • Guantes de lona y piel. • Guantes impermeables. • Gafas de seguridad. • Protectores auditivos. • Ropa de trabajo. • Chalecos de alta visibilidad.

ACTIVIDADES

9. Describe el equipo de protección que requiere cada uno de los siguientes riesgos:

a) Tránsito de camiones.

b) Condiciones meteorológicas adversas.

c) Caídas de objetos sobre operarios.

d) Sobreesfuerzos.

2.3. Riesgos eléctricos

Los eléctricos son los riesgos más importantes en las instalaciones fotovoltaicas. Si bien en los ejemplos anteriores decíamos que la siniestralidad causada por las herramientas manuales era de poca gravedad la mayoría de las veces, en el caso de los accidentes eléctricos no es así, por lo que se deben extremar las medidas de seguridad y protección para evitar accidentes.

Los factores que pueden producir accidentes eléctricos son los siguientes:

1. Descargas eléctricas (arco eléctrico).
2. Contactos directos de conductores bajo tensión.
3. Contactos indirectos: masas de máquinas o equipos puestos bajo tensión y que no deberían estarlo.

Localización del riesgo eléctrico		
Cuadros de maniobra	Conexiones	Herramientas eléctricas
Maquinaria fija	Postes	Iluminación fija
Motores	Estructuras	Iluminación portátil
Instalaciones	Transformadores	Aparatos de manutención

Tabla 8.3. Localización de los principales riesgos eléctricos.

Para cada uno de los tipos de riesgos eléctricos que hemos comentado anteriormente existen una serie de medidas que se pueden adoptar con el fin de evitar accidentes.

La primera de ellas es quitar la tensión de la instalación antes de realizar cualquier trabajo sobre ella. Estas operaciones y maniobras de desconexión se harán por personal autorizado y cualificado.

Los pasos que se deben seguir para la desconexión de la instalación son:

1. Desconectar.
2. Prevenir cualquier posible realimentación.
3. Verificar la ausencia de tensión.
4. Poner a tierra y en cortocircuito.
5. Proteger frente a elementos próximos en tensión y establecer una señalización de seguridad para delimitar la zona de trabajo.

La reposición de la tensión solo se llevará a cabo una vez finalizado el trabajo, después de que se hayan retirado todos los trabajadores que no resulten indispensables para la ejecución de este proceso y que se hayan recogido de la zona de trabajo las herramientas y equipos utilizados.

El proceso de **reposición de la tensión** comprenderá:

- La retirada de las protecciones adicionales y de la señalización que indica los límites de la zona de trabajo, si las hubiera.
- La retirada de la puesta a tierra y en cortocircuito, si la hubiera.
- El desbloqueo o la retirada de la señalización de los dispositivos de corte.
- El cierre de los circuitos para reponer la tensión.
- Desde el momento en que se suprima una de las medidas inicialmente adoptadas para realizar el trabajo sin tensión en condiciones de seguridad, se considerará en tensión la parte de la instalación afectada.

IMPORTANTE

Las medidas de seguridad que han de adoptarse en las instalaciones fotovoltaicas desde el punto de vista eléctrico son las mismas que en cualquier otra instalación eléctrica.

VÍDEO

En el siguiente enlace puedes ver los efectos que produce la electricidad sobre el cuerpo humano:

https://goo.gl/fmZZ4y

No siempre será posible la realización de trabajos sin tensión. Las excepciones que contempla la normativa al respecto son las siguientes:

- Operaciones elementales en baja tensión, con material eléctrico concebido para tal utilización y sin riesgo para el personal en general.
- Trabajos en instalaciones con tensiones de seguridad.
- Operaciones que, por su propia naturaleza, como mediciones, ensayos y verificaciones, requieran estar en tensión.
- Trabajos en instalaciones fotovoltaicas cuyas condiciones no permitan dejarlas sin suministro eléctrico.

El **Real Decreto 614/2001** detalla los procedimientos que se deben seguir para la realización de los trabajos en tensión en función del tipo de instalación sobre la que se tenga que trabajar.

A continuación, vamos a ver las medidas específicas que se deben adoptar para cada uno de los riesgos eléctricos que hemos detallado al principio del apartado.

- **Prevención frente a contactos directos**

  Los contactos directos se evitan colocando fuera del alcance de las personas los elementos conductores bajo tensión, mediante alguna de las siguientes medidas:

  – Alejamiento de las partes activas de la instalación, para evitar un contacto fortuito con los conductores bajo tensión.

  – Interposición de obstáculos (por ejemplo, armarios eléctricos aislantes o barreras de protección), para impedir cualquier contacto accidental de una persona con las partes activas de la instalación.

  – Recubrimiento con material aislante (por ejemplo, aislamiento de cables, portalámparas, etcétera).

  – No se consideran materiales aislantes apropiados la pintura, los barnices, las lacas o productos similares.

- **Prevención frente a contactos indirectos**

  Los sistemas de protección contra estos contactos se fundamentan en estos tres principios:

  – Impedir la aparición de defectos mediante aislamientos complementarios.

  – Hacer que el contacto eléctrico no sea peligroso evitando el uso de tensiones peligrosas.

  – Limitar la duración del contacto a la corriente mediante dispositivos de corte.

  Básicamente, el riesgo de contacto indirecto se evitaría mediante la toma de tierra o dispositivos de corte automático de la tensión o de la intensidad de la corriente (magnetotérmicos y diferenciales).

Los elementos de protección están siempre en los cuadros de mando y maniobra de la instalación. En esta unidad, no vamos a extendernos más en lo que a estos dispositivos respecta porque ya se han estudiado a lo largo del libro (ver Unidad 1).

NORMATIVA

La normativa que regula la prevención de los riesgos eléctricos es el Real Decreto 614/2001, de 8 de junio, sobre disposiciones mínimas para la protección de la salud y seguridad de los trabajadores frente al riesgo eléctrico (BOE n.º 148, de 21 junio de 2001).

A lo largo de este apartado, hacemos un resumen de algunas de las consideraciones que se recogen en el citado documento.

Es importante su lectura detallada.

VOCABULARIO

Contacto indirecto: es el contacto de personas con elementos conductores (masas) puestos accidentalmente bajo tensión por un fallo de aislamiento.

IMPORTANTE

Es conveniente poner señales de seguridad, como las vistas en el apartado 1, que avisen de todas aquellas zonas (armarios, etcétera) que se encuentren bajo tensión y en las que pueda producirse un accidente eléctrico.

ACTIVIDADES

10. En los apartados anteriores hemos visto algunas medidas de prevención para evitar accidentes derivados de riesgos eléctricos. Basándote en la información que puedes encontrar en el documento del siguiente enlace a una página web, haz una lista con al menos diez consejos básicos de seguridad aplicables al trabajo en instalaciones eléctricas: **https://goo.gl/ABydT8**.

11. Investiga qué es la fibrilación ventricular y cuándo se produce en un accidente eléctrico. Haz un breve resumen con la información obtenida y detalla alguna medida de seguridad que podemos tomar para evitarlo.

CASO PRÁCTICO 3

Monitorización de la resistencia de aislamiento en un huerto solar

En un huerto solar cuya instalación lleva funcionando desde hace 10 años se quiere prevenir la aparición de problemas por deterioro de la resistencia de aislamiento. Propón una solución para controlar esta resistencia.

Solución

El problema de las pérdidas de la resistencia de aislamiento se da en instalaciones que llevan un tiempo funcionando, y puede ser debida a múltiples causas (acción de roedores sobre el cableado, vegetación, caídas de rayos sobre la instalación, etc.).

Para poder efectuar el control, se suelen instalar dispositivos que miden la resistencia de aislamiento. Una posible solución es la siguiente:

Este es el esquema de la conexión del medidor. Se basa en medir la corriente diferencial en la red. Cuando el nivel de aislamiento entre la red y tierra llega a estar por debajo de los dos niveles ajustados, conmutan los relés de salida y se activan los LED de señalización de «prealarma» y «alarma». La indicación del valor de aislamiento medido se realiza en la pantalla de cristal líquido o mediante un instrumento externo. El ajuste del equipo se realiza mediante la pantalla LCD y los pulsadores del frontal.

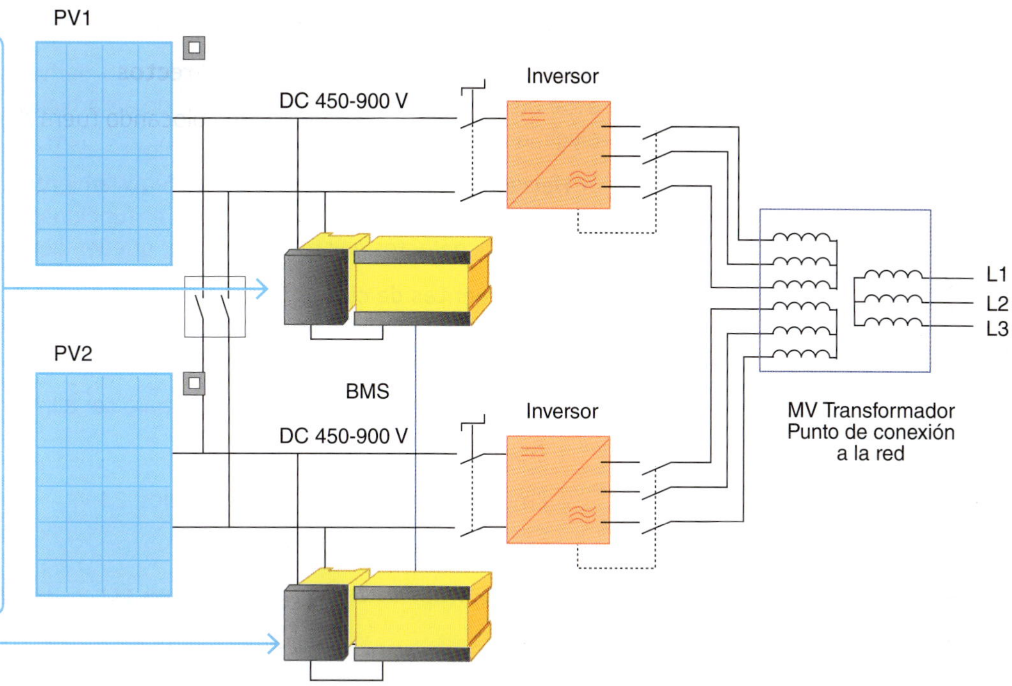

El aspecto del medidor y sus principales parámetros (obtenidos de la hoja de características que proporciona el fabricante) son los siguientes:

- Vigilante de aislamiento para redes IT DC0 ... 650 V.
- Tensión nominal ampliable mediante acoplador hasta 1,76 kV.
- Dos ajustes independientes de 1 kΩ-10 MΩ.
- Técnica de medida AMPPLUS.
- Adaptación automática a la capacidad de red.
- Pulsador INFO para visualización de diversos parámetros y capacidad de red.
- Autovigilancia ampliada con aviso.
- Prueba interna ajustable.
- Conexión para instrumento (kΩ) externo.
- Pulsador de prueba/borrado interno/externo.
- 2 relés conmutados de aviso independientes, corriente de trabajo/reposo.
- Visualización en texto iluminada.
- Interfaz RS 485.
- Carcasa precintable.

Las características eléctricas de ambos equipos son las mismas; solo se diferencian en el sistema de montaje (el modelo 275 es para montaje sobre carril, y el modelo 375, para el montaje sobre puerta).

TEN CUIDADO

Aun después de desconectar los elementos de protección de la instalación, recuerda que los paneles solares producen electricidad por recibir la luz del sol y, por tanto, seguirá habiendo corriente en sus diferentes conexiones. La única forma de evitarlo es cubrir el panel para que deje de recibir luz. Esta operación no debe realizarse nunca con plásticos.

2.4. Riesgos derivados del uso de herramientas manuales

A la hora de realizar la instalación, así como en las operaciones de mantenimiento de esta, será necesario utilizar determinadas máquinas de mano. El uso de todos estos elementos entraña un riesgo que debemos prevenir y evitar, por lo que será necesario adoptar algunas medidas de seguridad a la hora de manipularlos.

A continuación, vamos a analizar esos riesgos y las medidas para evitarlos.

A. Riesgos derivados del uso de herramientas manuales eléctricas

El uso de máquinas manuales eléctricas entraña dos tipos de riesgos:

- Accidente por contacto eléctrico.
- Accidente por la propia función que realiza la máquina (taladrar, cortar, etc.).

Es necesaria la prevención para los dos tipos de accidente, y se precisarán medidas de seguridad concretas para evitar cada uno de ellos.

Para evitar accidentes por contacto eléctrico derivados desde la propia máquina, esta debe estar aislada. Existen diferentes grados de aislamiento, que se deberán considerar a la hora de elegir la máquina que se va a utilizar:

- **Herramientas de clase I:** su grado de aislamiento corresponde a un aislamiento funcional, es decir, el necesario para asegurar el funcionamiento de la herramienta y la protección frente a contactos eléctricos directos; pueden llevar puesta a tierra.
- **Herramientas de clase II:** tienen un aislamiento completo, mediante doble aislamiento o aislamiento reforzado; no está prevista la puesta a tierra. Se distingue por llevar el símbolo correspondiente al doble aislamiento en la placa de características.
- **Herramientas de clase III:** previstas para ser alimentadas a muy baja tensión.
  - Emplazamientos secos: 50 V.
  - Emplazamientos húmedos o mojados: 24 V.
  - Emplazamientos sumergidos: 12 V.

Entre las principales causas de accidente por el uso de herramientas de este tipo, están las siguientes:

- Conductores con aislamiento gastado o puntos desnudos.
- Tirar del cable para desconectar la herramienta.
- Conexiones sueltas o húmedas.
- Enrollarse los cables en el cuerpo.
- Mal aislamiento de cubiertas metálicas.
- Intentar reparar la herramienta.

La mayoría de las veces los accidentes ocurren por una mala manipulación de las herramientas o por un inadecuado mantenimiento de estas. Es imprescindible también la elección adecuada de la herramienta para cada operación, así como su correcto manejo. Hay que prestar especial atención al tendido de cables alargadores para suministrar electricidad a las herramientas; estos deberán estar perfectamente señalizados en caso de que se encuentren en un lugar de tránsito de personas (que, dentro de lo posible, habrá de evitarse) y alejados de estructuras metálicas.

ACTIVIDADES

12. Realiza una lista de las máquinas eléctricas que puede utilizar un instalador a la hora de montar un generador fotovoltaico. Comenta brevemente los riesgos derivados de su utilización, y las medidas de prevención que se deben adoptar.

13. ¿Qué accidentes podemos tener a la hora de usar una radial? ¿Cómo podemos prevenirlos?

RECUERDA

Las principales máquinas de mano que se van a usar son las siguientes: taladradora, destornillador eléctrico, sierra de calar, esmeriladoras, radiales, etc., además de herramientas como llaves, destornilladores, herramientas de corte, tenazas, etcétera.

IMPORTANTE

Las medidas preventivas en el uso de herramientas deben empezar antes de su manipulación.

Para ello es imprescindible:

- Leer y comprender el manual de instrucciones en relación con las operaciones de uso y mantenimiento del equipo.
- Seleccionar la herramienta portátil más adecuada al trabajo que se va a realizar, teniendo en cuenta el espacio libre de que se dispone, así como la resistencia de los materiales utilizados en su fabricación.
- Comprobar el estado de la herramienta y del afilado de todos sus útiles.

EJEMPLO 3

Análisis de riesgos y medidas preventivas en el uso de taladros de mano eléctricos

La taladradora reversible (utilizable también como destornillador) es uno de los elementos más comúnmente empleados en las tareas de montaje y mantenimiento de las instalaciones fotovoltaicas. Son máquinas a las que muchas veces, por razones de costumbre, el operario no presta demasiada atención a la hora de su manejo. Sin embargo, el riesgo de accidente siempre existe, por lo que no debemos bajar la guardia en ningún momento.

Vamos a realizar un análisis de los riesgos que pueden derivarse de su uso y las medidas preventivas que se deben adoptar para evitar los accidentes.

Uso de taladradoras de mano eléctricas			
	Riesgos asociados	Medidas preventivas	Equipos de protección
Mecánicos	• Enrollamiento de ropa o cabello en el cabezal giratorio. • Magullamiento en los dedos y las manos. • Accidentes por proyección de virutas. • Quemaduras y rasponazos en los dedos por contacto directo con la broca o la punta de destornillador.	• Preparar cuidadosamente el trabajo que se va a realizar con la herramienta antes de su puesta en funcionamiento, tratando además de mantener la zona de trabajo libre de obstáculos. • En los trabajos sobre piezas de pequeño tamaño y no fijas, deberá procederse a garantizar su sujeción para evitar los riesgos derivados de un desplazamiento inesperado. • No se deberán inclinar las herramientas para ensanchar el agujero o abrir la luz de corte. La broca será del tamaño adecuado en función del trabajo que se va a realizar, y deberá ajustarse adecuadamente haciendo uso de una llave de apriete, que será oportunamente retirada antes de comenzar los trabajos. • Deberá procederse al emboquillado previo del punto que se va a taladrar, tratando de asegurar una correcta alineación del eje del taladro con respecto al de la broca para evitar su rotura. La penetración de la broca deberá realizarse perpendicularmente al paramento.	• Casco de seguridad. • Guantes de lona y piel (que permitan operar la herramienta sin dificultad). • Gafas de seguridad. • Ropa de trabajo.
Eléctricos	• Accidente eléctrico por contacto directo o indirecto de partes bajo tensión.	• Comprobar el buen estado de las conexiones eléctricas antes de su puesta en marcha. En ningún caso deberá hacerse uso de herramientas desprovistas de enchufe. • No arrastrar ni pisar los cables, para evitar el deterioro de su aislamiento. • Desconectar la herramienta haciendo uso de la clavija, evitando tirar bruscamente del cable. • En ambientes de trabajo húmedos, únicamente deberá hacerse uso de aparatos eléctricos portátiles con tensión de seguridad (24 V). • Toda taladradora con tensión superior a la de seguridad (24 V) o que carezca de doble aislamiento estará unida o conectada a tierra, y en todo caso, tendrá protección con interruptor diferencial; deberá comprobarse periódicamente el correcto funcionamiento de dichas protecciones.	
PRINCIPALES CAUSAS DE ACCIDENTES		• Usar brocas de tipo inadecuado para la tarea. • Brocas mal afiladas. • Aumentar el diámetro de la perforación inclinando la herramienta. • Carcasa metálica mal aislada. • Deterioro en los cables de alimentación. • No contar con la cantidad y el tipo de brocas necesarias.	

B. Riesgos derivados del uso de herramientas manuales no eléctricas

El uso de herramientas manuales va a ser intenso en la realización de las instalaciones fotovoltaicas, así como durante su mantenimiento. Entre los accidentes más habituales con este tipo de herramientas, podemos citar los siguientes:

- Golpes y cortes por la propia herramienta.
- Lesiones oculares por proyecciones.
- Esguinces por sobreesfuerzos o gestos violentos.

Aunque cada herramienta plantea unas medidas de seguridad específicas, de forma general las medidas preventivas ante el uso de herramientas pueden resumirse de la siguiente manera:

- Contar con las herramientas adecuadas para cada tipo de trabajo.
- Existencia de un programa de inspección y mantenimiento continuo y periódico.
- Mantener un plan de recambio que permita dar de baja herramientas con excesivo desgaste o por fallas insalvables.
- Espacios adecuados para el almacenaje de las herramientas.
- Capacitación del personal para el uso y conservación de las herramientas.

Las herramientas manuales son tan utilizadas que nos parecen inofensivas. Sin embargo, la siniestralidad derivada de su uso es cuantitativamente alta, no así la gravedad: 8 % de los accidentes leves, 3 % de los graves y 0,3 % de los mortales.

En la siguiente tabla vamos a ver las causas de accidente más comunes por uso de herramientas habituales en instalaciones fotovoltaicas.

! IMPORTANTE

Las principales causas de accidentes provocados por herramientas manuales son las siguientes:

- Herramientas defectuosas.
- Uso de herramientas inadecuadas para la tarea.
- Uso incorrecto de la herramienta.
- Mantenimiento deficiente.

Principales causas de accidentes derivadas del uso de herramientas manuales					
	Herramienta	Posibles causas de accidentes		Herramienta	Posibles causas de accidentes
De golpe	Martillo 	• Mangos sueltos o poco seguros. • Mangos astillados o ásperos. • Cabezas saltadas o rotas. • Ganchos abiertos o rotos. • Emplearlos como palancas o llaves. • Sujetar el mango muy cerca de la cabeza. • Emplear el pomo del mango para golpear.	De corte	Alicates 	• Herramientas deformadas. • Mangos con la forma inadecuada. • Mandíbulas gastadas o sueltas. • Filo de la parte cortante mellado. • Utilizarlos para soltar o apretar tuercas o tornillos. • Usarlos para golpear.
De torsión	Llaves 	• Bocas o dientes gastados, deformados o con grietas. • En el caso de las llaves inglesas, sinfín desgastado o con hilo quebrado. • Usarla como martillo o palanca. • Empujar la llave en vez de tirar de ella. • Emplear una llave de tipo o tamaño no apropiado.	De bordes afilados	Limas 	• Utilización sin mangos. • Puntas quebradas, gastadas o engrasadas. • Usarlas como palanca, martillo, destornillador, etc. • Golpearlas o limar de forma incorrecta. • Usarlas para cortar material.
De torsión	Destornilladores 	• Mangos sueltos o partidos. • Hojas mal afiladas, melladas o torcidas. • Defectos en la fabricación: que los vástagos estén mal templados o torcidos. • Usarlos como palanca, cincel, etc. • Usar destornilladores que no correspondan al tamaño del tornillo o al mismo tipo.	De bordes afilados	Cuchillos 	• Hojas mal afiladas o melladas. • Mangos sueltos, partidos o demasiado cortos. • Usarlos como destornillador o palanca. • Cogerlos por la hoja. • Cortar hacia el cuerpo.

Tabla 8.4. Algunas causas de accidentes causados por las herramientas manuales.

2.5. Medidas especiales en las salas de baterías de las instalaciones autónomas

Como la sala del acumulador de una instalación fotovoltaica autónoma es un lugar que no es común al resto de las instalaciones eléctricas, vamos a comentar los riesgos que se pueden dar y las medidas preventivas que debemos adoptar.

Los factores que deben considerarse en este lugar son los siguientes:

1. Riesgo eléctrico por contacto directo con el acumulador.
2. Quemaduras por el ácido del electrolito.
3. Riesgo de explosión por la mezcla existente en el ambiente debido a la acumulación de gases por el funcionamiento de las baterías.

Con el fin de evitar problemas, deben adoptarse las siguientes medidas:

- Prohibir el acceso a dicha sala a personas no autorizadas.
- Asegurarse de que existe una ventilación adecuada.
- Utilizar los EPI adecuados para la manipulación de las baterías (guantes y ropa antiácido, gafas protectoras, calzado de seguridad, etc.).
- No fumar.
- Disponer de un botiquín de emergencia, así como de agua limpia, etc., para utilizarlo en caso de contacto con el ácido.
- No utilizar ropa que se pueda cargar fácilmente de electricidad estática.
- No realizar trabajos en los que se puedan producir con facilidad llamas o chispas.
- Utilizar en la sala la señalización adecuada (ver caso práctico 1).

Fig. 8.4. extremar las medidas de seguridad al rellenar con agua destilada las baterías del acumulador. Se reduce el riesgo si se emplean herramientas específicas, como la de la figura (cortesía de SBS).

2.6. Consideraciones adicionales

Otras recomendaciones relacionadas con la seguridad que ayudarán a que la instalación fotovoltaica se realice de la mejor manera posible son las siguientes:

<table>
<tr><td>Transporte de los componentes de la instalación a pie de obra</td><td colspan="2">• Mantener todos los materiales en sus embalajes originales y atender a las recomendaciones dadas por el fabricante en cuanto a su colocación.
• Asegurarse de que se sujeta todo correctamente en el vehículo en que va a realizar el traslado del material.</td></tr>
<tr><td>Almacenamiento del material en la obra</td><td colspan="2">• Almacenar todo el material en un lugar controlado y de acceso restringido para evitar robos.
• No se debe exponer el material a condiciones meteorológicas adversas.
• Las baterías no pueden ser expuestas de forma prolongada a la radiación directa del sol.</td></tr>
<tr><td rowspan="2">Manejo de los elementos de la instalación</td><td>Paneles</td><td>Frágiles y con peso considerable con relación a su superficie:
• Evitar golpes, caídas y apoyar la parte superior sobre superficies que puedan arañarla o dañarla.
• Usar herramientas de elevación adecuada para su colocación.</td></tr>
<tr><td>Baterías</td><td>Peso considerable:
• Nunca deben ser fijadas por los bornes de sujeción.</td></tr>
<tr><td>Consideraciones en cuanto a la seguridad personal</td><td colspan="2">Como las instalaciones fotovoltaicas se realizan a la intemperie, las propias condiciones meteorológicas pueden suponer un riesgo añadido:
• Trabajo con insolación prolongada: se debe interrumpir el trabajo periódicamente para evitar desmayos, fatiga, deshidratación, etc.
• Trabajo alejado de poblaciones: se debe tener previsto el aprovisionamiento de bebida suficiente (agua, bebidas isotónicas, etc.) para evitar la deshidratación.
• Es imprescindible preparar un lugar sombrío adecuado para los periodos de descanso.</td></tr>
</table>

Tabla 8.5. Consideraciones adicionales de seguridad.

PRÁCTICA FINAL

Realización de un estudio de riesgos y medidas de seguridad en una instalación fotovoltaica

En las siguientes imágenes tienes algunos detalles de la instalación de un huerto solar:

4. A la vista de las imágenes, haz una descripción detallada de las acciones que han debido llevarse a cabo para la realización de la instalación, con el fin de evaluar los riesgos asociados a cada una de sus fases.
5. Una vez hecha la evaluación de riesgos, elabora un plan de seguridad detallando las medidas que han de adoptarse en cada uno de estos casos:
   - Fase de la realización de la obra civil.
   - Utilización de maquinaria pesada.
   - Equipos de protección individual que deben utilizarse en la instalación.
   - Eliminación de los posibles residuos generados.
   - Almacenaje de los elementos al principio de la obra.
   - Fase de montaje de los elementos.
   - Puesta en marcha de la instalación.
   - Mantenimiento de la instalación.
6. Con un procesador de textos, elabora un documento que lleve por título "Estudio de seguridad y salud del huerto solar". Puedes utilizar tablas como las mostradas al principio de la unidad.

RECUERDA

Los equipos de protección individual deben ser de las tallas correctas para la persona que los va a utilizar. En caso contrario, puede que no cumplan con la misión para la que están fabricados. Además, nunca deben ser compartidos con otras personas, ya que son equipos individuales adaptados a cada usuario.

SÍNTESIS

- Seguridad en las instalaciones fotovoltaicas
  - Riesgos
    - Trabajos en altura
    - Manipulación de herramientas
    - Obra civil
    - Manejo de sustancias químicas
  - Equipos y elementos de seguridad
    - Señalización
      - Advertencia
      - Prohibición
      - Obligatoriedad
    - Equipos de protección individual
      - Criterios de selección
      - Utilización
  - Evaluación de riesgos
    - Trabajos en altura
    - Riesgos derivados de la obra civil
    - Manejo de herramientas
    - Riesgos eléctricos
    - Riesgos en las salas de baterías
    - Transporte de los componentes de la instalación
    - Almacenamiento del material de obra
    - Manejo de los elementos de la instalación

TEST DE REPASO

1. ¿Qué elementos de protección debemos llevar para el manejo de una taladradora de mano?

a) Guantes de piel que permitan manipular la máquina.
b) Gafas protectoras.
c) Ropa de trabajo adecuada.
d) Todas las respuestas anteriores son correctas.

2. EPI significa...

a) Equipo de protección inmediata.
b) Equipo de protección individual.
c) Equipo de puesta inmediata.
d) Equipo de paseo individual.

3. Unos alicates están considerados como...

a) Una herramienta de corte.
b) Una herramienta de bordes afilados.
c) Una herramienta de golpe.
d) Una herramienta eléctrica.

4. A la hora de elegir un EPI, se deben considerar aspectos como...

a) La gravedad del riesgo.
b) El tiempo de exposición al riesgo.
c) Las condiciones del puesto de trabajo.
d) Todas las respuestas anteriores son correctas.

5. La primera medida que hay que adoptar para evitar accidentes eléctricos en una instalación fotovoltaica durante su mantenimiento es...

a) Desconectar la tensión.
b) Reapretar las conexiones de los cables.
c) No hace falta interrumpir la tensión en la instalación.
d) Conectar la tensión.

6. ¿Qué riesgo tiene la utilización de una sierra de calar eléctrica?

a) Accidente eléctrico.
b) Riesgo de corte.
c) Ninguno.
d) Accidente eléctrico y riesgo de corte.

7. Si trabajamos sobre un tejado plano, debemos colocarnos fundamentalmente...

a) Un cinturón.
b) Unos tirantes.
c) Un arnés de seguridad para trabajos en altura.
d) Al ser plano, no hace falta colocarse un arnés.

8. A la hora de utilizar una escalera para subir a un tejado a colocar unos paneles solares, esta debe sobresalir...

a) 1 m por encima.
b) 50 cm por encima.
c) 1,25 m por encima.
d) No debe sobresalir del tejado.

9. Algunos de los riesgos derivados en un acumulador de baterías estacionarias son...

a) Explosión.
b) Cortocircuito eléctrico.
c) Quemaduras por contacto con el ácido del electrolito.
d) Todas las respuestas anteriores son correctas.

10. La mayor o menor gravedad de las lesiones ante un accidente eléctrico va a depender, entre otros factores, de...

a) El tiempo que está circulando la corriente eléctrica por el cuerpo.
b) La velocidad con la que circula la corriente.
c) El peso de la persona que tiene el accidente.
d) Ninguna de las respuestas anteriores es correcta.

11. Algunos de los riesgos derivados de la realización de la obra civil en un huerto solar pueden ser...

a) Caídas de los operarios a distinto nivel.
b) Atropello de camiones.
c) Caída de materiales transportados.
d) Todas las respuestas anteriores son correctas.

12. Las señales con el fondo azul indican...

a) Peligro.
b) Obligatoriedad.
c) Precaución.
d) Advertencia.

13. ¿Qué significa la siguiente señal...

a) Materias peligrosas.
b) Materias nocivas.
c) Materias irritantes.
d) Materias explosivas.

14. La siguiente señal significa...

a) Es aconsejable protegerse los oídos.
b) Es obligatorio protegerse los oídos.
c) Es innecesario protegerse los oídos.
d) Está prohibido protegerse los oídos.

COMPRUEBA TU APRENDIZAJE

Identificar los riesgos derivados de la manipulación de máquinas y herramientas

1. Realiza un análisis de riesgos derivados del uso de las siguientes herramientas:

a) Taladradora eléctrica reversible.

b) Llave de vaso.

c) Cuchillo de electricista.

d) Sierra radial.

Completa una tabla en la que aparezca la herramienta, el riesgo asociado y las medidas de prevención de estos riesgos. Utiliza como modelo las tablas que aparecen en la unidad.

Conocer las medidas de seguridad que deben adoptarse en la realización y el mantenimiento de una instalación fotovoltaica

2. La siguiente imagen muestra a unos operarios realizando la instalación de un generador fotovoltaico.

a) ¿Cuáles son los riesgos asociados a dicha actividad?

b) Identifica las medidas de seguridad que están adoptando los empleados y explica brevemente en qué consisten. ¿Deberían aplicar otras medidas de seguridad? Justifica tu respuesta.

3. En la siguiente imagen puedes ver una sala de baterías de una instalación solar fotovoltaica. Elige las señales más adecuadas que deberían colocarse en dicha sala y explica el porqué de la elección.

4. En la entrada de la obra de un huerto solar nos encontramos un cartel con la siguiente señalización:

Indica el significado de las señales y los EPI asociados a cada una de ellas para cumplir con la normativa cuando nos encontremos en el recinto. Puedes poner los resultados en una tabla.

Conocer los equipos de protección individual (EPI)

5. ¿Para qué sirven los EPI mostrados en la siguiente figura? Detalla su uso a la hora realizar la instalación de un huerto solar.

Identificar los riesgos que se pueden dar en una instalación fotovoltaica

6. La siguiente imagen muestra la instalación de un inversor en una instalación autónoma de una vivienda. Haz una lista con todos los posibles riesgos que existen tanto en el periodo de colocación física de cada uno de los elementos como en la fase de puesta en marcha de estos.

(Cortesía de Baterías Industriales Gandía, S. L.)

Normativa sobre instalaciones solares fotovoltaicas

Podemos contemplar la normativa en vigor sobre las instalaciones fotovoltaicas desde dos puntos de vista:

- **Normativa técnica,** tanto para las instalaciones aisladas como para aquellas con conexión a red.
- **Normativa específica** para instalaciones conectadas a red, relacionada con la tarificación de la energía vendida a esta.

Un tercer caso serían las instalaciones para autoconsumo, con conexión a red, que pueden inyectar o no energía a esta.

1.1. Normativa técnica

Existe un considerable número de normas elaboradas por los diferentes organismos nacionales e internacionales de normalización para los componentes de los sistemas fotovoltaicos (módulos fotovoltaicos, baterías, reguladores de carga, inversores), así como para los sistemas en sí (autónomos y conectados a red).

La creación de la normativa de las instalaciones solares sigue el proceso mostrado en el gráfico de la Figura A.1.

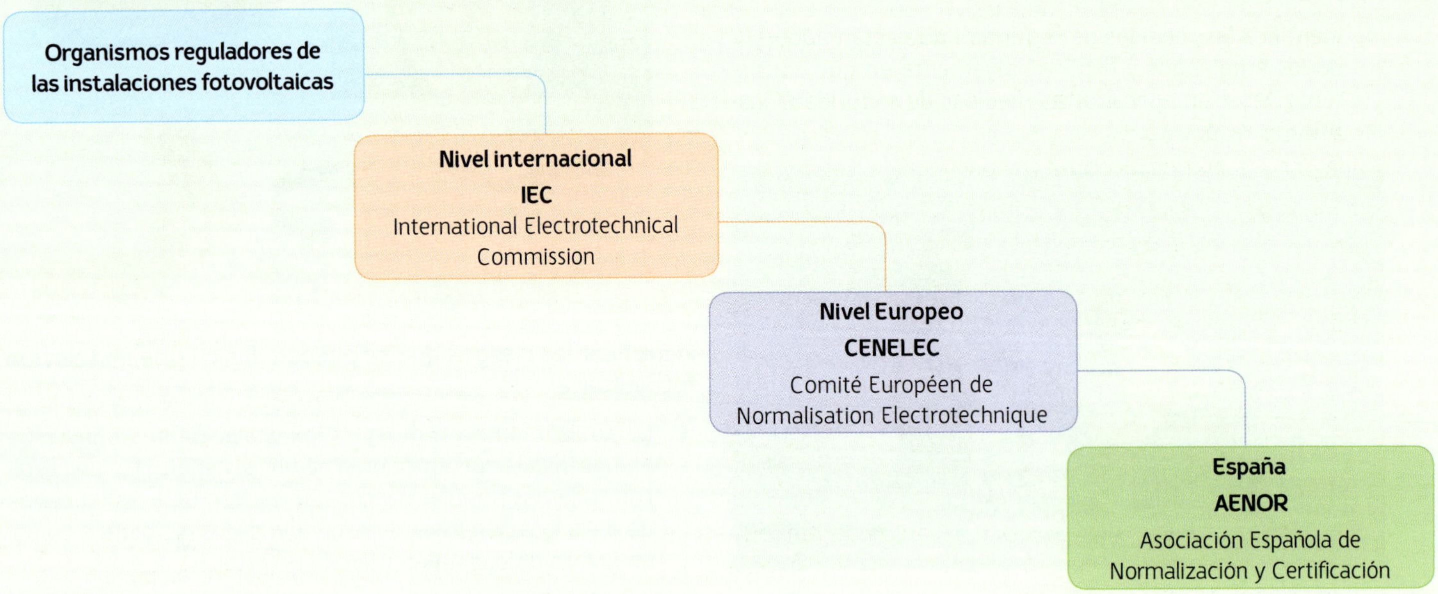

Fig. A.1. Principales organismos reguladores de las instalaciones fotovoltaicas.

Las instalaciones de energía solar fotovoltaica deben cumplir con la normativa aplicable a instalaciones eléctricas (normalmente, el Reglamento Electrotécnico para Baja Tensión, REBT). En España, son muy importantes los reales decretos 1699/2011 y 436/2004, y el Real Decreto 900/2015, que regula el autoconsumo. Los sistemas aislados están regidos por legislación eminentemente técnica.

Desde este punto de vista, son muy importantes los pliegos de condiciones técnicas del Instituto para la Diversificación y el Ahorro de la Energía (IDAE):

- Pliego de Condiciones Técnicas de Instalaciones Conectadas a Red (julio de 2011).
- Pliego de Condiciones Técnicas de Instalaciones Aisladas de Red (febrero de 2009).

Recordemos aquí que estos pliegos de condiciones no son de obligado cumplimiento, pero es muy recomendable su seguimiento a la hora de realizar las instalaciones, sean del tipo que sean (aisladas o conectadas).

1.2. Resumen de normativa en vigor: decreto de autoconsumo

Dentro de la normativa en vigor, el Real Decreto 900/2015, que regula el autoconsumo eléctrico en España, es una de las últimas normas publicadas sobre las instalaciones fotovoltaicas.

Las instalaciones aisladas, es decir, aquellas que no tienen conexión a la red eléctrica (y, por tanto, disponen de un acumulador integrado) no están sujetas a esta normativa.

Básicamente, el real decreto establece dos tipos de autoconsumo:

- **Modalidad de autoconsumo tipo 1.** Son las instalaciones que cumplen lo siguiente:
  - *a)* La potencia contratada del consumidor no será superior a 100 kW.
  - *b)* La suma de potencias instaladas de generación será igual o inferior a la potencia contratada por el consumidor.
  - *c)* El titular del punto de suministro será el mismo que el de todos los equipos de consumo e instalaciones de generación conectados a su red.
  - *d)* Las instalaciones de generación y el punto de suministro deberán cumplir los requisitos técnicos contenidos en la normativa del sector eléctrico y en la reglamentación de calidad y seguridad industrial que les resulte de aplicación. En particular, lo establecido en el Real Decreto 1699/2011, de 18 de noviembre, por el que se regula la conexión a red de instalaciones de producción de energía eléctrica de pequeña potencia. A los efectos exclusivos de la aplicación de este real decreto, las instalaciones de generación de energía eléctrica de la modalidad de autoconsumo tipo 1 se considerarán instalaciones de producción.
- **Modalidad de autoconsumo tipo 2.** Son las instalaciones que cumplen lo siguiente:
  - *a)* La suma de las potencias instaladas de las instalaciones de producción será igual o inferior a la potencia contratada por el consumidor.
  - *b)* En el caso de que existan varias instalaciones de producción, el titular de todas y cada una de ellas deberá ser la misma persona física o jurídica.
  - *c)* Las instalaciones de producción deberán cumplir los requisitos técnicos contenidos en la normativa del sector eléctrico y en la reglamentación de calidad y seguridad industrial que les resulte de aplicación, en particular el Real Decreto 1955/2000, de 1 de diciembre sobre el autoconsumo; el Real Decreto 1699/2011, de 18 de noviembre, para instalaciones de producción incluidas en su ámbito de aplicación; y el Real Decreto 413/2014, de 6 de junio, por el que se regula la actividad de producción de energía eléctrica a partir de fuentes de energía renovables, cogeneración y residuos.
  - *d)* Cuando las instalaciones de producción compartan infraestructuras de conexión a la red de transporte o distribución o se conecten en la red interior de un consumidor, responderán solidariamente por el incumplimiento de los preceptos recogidos en el Real Decreto 900/2015, aceptando las consecuencias que la desconexión del citado punto, en aplicación de la normativa vigente, pudiera conllevar para cualquiera de las partes, entre ellas la imposibilidad del productor de venta de energía y la percepción de la retribución que le hubiera correspondido o la imposibilidad del consumidor de adquirir energía y la percepción de la retribución que, en su caso, le corresponda.

    La empresa distribuidora o transportista no tendrá ninguna obligación legal sobre las instalaciones de conexión a la red que no son de su titularidad. El contrato de acceso que el consumidor, directamente o a través de la empresa comercializadora, suscriba con la empresa distribuidora contemplará la previsión recogida en este apartado.

El real decreto también establece que podrán instalarse elementos de acumulación en las instalaciones de autoconsumo reguladas en él cuando dispongan de las protecciones establecidas en la normativa de seguridad y calidad industrial que les sea de aplicación y se encuentren instaladas de tal forma que compartan equipo de medida que registre la generación neta o equipo de medida que registre la energía horaria consumida.

! IMPORTANTE

Algunas comunidades autónomas han denunciado invasión de competencias con este real decreto. A raíz de una denuncia de la Generalitat catalana, el Tribunal Constitucional ha anulado, en mayo de 2017, la prohibición del autoconsumo compartido en comunidades de vecinos, es decir, anula el artículo 4.3 por inconstitucional.

La sentencia del Constitucional también anula los artículos 19, 20, 21 y 22 del Real Decreto 900/2015, que regulan el registro administrativo de autoconsumo.

NORMATIVA

Algunas otras normas de interés:

- Circular 3/2014, de 2 de julio, de la Comisión Nacional de los Mercados y la Competencia, por la que se establece la metodología para el cálculo de los peajes de transporte y distribución de electricidad.
- Real Decreto 1699/2011, de 18 de noviembre, por el que se regula la conexión a red de instalaciones de producción de energía eléctrica de pequeña potencia.
- IDAE: Referencias sobre autoconsumo de energía eléctrica en la normativa vigente.

VÍDEO

En el siguiente enlace puedes ver un resumen sobre el decreto de autoconsumo analizado en este apartado:

https://www.youtube.com/watch?v=F1Ragkhn9pU

Existe un registro administrativo para dar de alta las instalaciones de producción eléctrica, denominado RIPRE. Las instalaciones de tipo 1 no tienen obligatoriedad de estar dadas de alta en este registro, mientras que las de tipo 2 sí que deben estarlo.

Las instalaciones de tipo 1 de hasta 10 kW están exentas de peaje de acceso a las redes de distribución de energía eléctrica, así como del pago de los derechos de acometida de generación, siempre que acrediten llevar sistemas de inyección cero (no inyectan energía a la red). Estas instalaciones pueden volcar sus excedentes de producción eléctrica sin percibir contraprestación económica alguna por ello.

Para las instalaciones de tipo 2, según el real decreto, los titulares de las instalaciones de producción, por el vertido horario definido en el artículo 3, deberán satisfacer los peajes de acceso establecidos en el Real Decreto 1544/2011, de 31 de octubre, por el que se establecen los peajes de acceso a las redes de transporte y distribución que deben satisfacer los productores de energía eléctrica.

Las posibilidades de las instalaciones de tipo 1 son las siguientes:

	Cargo variable (energía autoconsumida)	Cargo fijo (potencia)	Contadores adicionales
P<10 kW SIN BATERÍAS	Exentas	Exentas	Uno en generación
P<10 kW CON BATERÍAS	Exentas	8,9 € · kW año	Uno en generación y otro en autoconsumo
P>10 kW SIN BATERÍAS	Pago del cargo variable dependiendo de la renta (ver la tabla A.2.)	No se le aplica el cargo fijo si no se instala el contador en autoconsumo	Uno en generación
P>10 kW CON BATERÍAS	Pago del cargo variable dependiendo de la tarifa (ver la tabla A.2.)	8,9 € · kW año	Uno en generación y otro en autoconsumo

Tabla A.1. Cargos asociados a las instalaciones de tipo 1.

El término variable se calcula según la tabla publicada en el real decreto:

	Componente de cargo variable (€/kWh) asociado a los costes del sistema					
Peaje de acceso	Periodo 1	Periodo 2	Periodo3	Periodo 4	Periodo 5	Periodo 6
2.0 A (Pc ≤ 10 kW)	0,030869					
2.0 DHA (Pc ≤ 10 kW)	0,044197	0,000000				
2.0 DHS (Pc ≤ 10 kW)	0,044222	0,000000	0,000091			
2.1 A (10 < Pc ≤ 15 kW)	0,042017					
2.1 DHA (10 < Pc ≤ 15 kW)	0,054624	0,008442				
2.1 DHS (10 < Pc ≤ 15 kW)	0,054845	0,010697	0,004922			
3.0 A (Pc > 15 kW)	0,006319	0,003642	0,003200			
3.1 A (1 kV a 36 kV)	0,003147	0,002250	0, 006771			
6.1 A (1 kV a 30 kV)	0,000000	0,002399	0,000000	0,002211	0,003145	0,001296
6.1 B (30 kV a 36 kV)	0,000000	0,000000	0,000000	0,001319	0,002563	0,000939
6.2 (36 kV a 72,5 kV)	0,000383	0,002899	0,000361	0,001484	0,001880	0,000862
6.3 (72,5 kV a 145 kV)	0,002916	0,004214	0,001037	0,001627	0,001841	0,000904
6.4 (Mayor o igual a 145 kV)	0,000000	0,000000	0,000000	0,000910	0,001426	0,000742

Tabla A.2. Componentes del cargo variable (2018).

Las tablas serán actualizadas anualmente y se fijarán los nuevos cargos.

Peaje de acceso	Cargo transitorio por energía autoconsumida (€/kWh)					
	Periodo 1	Periodo 2	Periodo 3	Periodo 4	Periodo 5	Periodo 6
2.0 A (Pc ≤ 10 kW)	0,040700					
2.0 DHA (Pc ≤ 10 kW)	0,054169	0,006006				
2.0 DHS (Pc ≤ 10 kW)	0,054194	0,006288	0,005936			
2.1 A (10 < Pc ≤ 15 kW)	0,051848					
2.1 DHA (10 < Pc ≤ 15 kW)	0,064596	0,014449				
2.1 DHS (10 < Pc ≤ 15 kW)	0,064817	0,016985	0,010767			
3.0 A (Pc > 15 kW)	0,019894	0,013147	0,008459			
3.1 A (1 kV a 36 kV)	0,014780	0,010914	0,011973			
6.1 A (1 kV a 30 kV)	0,011633	0,010569	0,007180	0,008897	0,009830	0,006497
6.1 B (30 kV a 36 kV)	0,011633	0,008170	0,007180	0,008005	0,009249	0,006140
6.2 (36 kV a 72,5 kV)	0,012016	0,011069	0,007541	0,008169	0,008566	0,006063
6.3 (72,5 kV a 145 kV)	0,014549	0,012384	0,008217	0,008312	0,008527	0,006106
6.4 (Mayor o igual a 145 kV)	0,011633	0,008170	0,007180	0,007596	0,008111	0,005943

Tabla A.3. Término variable sobre el autoconsumo horario (año 2018).

Las instalaciones de tipo 2 deberán abonar:

- Pago del estudio del punto de conexión.
- Pago del cargo variable de la energía autoconsumida, dependiendo de la tarifa (ver tablas).
- Pago del cargo fijo por potencia obtenida del contador de producción (ver tabla).
- Deberán abonar peajes de acceso a la red por los vertidos establecidos en el Real Decreto 1544/2011.
- Percibirá retribución por el vertido horario conforme a la normativa o a su régimen retributivo específico.
- La energía excedentaria paga el peaje a la generación: 0,5 €/MWh.

El término fijo de potencia en este caso se impone según la siguiente tabla:

Peaje de acceso	Tp (€/kW y año)					
	Periodo 1	Periodo 2	Periodo3	Periodo 4	Periodo 5	Periodo 6
2.0 A (Pc ≤ 10 kW)	7,055173					
2.0 DHA (Pc ≤ 10 kW)	7,055173	0,006006				
2.0 DHS (Pc ≤ 10 kW)	7,055173	0,006288	0,005936			
2.1 A (10 < Pc ≤ 15 kW)	13,456457					
2.1 DHA (10 < Pc ≤ 15 kW)	13,456457	0,014449				
2.1 DHS (10 < Pc ≤ 15 kW)	13,456457	0,016985	0,010767			
3.0 A (Pc > 15 kW)	31,604926	0,013147	0,008459			
3.1 A (1 kV a 36 kV)	35,106813	5,6334420	4,862681			
6.1 A (1 kV a 30 kV)	21,551296	7,417218	9,625486	11,838861	14,276080	4,821776
6.1 B (30 kV a 36 kV)	13,432858	3,354483	6,652240	8,865615	11,302834	3,465191
6.2 (36 kV a 72,5 kV)	8,605762	1,057009	4,235821	6,288673	8,072230	2,396281
6.3 (72,5 kV a 145 kV)	8,928548	2,283428	3,799622	5,426825	6,892716	1,865990
6.4 (Mayor o igual a 145 kV)	2,418858	0,000000	1,598121	3,411078	4,989307	0,922548

Tabla A.4. Término fijo de potencia (año 2018).

Gestión de residuos de las instalaciones fotovoltaicas

Vamos a hacer un análisis, desde dos puntos de vista, de los residuos que se originan en las instalaciones fotovoltaicas:

- Residuos generados en el montaje, puesta en marcha y funcionamiento de la instalación.
- Residuos originados por el desmantelamiento de la instalación al final de su vida útil.

1.1. Gestión de los residuos durante la fase de construcción y explotación de la instalación fotovoltaica

La mayoría de los residuos que se producen en esta fase son propios de la obra civil que se realiza en la instalación y del mantenimiento de la maquinaria utilizada para ello. En este sentido, las instalaciones que más residuos generan durante la construcción son los huertos solares, por la envergadura de esta.

Los principales residuos se generarán durante la fase de construcción. Estos se pueden clasificar de la siguiente manera:

- Estériles (cemento, hormigón, etc.).
- Aceites y carburantes de la maquinaria.
- Polvo y sólidos en suspensión procedentes de los movimientos de tierra y del tráfico de maquinaria.

Se prestará especial atención a los vertidos líquidos procedentes de las labores de mantenimiento de la maquinaria empleada, y concretamente a los aceites usados.

Las labores de mantenimiento de la maquinaria empleada durante la fase de instalación del huerto solar y durante la fase de funcionamiento deberán realizarse en talleres apropiados, donde se llevará a cabo la gestión de los residuos considerados peligrosos, tales como baterías, filtros de aceite y gasóleo, aceites, grasas, líquidos de freno, anticongelantes, etc., que deberán ser almacenados en contenedores apropiados, y posteriormente recogidos y transportados por un gestor autorizado para su tratamiento.

Las operaciones que impliquen la manipulación de este tipo de residuos deben recogerse en unas fichas de control que permitan saber la cantidad de residuos generados, que se clasificarán según su naturaleza, su origen y su destino final.

Los residuos inertes deberán trasladarse a vertederos autorizados para su posterior tratamiento.

Además de este tipo de residuos, se originan otros muchos que deben ser reciclados:

- Maderas de los palés en los que vienen los materiales.
- Papel y cartón de los envoltorios y cajas de cada uno de los componentes.
- Plásticos provenientes, normalmente, de las protecciones y envoltorios de los componentes.
- Cualquier otro residuo que pueda ser reciclado (cables, etc.).

En el caso de las instalaciones con acumuladores, si se tiene que cambiar el electrolito de las baterías, deberá ser eliminado siguiendo la normativa existente sobre eliminación de sustancias peligrosas.

Cuando las baterías han agotado su vida útil deben ser adecuadamente recicladas. Los materiales como el plomo y el ácido sulfúrico son altamente contaminantes, pero, al mismo tiempo, sirven de base a una importante industria de reciclaje.

El plomo se recicla para construir nuevas baterías e incluso para hacer paneles solares; el contenedor de polietileno se tritura y funde para formar gránulos de plástico utilizados como materia prima de nuevas aplicaciones. El ácido que no sirve para formar parte de nuevos electrolitos se puede tratar químicamente y servir como fertilizante de los cultivos.

@ WEB

En el siguiente enlace tienes información sobre la plataforma medioambiental para el reciclaje de residuos eléctricos y electrónicos más grande que hay en España:

http://www.recyclia.es/

1.2. Gestión de los residuos durante la fase de desmantelamiento de la instalación

Las instalaciones fotovoltaicas son tan recientes que la mayoría se encuentran todavía dentro de su fase de vida útil. Ha empezado a haber una gran cantidad de residuos de estas instalaciones a partir del año 2015 (estimada para esa fecha en 16 000 toneladas de paneles solares viejos o rotos), por lo que en la actualidad se está trabajando ya en proyectos de reciclado de los paneles solares, puesto que para el resto de los elementos de la instalación sí existe una política sobre el modo en que se deben reciclar.

Fig. A.1. Es importante desmontar una instalación fotovoltaica al final de su vida útil para proceder al reciclaje de sus elementos.

Una vez finalizada la actividad de producción de energía eléctrica, se deben:

- Eliminar los componentes de la instalación.
- Retirar todos los restos de material, residuos o tierras sobrantes a vertederos adecuados a la naturaleza de cada residuo.
- Restaurar los terrenos ocupados a su estado original, dejando el área de actuación en perfecto estado de limpieza.

En la mayoría de los contratos de autorización de las instalaciones, en el estudio de impacto ambiental, se obliga al desmontaje y la restauración del terreno en el plazo máximo de un año tras la finalización de la actividad. Deberá comunicarse al organismo competente (normalmente al Servicio de Evaluación Ambiental de la Delegación Provincial de Industria, Energía y Medio Ambiente) el desmantelamiento o, en su caso, el traspaso de la actividad.

En cuanto a los paneles fotovoltaicos, contienen materiales que pueden ser recuperados y vueltos a usar en nuevos módulos o en otros productos. Ante la gran cantidad de residuos que se prevén en un corto plazo de tiempo, surgió una iniciativa europea para su reciclaje denominada PV Cycle.

PV Cycle fue fundada en julio de 2007 y representa alrededor del 70 % del mercado fotovoltaico europeo. Es una asociación que insta a la industria fotovoltaica europea a poner en marcha un programa voluntario de recuperación y reciclado de los módulos.

El objetivo es que la industria asuma su responsabilidad a través de toda su cadena de valor.

Los asociados a este proyecto firmaron una declaración conjunta por la que se comprometen a establecer un sistema de recogida voluntaria y reciclaje de los módulos fotovoltaicos que han llegado al final de su ciclo de vida. Mediante la firma de esta declaración, PV Cycle se compromete a recoger un mínimo del 65 % de los módulos instalados en Europa desde 1990 y a reciclar el 85 % de sus desechos.

Con el paso de los años, PV Cycle ha extendido su radio de acción, y en la actualidad se dedica también a la gestión de:

- Residuos de módulos fotovoltaicos
- Residuos de equipos eléctricos/electrónicos
- Residuos de baterías
- Residuos industriales
- Residuos de envases

PV Cycle trabaja en los cinco continentes adaptando sus actuaciones a la legislación vigente en cada una de las zonas en que interviene. En la Unión Europea, por ejemplo, es la única compañía acreditada para el reciclaje de los módulos fotovoltaicos en Francia y Bélgica. El reciclaje de paneles fotovoltaicos es obligatorio en España desde la entrada en vigor del Real Decreto 110/2015, que transpone la Directiva de 2012 sobre la correcta gestión medioambiental de los residuos de aparatos eléctricos y electrónicos.

La plataforma Recyclia se responsabiliza de la gestión de los paneles fotovoltaicos en España desde 2013, cuando firmó un acuerdo de colaboración con la asociación europea PV Cycle, encargada del reciclaje de este tipo de aparatos en toda Europa y que representa a más del 90 % de los fabricantes e importadores.

! IMPORTANTE

Según datos publicados en el mes de octubre por Recyclia y PV Cycle, España es actualmente el tercer país europeo en capacidad de gestión de residuos de módulos fotovoltaicos. Nuestro país gestionó, entre 2010 y 2015, más de mil toneladas (1037), solamente por detrás de Alemania (7 740) e Italia (2 077), para un volumen total europeo de 13 881 toneladas.